自動車用制振・遮音・吸音材料の最新動向

Latest Trend of Vibration Damping, Sound Isolation and
Sound Absorption Material for Vehicles

《普及版／Popular Edition》

監修 山本崇史

シーエムシー出版

はじめに

　技術的に成熟したと言われていた自動車業界において，ハイブリッド車や電気自動車など動力源の電動化という自動車の根幹を変えるような事態が近年，世界的に進行している。また，消費者の求める品質のレベルが年々上がっており，自動車においても安全性，耐久性，静粛性などの品質を常に改善していく必要がある。本書籍では，こうした自動車を取り巻く環境が著しく変動している近年において，静粛性の確保に不可欠な制振材，遮音材，吸音材に関する最新の動向をまとめる。

　ハイブリッド車や電気自動車においては，従来の内燃機関の寄与は小さく，もしくはゼロになり，自動車の振動騒音レベルは全体的に小さくなると期待される。しかし，内燃機関に起因する騒音によるマスキングがなくなったことで，ロードノイズや風切り音など他の騒音が目立つようになっている。それらをこれまで以上に低減したりコントロールしたりする必要が生じ，より高度な振動騒音低減技術が要求されるようになっている[1]。

　また，IT に関連する電子機器やハーネスなどの重量は年々増加しており，それを補償するため，車体構造や防音材については一層の軽量化が求められている。同時に性能面でもより高いものが求められている。自動車全体に対する質量比率は大きくない吸遮音材においても，軽量かつ高性能な製品を設計できる技術，すなわちトレードオフの問題に対して適切な解を求める技術が求められている。

　さらに，車外騒音の規制値が今後，段階的に引き上げられることがすでに決定されている[2]。エンジンやタイヤから発せられる放射音の抑制や，エンジンルーム内の吸音・遮音性能の向上をこれまで以上に検討しなければならなくなっている。すでに一部の自動車では，エンジンを防音材によりカプセル化し，エンジン放射音を低減するとともに，断熱性を向上させて夜間のエンジンオイル温度低下を抑制し，始動直後の燃費向上もあわせて実現している[3]。また，エンジンルームやフロアパネルの下部にアンダーカバーを設置し，さらにそれらに吸音性能や遮音性能を付加し，車外騒音を低減しようとしている。このようにこれまで設置していなかった箇所に対して，新たに遮音材や吸音材を設置することが検討されている。従来の設計概念にとらわれないアプローチもあわせて求められている。

　上述した様々な自動車の振動・騒音を低減する代表的な手法として，振動遮断，動吸振器やレゾネータ，制振，遮音や吸音，消音などが挙げられる。それぞれの手法において技術的な進展が見られるが，近年，発展の最も顕著なものが吸音材に関する技術であると思われる。多孔質吸音材の動的モデルとして Biot モデルが対応するソフトウエアの広がりとともに多用されるようになっていることがその一つと考えられる。車体構造の加速度や音場の音圧応答などを計算する場

合と比して，数倍の計算時間と計算資源が必要になるが，ハードウエアの高性能化あるいは低コスト化とも相まって現実的なモデル規模および計算時間で解析できるようになりつつある。また，Biot モデルを用いて計算するときに必要となる物性値（Biot パラメータと呼ばれる）を同定する装置一式をいくつかのエンジニアリング企業が提供できるようになっていることも要因の一つであると思われる[4]。

　本書籍は以下のように構成されている。第 1 章ではロードノイズや風切り音など自動車室内における騒音現象とその主な対策方法について概説いただいている。第 2 章では自動車室内の騒音抑制・静粛性の確保のために用いられている制振・遮音・吸音材料について，最新動向や開発動向，また CAE による予測手法を取り扱っている。また，第 3 章では，自動車室内の騒音の音質を評価する手法や，防音材の適正化により制御する方法についてまとめている。最後に第 4 章では，遮音・吸音材料の実験的あるいは解析的な評価手法と自動車への応用事例について述べている。

　ご多忙の中，ご執筆をお引き受けいただいた諸氏にこの場をお借りして深謝申し上げます。また，シーエムシー出版社の井口様には，書籍監修の経験がない小生に貴重な機会を賜りましたことを，あらためまして深く御礼申し上げます。

文　　　　　献

1)　駒田匡史，日本機械学会誌，**110**，No.1064（2007）
2)　例えば，https://www.env.go.jp/council/07 air-noise/y071 -17/mat%2002_3.pdf/04_%E8%B3%87%E6%96%9917 -2 -3.pdf
3)　Dipl.-Masch.-Ing. Thomas Bürgin, M. Sc. Claudio Bertolini, Dr. Davide Caprioli, Dipl.-Ing. (FH) Christian Müller, Engine Encapsulation for CO_2 and Noise Reduction, ATZ worldwide, Issue 3/2014
4)　例えば，https://www.noe.co.jp/product/pdt3/pd13/detail02.html

2017 年 12 月吉日

工学院大学　工学部
山本崇史

普及版の刊行にあたって

　本書は 2018 年に『自動車用制振・遮音・吸音材料の最新動向』として刊行されました。普及版の刊行にあたり内容は当時のままであり加筆・訂正などの手は加えておりませんので，ご了承ください。

　2024 年 10 月

シーエムシー出版　編集部

執筆者一覧（執筆順）

山 本 崇 史	工学院大学　工学部　機械工学科　准教授
吉 田 準 史	大阪工業大学　工学部　機械工学科　准教授
飯 田 明 由	豊橋技術科学大学　機械工学系　教授
井 上 尚 久	東京大学　大学院新領域創成科学研究科
	社会文化環境学専攻　特任研究員
新 井 田 康 朗	クラレクラフレックス㈱　社長補佐
加 藤 大 輔	豊和繊維工業㈱　NV製品開発部　開発二課　課長
森　　正	ニチアス㈱　自動車部品事業本部　第2技術開発部
	第3設計課　専任職
次 橋 一 樹	㈱神戸製鋼所　技術開発本部　機械研究所　振動音響研究室
	室長
板 野 直 文	日本特殊塗料㈱　開発本部　第2技術部　技術2課　課員
竹 内 文 人	三井化学㈱　研究開発本部　高分子材料研究所
	エラストマーグループ　主席研究員
丸 山 新 一	京都大学大学院工学研究科機械理工学専攻　研究員
山 内 勝 也	九州大学　大学院芸術工学研究院　准教授
西 村 正 治	鳥取大学　大学院工学研究科　特任教授；Nラボ　代表
竹 澤 晃 弘	広島大学　大学院工学研究科　輸送・環境システム専攻
	准教授
黒 沢 良 夫	帝京大学　理工学部　機械・精密システム工学科　准教授
山 口 誉 夫	群馬大学　大学院理工学府　知能機械創製部門　教授
見 坐 地 一 人	日本大学　生産工学部　数理情報工学科　教授
山 口 道 征	エム・ワイ・アクーステク　代表
木 村 正 輝	ブリュエル・ケアー・ジャパン
廣 澤 邦 一	OPTIS Japan㈱　音響ビジネス開発マネージャー
	（旧：日本音響エンジニアリング㈱）
木 野 直 樹	静岡県工業技術研究所　電子科　上席研究員

執筆者の所属表記は，2018年当時のものを使用しております。

目　　次

第1章　自動車で発生する音とその対策

1　TPAによる車室内騒音分析
　　………………………吉田準史… 1

1.1　自動車騒音の音源と対策………… 1

1.2　車室内騒音の寄与分離手法について
　　…………………………………… 2

1.3　実稼働TPA法…………………… 4

1.4　固体伝搬音と空気伝搬音およびその
　　分離…………………………… 6

1.5　模型自動車を用いた寄与分離の実施
　　…………………………………… 7

1.6　まとめ………………………… 10

2　車体周りの流れに起因する車内騒音の
　　予測技術………………飯田明由… 11

2.1　緒言…………………………… 11

2.2　空力騒音……………………… 11

2.3　車内騒音解析（直接解析）……… 14

2.4　波数・周波数解析……………… 17

2.5　まとめ………………………… 24

第2章　自動車用制振・遮音・吸音材料の開発

1　音響振動連成数値解析による積層型音
　　響材料の部材性能予測 ····井上尚久··· 26

1.1　はじめに……………………… 26

1.2　材料の分類とモデル化………… 26

1.3　吸音率・透過損失予測のための問題
　　設定…………………………… 31

1.4　音響透過損失の解析例………… 34

2　自動車吸音材の特徴と性能，応用例，
　　今後の展開…………新井田康朗… 36

2.1　はじめに……………………… 36

2.2　不織布とは…………………… 36

2.3　不織布の吸音特性……………… 38

2.4　不織布系吸音材の具体例……… 39

2.5　不織布系自動車吸音材の課題と今後
　　について……………………… 42

3　ノイズキャンセリング機能を有する防
　　音材料の開発…………加藤大輔… 46

3.1　はじめに……………………… 46

3.2　開発品の概要………………… 46

3.3　実験的検討…………………… 47

3.4　開発品の消音メカニズム……… 48

3.5　おわりに……………………… 52

4　自動車用遮音・防音材料の開発
　　………………………森　　正… 54

4.1　はじめに……………………… 54

4.2　Biot理論に基づく音響予測……… 54

4.3 積層構造の設計　自動車向け超軽量
　　防音カバー「エアトーン®」……… 58

4.4 「エアトーン®」の特長…………… 58

4.5 「エアトーン®」の適用事例……… 60

4.6 まとめ…………………………… 62

5 微細多孔板を用いた近接遮音技術
　　………………次橋一樹… 63

5.1 緒言……………………………… 63

5.2 多孔板を用いた固体音低減効果の
　　実験的検証……………………… 63

5.3 数値解析による固体音低減特性の
　　検証……………………………… 66

5.4 結言……………………………… 71

6 自動車用制振塗料の技術動向
　　………………板野直文… 72

6.1 はじめに………………………… 72

6.2 汎用制振塗料について………… 72

6.3 自動車用制振塗料について……… 76

6.4 おわりに………………………… 81

7 振動制御用エラストマー材料の開発動
　　向………………竹内文人… 83

7.1 はじめに………………………… 83

7.2 エラストマーの概説……………… 83

7.3 エラストマーによる振動制御…… 86

7.4 制振材料の基礎的な考え方……… 89

7.5 熱可塑性ポリオレフィン
　　ABSORTOMER®（アブソートマー®）
　　の展開…………………………… 92

7.6 おわりに………………………… 100

8 均質化法による多孔質吸音材料の微視
　　構造設計………………山本崇史… 101

8.1 はじめに………………………… 101

8.2 均質化法による動的特性の予測手法
　　………………………………… 101

8.3 Biotパラメータの同定………… 103

8.4 Delany-Bazleyモデル………… 106

8.5 解析モデル……………………… 106

8.6 解析結果………………………… 107

8.7 まとめ…………………………… 110

第3章　自動車における騒音制御

1 自動車で発生する音の性質と吸遮音材
　　の要求特性……………丸山新一… 111

1.1 自動車で発生する音とその性質…… 111

1.2 騒音の抑制方法と対策手順……… 112

2 自動車におけるサウンドデザインと音
　　質評価技術……………山内勝也… 116

2.1 はじめに………………………… 116

2.2 自動車のサウンドデザイン
　　～音の価値の積極的な活用～…… 116

2.3 音の心理的側面………………… 117

2.4 音質評価技術…………………… 120

2.5 次世代自動車のサウンドデザイン
　　課題……………………………… 128

3 薄膜を利用した騒音対策手法
　　………………西村正治… 132

3.1 はじめに………………………… 132

3.2 音響透過壁……………………… 132

3.3 薄膜軽量遮音構造……………… 138

4 トポロジー最適化による減衰材料の最

適配置 …………………**竹澤晃弘**… 149

4.1 はじめに …………………………… 149

4.2 トポロジー最適化 ………………… 150

4.3 固有振動数解析に基づく最適化…… 152

4.4 周波数応答解析での最適化 ……… 154

4.5 まとめ …………………………… 158

5 極細繊維材の吸音率予測手法の開発

…………………………**黒沢良夫**… 160

5.1 はじめに …………………………… 160

5.2 ナノ繊維単体の計算手法 ………… 161

5.3 ナノ繊維を含む積層吸音材の計算

結果 ……………………………… 164

5.4 まとめ …………………………… 165

第4章 遮音・吸音材料の評価と自動車への応用

1 モード歪みエネルギー法による制振防

音性能の予測 ……………**山口誉夫**… 167

1.1 自動車用制振・防音構造のモード

歪みエネルギー法による解析 …… 169

1.2 自動車用制振構造への応用例 …… 172

2 ハイブリッド統計的エネルギー解析手

法を用いた防音仕様の検討

…………………………**見坐地一人**… 177

2.1 はじめに …………………………… 177

2.2 統計的エネルギー解析手法

（SEA法）………………………… 177

2.3 ハイブリッドSEA法 …………… 178

2.4 防音材仕様検討 ………………… 187

3 多孔質材料の吸・遮音メカニズムと評

価手法 ………………**山口道征**… 191

3.1 はじめに …………………………… 191

3.2 多孔質材料のいろいろ，吸音要素

………………………………… 191

3.3 吸音性を表す量 ………………… 191

3.4 おわりに …………………………… 198

4 11.5 kHzまで測定可能な高周波域吸音

率／透過損失測定用音響管の開発

…………………………**木村正輝**… 200

4.1 はじめに …………………………… 200

4.2 音響管による吸遮音性能評価方法

………………………………… 200

4.3 音響管による高周波域測定の対応

………………………………… 205

4.4 測定事例 …………………………… 209

4.5 まとめ …………………………… 213

5 Biotパラメータの実測と予測

…………………………**廣澤邦一**… 214

5.1 はじめに …………………………… 214

5.2 多孔質材料の数理モデル ………… 214

5.3 パラメータの定義 ………………… 216

5.4 パラメータの測定方法 …………… 218

5.5 パラメータの予測法 ……………… 225

5.6 おわりに …………………………… 229

6 Biotモデルにおける非音響パラメータ

の同定法 ………………**木野直樹**… 231

6.1 はじめに …………………………… 231

III

6.2 セルウィンドウに細孔の開いた薄
　　膜を有するポリウレタンフォーム
　　の垂直入射吸音率の測定 ………… 231
6.3 筆者が行った測定に基づく非音響
　　パラメータの同定法 …………… 233

6.4 海外研究者による非音響パラメー
　　タの同定法 ……………………… 237
6.5 まとめ …………………………… 238

第1章　自動車で発生する音とその対策

1　TPAによる車室内騒音分析

吉田準史[*]

1.1　自動車騒音の音源と対策

　自動車走行中に車室内で発生する騒音は，運転者と乗員の会話や音楽の聴取を阻害するだけでなく，運転中の疲労感や不快感にも繋がることからその低減は必須である．この自動車の車室内騒音は，ある一つの音源から発せられるのではなく，図1のようにエンジンなど様々な起振源で発生した音や振動が車体を伝達して混合されたものである．
　これらの自動車走行中の車室内音に影響を及ぼす主要な音源の特徴を以下に示す．
・エンジン音…エンジンが運動することによって発生する音．クランク-ピストン系の運動による慣性力や燃焼に起因する音，動弁系やギアなどの機械音などがある．
・吸気音…エンジンの吸気に伴う脈動音．吸気口や吸気管から放射され，特に急加速時に大きな音を発生する．
・排気音…排気に伴う脈動音．排気口やマフラーから放射され，低周波の音が生じる．排気システムの振動が要因となる場合もある．
・モーター音…モーターが作動する際に発生する磁気音．モーターの極数は発生する音の周波数に影響を及ぼす．
・ロードノイズ…走行中に路面からの入力によって発生する騒音．タイヤのパターンによるパターンノイズやタイヤ内の空洞によって増大される気柱共鳴音などがある．粗い路面を走行時に車室内騒音増大の主要因となる．
・ウィンドノイズ…走行中に風が車体に当たることで発生する騒音．高速走行時などで大きく発生する．
　このように自動車騒音には様々な音源（起振源）が存在し，これらの起振源から車室内に伝達

図1　自動車の音源と車室内騒音

---

[*]　Junji Yoshida　大阪工業大学　工学部　機械工学科　准教授

される音の大小は加速中やクルーズ走行中あるいは路面状態などの走行状況や自動車の種類により異なる。よって，走行中の車室内騒音を低減するには，これらの車内騒音の増大に関連する全ての起振源を対策することが考えられる。しかしながら，全ての起振源の対策を実施するためには，多大な手間，時間を要するだけではなく，車両重量が増し，燃費性能や運動性能を大きく低下させることにもなりかねない。このことから，自動車騒音の対策を行う際には，他機能への影響を考慮し，車室内騒音に影響の高い部品を把握した上で必要最低限の対策を施すことが効率の良い車室内騒音対策となる。

このような効果的な車室内騒音低減を実現するための一つの方策として，様々な起振源が車室内にどの程度影響を及ぼしているのか，すなわち車室内騒音への寄与を定量的に把握することが挙げられる。そして各起振源からの寄与を考慮した上で影響の高い起振源あるいはその伝達経路に集中的に対策を実施することが効果的な騒音対策に繋がる。

1.2 車室内騒音の寄与分離手法について

車室内に及ぼす各起振源からの影響を定量的に把握する方法として，これまでにいくつかの方法が実施されてきた。その中の代表的な手法としてマスキングによる方法および伝達経路解析手法[1~5]がある。

マスキングによる方法は図2に示すように，エンジンなどの車室内への寄与を把握したい部品を遮音材で覆う，あるいは，排気による脈動音を少なくするために，配管を延長した上で大容量消音機を取り付けるなどした上で，対象部品を消音した場合と消音していない場合との車室内音の差から該当部品の影響を把握する手法である。

この手法は分析対象部品が消音しやすい構造の場合は適用しやすく複雑な理論を用いずに各部の寄与を取得できるため，これまで多く適用されてきた。その一方で，厳密には遮音材で覆った場合や大容量消音機を設置した場合も対象部品からの音が完全には消音できない場合や，起振源の形状や特徴によっては簡易には消音できない場合，精度や実験にかかる手間の面で適用困難な場合も見られる。そこで，このような物理的な変更を用いずに計測される信号から各部からの寄与を取得する手法として伝達経路解析（Transfer path analysis：TPA）手法が開発された[1~5]。

伝達経路解析手法は，図3に示すように，車室内騒音は，起振源からの入力とその伝達特性との乗算によって求められる各寄与の合算によって構成されると考える。

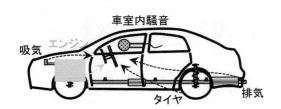

図2　マスキングによる寄与分離例

第1章　自動車で発生する音とその対策

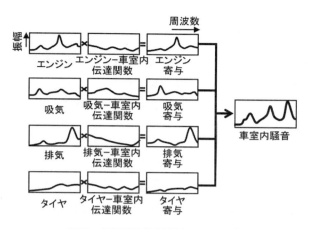

図3　伝達経路解析手法のイメージ

　よって，各起振源からの寄与を取得するには，各々の起振源からの入力および車室内までの伝達関数を取得する必要がある。これらの伝達経路解析に必要な各要素を取得する方法には，動ばね法や逆行列法[1]，実稼働TPA法[3~5] など，これまでにいくつかの方法が提案されてきた。

　動ばね法は(1)式に示されるように，事前に計測された各振動伝達部品の動ばね特性 k_i と実稼働時の入力側，出力側の相対変位 x_i から実稼働時の入力 f_i を推定する。なお，i は分析対象とする入力点番号，N はその総数を意味する。

$$f_i = k_i x_i \tag{1}$$

　そして，同様に事前に計測された各入力点から車室内までの伝達関数 h_i と入力 f_i を(2)式のように乗算し，(3)式のように合算することで各音源からの寄与 p_i を取得する。

$$p_i = f_i h_i \tag{2}$$

$$p = \sum_{i=1}^{N} p_i \tag{3}$$

　この動ばね法を車室内騒音に影響を及ぼす数多くの起振源を対象として実施するためには，各振動伝達部品の動ばね定数が必要となり，多大なる時間を要する，あるいは結合状態によっては動ばね定数の計測が困難になる場合がある。そこで，実稼働中に各起振源から伝わる力を，動ばね定数を用いずに推定する手法として考案された手法が逆行列法である[1]。

　逆行列法では，事前に計測した起振源となる各部の振動入力部位と車体側の各部振動受動点間の伝達関数行列 $[H]$ と実稼働時の各部振動受動点側の振動加速度行列 $[A]$ を用いて，(4)式のように実稼働時の各部での入力 $[F]$ を推定する。

$$[F] = [H]^{-1}[A] \tag{4}$$

そして、動ばね法同様に(5),(6)式のように事前に計測された各入力点から車室内までの伝達特性を乗算することで各起振源からの寄与 p_i を取得する。

$$p_i = f_i h_i \tag{5}$$

$$p = \sum_{i=1}^{N} p_i \tag{6}$$

実稼働 TPA 法は、近年の開発期間の短縮化を考慮し、さらに少ない実験で正確な寄与を取得することを目的に、加振実験を用いずに各起振源からの寄与を把握するための手法として提案された[3~5]。本節では、この実稼働 TPA 法についての理論的背景および寄与分離結果の一例を紹介する。

1.3 実稼働 TPA 法

実稼働 TPA 法では、実稼働状態で得られる入力点近傍の各部参照点信号 a_i および応答点信号 p のみで各起振源からの寄与 p_i を取得する。この手法では、各参照点と応答点の関係を表わす周波数ごとの関数（伝達係数 c_i）を図4に示すような統計的手法の一つである主成分回帰法を用いて推定する。

よって、本手法では車室内騒音は起振源の入力からの寄与ではなく、(7)式に示されるように起振源近傍で計測された加速度信号あるいは音圧信号（参照点信号）がどの程度、車室内音圧信号（応答点信号）と関連しているのか、ということを把握する、という点でこれまでの手法と異なる。

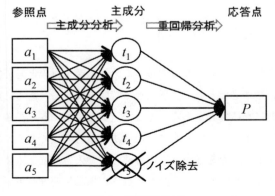

図4　実稼働TPA法

第1章　自動車で発生する音とその対策

$$[P] = [A][C] \tag{7}$$

　本手法の分析の流れとしては，はじめに，ある一定時間継続的に測定された参照点信号と応答点信号に対し，繰り返し周波数分析（FFT 分析）を行う。そして得られた周波数分析結果を用いて上式の応答点行列 $[P]$，参照点行列 $[A]$ を作成する。なお応答点行列は応答点の数と連続的に実施した各 FFT 分析の回数で構成され，参照点行列 $[A]$ は参照点の数と FFT 分析の回数で構成される。伝達係数行列 $[C]$ は応答点数と参照点数がそれぞれ行と列に対応することとなる。

　そして，計測誤差などの影響が少ない安定した伝達関数を算出するために主成分回帰法を用いて以下の流れで伝達関数および寄与を算出する。

① 測定された参照点信号 $[A]$ に対して(8)，(9)式に示すように主成分分析（特異値分解）を適用する。その結果得られる無相関化された各信号 t_i を主成分と呼ぶ。

$$[A] = [U][S][V]^T \tag{8}$$

$$[T] = [A][V] = [U][S] \tag{9}$$

上式の $[V]$ は参照点行列 $[A]$ を主成分行列 $[T]$ に変換するための係数行列であり，主成分行列 $[T]$ は主成分の数（参照点数）と FFT 分析回数で構成される。

② 無相関化された主成分 t_i の中から，各主成分の大きさに関する情報を持つ対角行列 $[S]$ の要素を用いてノイズ成分と考えられる主成分を除去する（ノイズ除去）。

③ 残った主成分行列 $[T]$ と応答点行列 $[P]$ との間で(10)，(11)式に表わすように重回帰分析を行う。

$$[P] = [T][B] \tag{10}$$

$$[B] = ([T]^T[T])^{-1}[T]^T[P] \tag{11}$$

ここで，係数行列 $[B]$ は応答点の数と主成分の数で構成され，各主成分から応答点までの偏回帰係数を表わす。

④ 参照点信号から主成分に変換するための係数 $[V]$，主成分から応答点信号に変換するための係数 $[B]$ を掛け合わせたものが各参照点から応答点までの関係を表わす伝達係数行列 $[C]$ となる。

$$[C] = [V]([T]^T[T])^{-1}[T]^T[A] \tag{12}$$

そして，(12)式により得られる伝達係数と各参照点信号を(13)，(14)式のように乗算することにより各参照点からの寄与が得られる。

$$p_i = f_i c_i \tag{13}$$

$$p = \sum_{i=1}^{N} p_i \tag{14}$$

以上が実稼働TPA法を用いた寄与算出の流れである。

1.4 固体伝搬音と空気伝搬音およびその分離

前述のように伝達経路解析を適用することで，各起振源から車室内への寄与を把握することが可能となる。しかしながら，エンジンなどの起振源から車室内まで伝達する音には固体伝搬音と空気伝搬音が存在し，車室内の騒音対策を実施する場合にも，その伝達パターンに応じた騒音対策が必要となる。

固体伝搬音は図5に示すように，エンジンなどの起振源から振動がエンジンマウントやサブフレームなどの構造体を伝達し，最終的にボディが励振され，音として車室内に放射される。

よって，車室内音への影響の高い起振源が固体伝搬によって車室内騒音を上昇させている場合には振動伝達部位の剛性向上など構造系での対策などが有効となる。反対に，起振源周辺での防音対策は効果的な車室内騒音低減にはなりにくい。

空気伝搬音は図6に示すように，エンジンなどの起振源から放射された音が車室内に伝搬し，車室内騒音を増大するものである。この場合には，振動伝達部位の構造系対策よりも起振源周辺での防音対策がより効果的な車室内騒音低減になる。

以上のことから，車室内騒音に対する各起振源からの寄与を把握する際には，その伝達音が固体伝搬音であるのか空気伝搬音であるのか，ということまで把握することが，より効果的な車室内騒音の改善に結びつく。

前述の実稼働TPA法においては，分析対象となる参照点として入力点近傍の加速度信号および音圧信号をまとめて設定し，図7に示すような各加速度信号，音圧信号群間で正規化処理を施した上で主成分回帰法を適用することで，単位系が異なる各起振源からの寄与を算出している[3,4]。

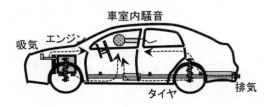

図5　固体伝搬音のイメージ

図6　空気伝搬音のイメージ

2 車体周りの流れに起因する車内騒音の予測技術

飯田明由[*]

2.1 緒言

　乗用車の開発において，車内騒音の低減が重要な課題となっており，静粛性は自動車の付加価値を高めるための一つの指標となっている。パワートレインの振動・騒音対策が進んだことから，パワートレインによる騒音は従来に比べて大幅に低減してきており，ロードノイズと空力騒音の寄与が相対的に大きくなってきている。今後，電気自動車やハイブリッド車の普及とともに，この傾向はますます増加すると考えられる。ロードノイズは，ゴムでできたタイヤとサスペンションの振動が関係すること，中高周波数帯域にも影響を及ぼすことから新たな問題となってはいるが，振動騒音の伝達機構そのものはパワートレインと変わらないことから，振動騒音の専門家がこれまでの知見を活用しながら対策が進められている。一方，空力騒音の場合は，車外騒音に関する研究は流体力学的な課題として流体力学を専門とする研究者が取り組んでいる事例が多いが，流れに起因する車内騒音の場合，流体力学的な対策（音源）だけでは不十分であり，流れから振動・音への伝達，伝播機構を明らかにする必要がある。このため，流体力学的なアプローチだけでは不十分であり，また振動騒音解析の技術だけでも現象を理解することが難しい。このため，流れに起因した車内騒音については，発生・伝播機構の解明が不十分であり，定量的な予測が難しいという問題がある。

　本節では，自動車の騒音問題の一つである空力騒音に焦点をあて，まず初めに空力騒音の発生機構と性質を示し，自動車の走行条件における空力騒音の一般的な特徴について述べる。次に自動車周りの流れと，流れから発生した音が車内騒音としてどのように伝播するかについて述べる。車内騒音の予測手法として，基礎方程式を忠実に再現していく大規模数値解析手法と流れ場，音場，振動の波数空間での振る舞いの違いをもとに伝播機構を予測する波数・周波数解析について述べる。

2.2 空力騒音

　冬の寒い日など，電線や木の枝に風があたるとヒューヒューといった音がする場合がある。このような流れから発生する音は，空力騒音，風切り音，風音などと呼ばれ，自動車においても様々な部位から発生することが知られている。風切り音は電線や枝が風によって振動することによって発生すると思われがちであるが，電線や枝が振動しない場合でも，流れ場の渦によって音が発生する。このように空力騒音は，一般的な振動騒音が，弦や板などの振動によって生じるのとは異なり，音波を伝える媒質自身の運動によって発生する点に特徴がある。

　空力騒音の基礎方程式である Lighthill 方程式[1,2]は，渦度を用いて以下のように変形することができる。

　＊　Akiyoshi Iida　豊橋技術科学大学　機械工学系　教授

$$\left(\frac{\partial^2}{\partial t^2} - c^2 \nabla^2\right)\rho = -\rho_0 \, div(\boldsymbol{\omega} \times \mathbf{u}) \tag{1}$$

　この式より先に示したように渦の非定常運動によって空力騒音が発生することがわかる。このため，自動車から放射される空力騒音を低減するには，渦の非定常運動を抑制する必要があることがわかる。

　Lighthill 方程式から導かれるもう一つの大きな結論として，流れ場から発生する音の大きさは，以下の3つに分類できることである。

$$P_a^2 \approx \frac{\rho_o^2}{c} u^4 l^2 + \frac{\rho_o^2}{c^3} u^6 l^2 + \frac{\rho_o^2}{c^5} u^8 l^2 \tag{2}$$

　(2)式の第1項は流れ場からの湧き出しによる音（単極子：monopole），第2項は流れ場の運動量変化に起因する音（双極子：dipole），第3項は渦の非定常運動による音（四重極子：quadorpole）を示している。これらはそれぞれ速度の4乗，6乗，8乗に比例する。自動車の空気抵抗が速度の2乗に比例することと比較すると，空力騒音が，速度の増加とともに急激に増加することがわかる。(2)式を流体による単位時間当たりの運動エネルギーの流入量，$1/2\rho u^3 l^2$ で割り，流体運動が音になる際の放射効率を求めると，

$$P_a^2 \approx M + M^3 + M^5 \tag{3}$$

と表すことができる。ここで $M = u/c$ は流速と音速の比を表すマッハ数である。このことから単極子，双極子，四重極子の音の放射効率はそれぞれマッハ数の1乗，3乗，5乗に比例することがわかる。第1項の湧き出しによる音は自動車で問題となることが少ないので，第2項と第3項に注目すると，四重極音のレベルは双極子音レベルに対してマッハ数の2乗のオーダーとなる。自動車のマッハ数は0.1以下であることから，渦から直接放射される空力音のレベルは双極子音源の百分の1以下となり，通常は問題とならない。このため，自動車では，渦から直接放射される音の寄与は小さい。このことから，自動車の空力騒音の予測では双極子音源を対象とすることが一般的である。双極子音源は物体に作用する力に起因し，物体表面に作用する圧力 p を用いると

$$p_a = \frac{1}{4\pi a} \frac{x_i}{x^2} \int_s n_i \frac{\partial p}{\partial t} dS \tag{4}$$

と表すことができる[3]。この式から双極子音は物体に作用する流体力の時間変動に起因することがわかる。(1)式の基礎方程式の説明で渦の非定常運動が空力騒音を発生させることを示したのに，マッハ数の小さな（自動車の場合のような）空力騒音では渦の非定常運動に起因する四重極子音源の寄与が小さく，物体に作用する流体力が主原因であるという説明がわかりにくいという

第1章　自動車で発生する音とその対策

質問をよく受けるが，物体に作用する流体力は，流れ場の運動量変化によって生じるものであり，物体周りの渦が流体の運動量変化を生じさせていることを考えると結局は渦の非定常運動が原因であることがわかる。

　渦音の理論を用いて，空力騒音の大きさを求めると

$$p_a{}^2 = \frac{-\rho_0 xj}{4\pi c|\mathbf{x}|^2} \frac{\partial}{\partial t} \int_V (\boldsymbol{\omega} \times \mathbf{u}) \nabla Y_j(y) dy^3 \tag{5}$$

と表すことができる[4]。ここで関数 $Y_j(y)$ は音場を表す Kirchhoff vector と呼ばれる関数である。この関数は渦から音への変換効率とみなすことができる。また関数は物体表面において $\nabla^2 Y_j(y) = 0$ を満たす必要があり，物体近傍で大きな値を持つことから，流れ場に物体が置かれた場合，物体が強い音源になることを示している[5]。(3)式は(4)式をマッハ数が小さく渦からの直接音の寄与が小さいことを仮定して求めた数学的に別の形式の表現であり，低マッハ数においては(3)式と(4)式は数学的に等価である。

　このことから自動車の空力騒音を考える場合，物体表面の圧力変動を音源として考えることになる。また，空力騒音を低減するには，渦の非定常運動が物体表面の圧力変動を引き起こすことから，渦度の分布に着目するのが一般的である（数値解析技術の発達により速度勾配テンソルの第2不変量を求めることが比較的簡単になったことから第2不変量を用いて評価することが多くなっている。第2不変量を用いることのメリットは渦度の場合は，ベクトル量であるため，各軸周りに値を求める必要があるのに対して，第2不変量を用いる場合は，正の値は渦運動を負の値はせん断歪が支配的な領域を表すことができることである）。

　このように低マッハ数流れ場に物体が置かれた場合，渦の非定常運動によって作られた音場内に，音響放射効率が（気体に比べて）大きな固体壁が置かれたことにより，物体表面で音場がスキャッタリングされ，物体から強い音が放射されていると考えることができる。このため，空力音を発生させている原因は渦の非定常運動そのものと考えてよい。また，低マッハ数流れにおいては，物体の音響放射効率が空力音の発生に強く寄与することを示しており，空力音を低減するには，渦運動そのものを抑制することに加え，物体の音響放射効率を小さくすることが有効である。

　空力騒音の基礎的なメカニズムから自動車周りの流れに起因する空力騒音を考える場合，物体表面の圧力変動，物体周りの渦構造を考えることが重要となる。図1に自動車周りの渦度場と車体表面の圧力分布を示す。自動車の周りの流れ場には非常に微細な渦構造があり，空力騒音を予測するためには，これらの渦構造を精度よく求める必要がある。図2は京コンピュータを用いて解析した自動車周りの微細渦構造（速度勾配テンソルの第2不変量の等値面）である。解析規模は約50億である。自動車周りの渦構造を完全にとらえ，空力騒音を人間の可聴範囲まで精度よく解析するには，解析規模は50億要素でも不十分であり，数百億要素から1千億要素の解析が必要となる。

自動車用制振・遮音・吸音材料の最新動向

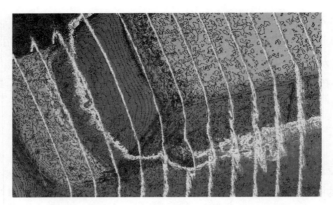

図1　空力騒音の原因となる自動車車体表面の圧力分布と渦度分布

図2　車体周りの微細渦構造

　図3に車体表面の圧力分布を示す。(a)は流れ場による圧力変動，(b)のシールド部の圧力分布は空力騒音の分布である。流れ場に起因する圧力変動が非常に細かいのに対して，空力騒音に起因する圧力変動はスケールが大きいことがわかる。これは後述するように低マッハ数流れ場では流れに起因する圧力変動と音場の圧力変動の波数が大きく異なることに起因している。図4にドアミラー部から放射される空力騒音を示す。波長は周波数に依存することはもちろんであるが，ドアミラーのような小さな部品から放射される空力騒音が車体に比べてどの程度のスケールを持つかがよくわかる。図5は流れの中に置かれた翼型から放射される空力騒音の解析事例である。解析には(5)式の空間音源を用いている。翼周りに表示されている渦音源に比べて，音場のスケールが大きいことがわかる。

2.3　車内騒音解析（直接解析）
　流れに起因する車内騒音の伝達機構を模式化したものを図6に示す。自動車の周りには流れに

第1章 自動車で発生する音とその対策

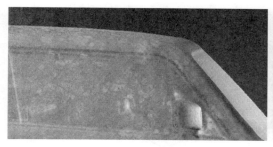 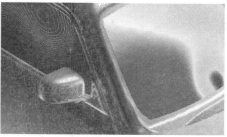

(a)流れに起因する圧力分布　　　　　(b)空力騒音に起因する圧力分布（シールド部）

図3　車体表面の圧力分布
（流れ場と音場のスケールの違い）

図4　ドアミラーから放射される空力騒音
（車体の大きさとスケールを比較されたい）

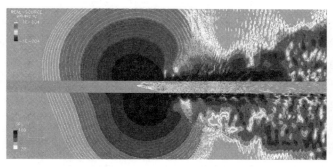

図5　翼周りの空力音源分布と放射音分布

自動車用制振・遮音・吸音材料の最新動向

図6　流れに起因した車内騒音の伝達機構の模式図

起因した圧力変動と発生した空力騒音による圧力変動が存在する。流れに起因した圧力変動も音場も同じ圧力変動であり，流体力学的には両者を分離することは難しいが，考えやすくするために両者を便宜的に分けて考えることとする。車内騒音からみると流れによる圧力変動も車外空力騒音も車体の壁面を加振する外力項である。自動車の車体表面が圧力変動により加振され，その振動によって車内に音場が形成される。

　したがって，外部の圧力変動に対して，振動および音場の伝達系を求め（仮定し），車内騒音を求めるという方法が考えられる。自動車の設計においては広く利用されている方法である。外部音場に対する伝達関数は，実験などにより求めることが可能であり，特に高い周波数では外部音場の寄与が大きいとされているため，高い周波数帯域では，音響加振により伝達関数を求めて評価することが多い。低い周波数の場合は，FEM解析などで直接解析することも可能であり，自動車メーカーでは200 Hz程度までの周波数はFEM解析で直接計算することが多い。一方，流れ場の圧力変動と車内騒音の伝達関数を求めることは，測定技術の問題もあり，音場に比べて容易ではない。このため，流れ場の圧力変動に対する伝達関数モデルを用いた予測は実用レベルでは利用されていない。

　図7に車内騒音の解析手順を示す。解析における仮定の少ない方法としては，流れ場を解析し，その結果をもとに振動解析（FEM），音響解析を行う方法があげられるが，流れ場の渦の微細構造を解析し，さらに振動解析を高い周波数まで行うためには，非常に大規模な解析が必要となること，車体の複雑な構造をモデル化することが難しいことなどから解析事例は少ない。外部音場を考慮する場合，流れ場の解析には圧縮性流体解析が必要となるが，低マッハ数の場合，圧縮性流体解析で自動車のような複雑な形状を精度よく解析することは難しく，流れ解析には非圧縮性流体解析が用いられることが多い（近年のコンピュータの発達により低マッハ数流れ場における圧縮性流体解析による空力騒音評価も行われるようになってきている[6,7]。また格子ボルツマン法のように低マッハ数流れ場の空力騒音を精度よく予測する技術も開発されてきている）。

　図8に自動車の車内騒音を予測した事例を示す[8]。この解析では図7の太い実線のように解析を行った。まず非圧縮性流体解析（解析規模50億要素）により流れ場の微細渦構造を求め，振

第1章 自動車で発生する音とその対策

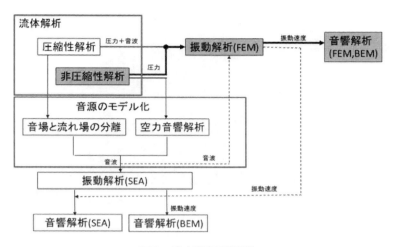

図7　車内騒音予測手法

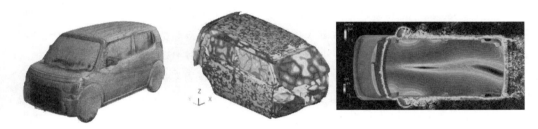

(a)流体解析（50億要素）　　(b)振動解析（1500万自由度）　　(c)騒音解析（3700万要素）

図8　車内騒音予測のための連成解析結果

動解析（1500万自由度）により車体表面の加速度を算出する．この結果をもとに車室内の音場を解析した（解析規模3700万要素）．

このような大規模な解析を行うことにより，図9に示すように車内騒音を精度よく予測できることが確認された．ただし，この解析では外部音場の影響を考慮していないため，高い周波数では実験との差が大きくなっていく傾向がみられる．より精度の高い解析を行うには，圧縮性流体解析のデータを用いる必要がある．

2.4　波数・周波数解析

前項で述べたように基本的には流体・構造振動・音響連成解析を行うことにより，自動車の車内騒音を予測することは可能であるが，大規模な解析リソースを必要とすること，解析によって予測ができても，騒音低減対策を行うには現象の理解が必要であることから，予測手法の開発だ

17

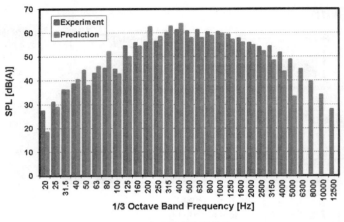

図9　車内騒音予測結果
（ドライバー耳元位置）

けでは不十分である．前述したように，自動車周りの空気の流れや流れから発生する音は，車体表面やガラス面を加振し，この振動に起因した音が室内に伝わると考えられる．このため，車内騒音を予測するには，流れ場と振動，音の相互作用について検討する必要がある．

時速100 km程度で走行する車体周りの流れ場の境界層の圧力変動は数十Pa程度であるのに対して，外部音の圧力レベルは高々0.1 Paのオーダーである．したがって，車体周りの境界層の圧力レベルに対して，車外空力騒音の大きさは1/100以下でしかない．しかし，高速道路などで防音塀がある区間とない区間を走行すると，防音塀がある区間では，車外騒音が防音塀に反射して，車内騒音が急激に大きくなることがある．防音塀がある区間とない区間で車体周りの流れ場の境界層がほとんど変化しないことを考えると，車内騒音に対する車外騒音の寄与が非常に大きいことがわかる．

このことから，車内騒音を予測する場合，単に流れ場の圧力変動の大きさを評価するだけでは不十分であり，車体の振動から音への伝達機構を明らかにする必要がある．

上記のことを理解するための手法として，波数・周波数スペクトルを用いた分析手法があり，航空機などの開発に広く用いられている．自動車関連では高阪ら[9]が詳細な検討を行っている．以下に，高阪らの研究を参考とした波数・周波数解析を用いた評価方法を紹介する．

まず，車内騒音のモデルとして，車外流れ場と車両室内を平板で仕切った単純なモデルを考える．外部流れ場は乱流であり，流れから発生した音場が拡散音場として一様に分布していると仮定する．車室内は外部との仕切り面（ガラス）以外は，剛体と仮定し，振動も音も伝わらないと仮定する．また，車室内の内部空間は，完全無反射空間とする．仕切り板は長さa，幅b，厚さtの一様な材質とし，外部の音場および流れ場によって曲げ振動が生じ，その曲げ振動により車内に音が伝播するものとする．

第1章　自動車で発生する音とその対策

　この問題を考える場合に，重要な点は，流れ場，振動場，音場における伝播速度がそれぞれ異なるため，同じ周波数であっても，波数が異なることである。音は音速 c_a で伝わるので，波数は周波数に比例する。流れ場の場合，伝達速度は常に一定ではないが，おおよそ平均速度 U のオーダーであるので，流れ場の波数は主流速度に反比例し，周波数に比例する。一方，曲げ波の伝播速度は周波数の平方根に比例するので，波数は周波数の平方根に比例する。すなわち，低周波数では遅く，高周波数では伝播速度が速くなる。ただし，縦波の速度以上になることはないので，縦波速度に近くなるとほぼ一定となると考えられる。

　図10に自動車周りの流れ場，音場，振動の波数分布を示す。空気の音速や車体材料の曲げ波の伝播速度に比べて，流れ場の対流速度が小さいため，流れ場の波数はそれらに比べて大きいことがわかる。板の曲げ波の伝播速度は周波数の平方根に比例するため，振動の波数分布と流れ場，音の波数が交差する点が存在することがわかる（音と流れ場の波数は基本的に交差しない）。

　音の波数と曲げ波の波数が一致する周波数において音の透過が大きくなる現象として，コインシデンス効果が知られている。このように波数が一致する領域では現象がそのほかの場合と異なることがわかる。一般に波数が極端に違う場合，入力レベルが大きくても，振動への影響は小さくなる。逆に波数が等しい場合は，振動への変換効率が高くなる。振動から音への変換も同様である。

　一般的な自動車では，流れ場の速度は 30 m/s，音速は 340 m/s，曲げ振動の伝播速度は 10〜3000 m/s であるので，流れ場と振動場は低周波数域，音と振動は高周波数域で波数が一致する。振動のしやすさを波数で分類すると，振動物体の波数より低い波数帯域（剛性領域）では，振動の大きさは，固有振動数と質量の積に反比例し，周波数に依存せずに一定である（ただし，振動モードが存在する場合はこの限りではない）。一方，波数より高い周波数領域（質量則領域）で

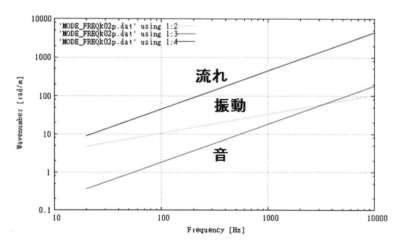

図10　流れ場，音場，曲げ波の分散関係

は，振動レベルは質量と振動数の積に反比例し，いわゆる質量則で表すことができる。波数が一致する場合は共振系（減衰領域）となるので，非常に効率よく振動し，音が伝わりやすいと考えられる。

流れ場，音場，振動の伝播速度が異なることから，流れ場の加振力は振動からみると，そのほとんどが剛性領域であり，振動の共振波数から離れた波数で加振を行っている。一方，音場の場合は，低周波数域を除いて，振動の共振周波数の近くに加振のパワーを持っており，共振点が一致する波数帯域もある。これらのことを定量的に予測するため，乱流場と音の加振力パワーを波数空間でモデル化し，波数空間での振動伝達を求める。

乱流場のモデルとして Corcos[10] の波数・周波数相関モデルを用いる。

$$\Phi_{pp}(\mathbf{k},\,\omega)=S_{0,\,tbl}(\omega)\frac{4c_xc_yk^2}{\{(1+c_x^2)k_c^2-2k_ck_x+k_x^2\}\{c_x^2k_c+k_y^2\}} \tag{6}$$

このモデルでは，流れ場の空間相関は距離 r が増えるとともに小さくなることを仮定している。c_x, c_y は空間相関の強さを表す係数で流れ方向に比べ，幅方向の相関が大きな値をとるように設定されている。

音場については，

$$\Phi_{pp}(\mathbf{k},\,\omega)=\begin{cases}\dfrac{2\pi S_{0,aco}(\omega)}{k_{aco}^2}\dfrac{1}{1-(|\mathbf{k}|k_{aco})^2},&|\mathbf{k}|\le k_{aco}\\[2mm]0&,|\mathbf{k}|>k_{aco}\end{cases} \tag{7}$$

$$|\mathbf{k}|^2=k_x+k_y$$

拡散音場のモデルを用いる。これらの式から音場には明確な共振周波数が存在すること，乱流場の場合には，分母が極端に小さくなる条件が少なく，また，もとの式からもわかるように距離による減衰が大きいため局所的な現象であることがわかる。一方，音波は加振力自体が正弦波関数であり周期的である。

振動についても波数スペクトルを求める。図11に解析事例を示す。

圧力による加振によってパネルが振動した場合のモード振動速度は波数を用いて，

$$\left|\dot{\zeta}_r\right|=\frac{\omega^2A^2J_r(\omega)^2S_0}{m_r|Y_r|^2}$$

第1章 自動車で発生する音とその対策

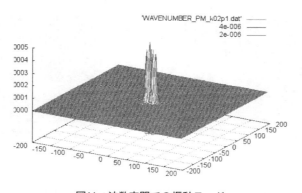

図11 波数空間での振動モード

$$J_r^2(\omega) = \frac{\iint \Phi_{pp}(\mathbf{k},\omega)|\hat{\phi}_r(\mathbf{k},\omega)|^2 dk_x dk_y}{4\pi^2 S_0 A^2} \tag{8}$$

$$\hat{\phi}_r(\mathbf{k},\omega) = \iint \phi_r(\mathbf{x}) e^{j\mathbf{k}\cdot\mathbf{x}} dxdy$$

と表すことができる。ここで A はパネルの面積，m_r はモーダル質量であり，既知の値である。S_0 は空間平均圧力レベルである。J_r はジョイント・アクセプタンスであり，振動速度はジョイントアクセプタンスと下記の Y_r の組み合わせで決まる。

Y_r は共振角周波数 ω_r に対する振動応答であり，モード減衰率 η_r を用いて以下のように表すことができる。基本的にはモーダルコンプライアンスの考え方であり，分母に Y_r があるため，共振周波数付近でこの値はゼロに近づき，振動が大きくなる。減衰項は虚部に入っており，位相を含めて振動を制御していることがわかる。

$$Y_r = \omega_r^2 + j\omega_r^2 \omega^2 \eta_r - \omega^2 \tag{9}$$

したがって，これらの式からわかることは，振動系，音響系は共振点を中心に大きく振動するのに対して，流体では明確な共振モードがでないこと，流体の移流速度が小さいため，同じ周波数の変動に対しては，相対的に大きな波数を持つので，構造体との干渉がきわめて小さくなることである。このことも波数スペクトルで考えるとわかりやすい。

振動の波数スペクトルがピークを持つ空間は，音の波数スペクトルが大きな値を持つ領域と重なっているのに対して，乱流場の加振力はより高い波数域に集中する。拡散音場は基本的にランダムな入射であり，個々の音波の入射については位相がずれているが，波数空間で考えると板を効率よく加振できることがわかる。一方，乱流による加振はランダムであるとともに，波数空間で板の振動スペクトルとは異なる分布関数を持っているため，効率よく板を振動させることができない。このように波数空間で考えてみると，位相が揃っていることよりも波数空間において，

21

自動車用制振・遮音・吸音材料の最新動向

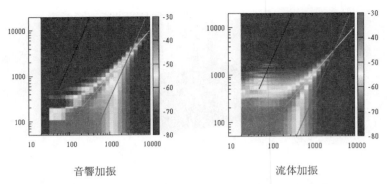

図12 各圧力変動入力に対するモーダル振動速度応答の解析結果

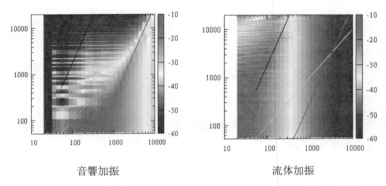

図13 各圧力変動入力に対するジョイントアクセプタンスの解析結果

板の振動と加振力の分布がどれだけ似ているか，空間的に相似な分布になっているかのほうが重要であるかがわかる。

図12に振動速度，図13にジョイントアクセプタンスの解析結果を示す。各グラフにパネルの固有モード周波数，流れ場および音場の固有モード周波数を実線（黒線：流れ場，白線：パネル振動，灰色線：音響振動）により合わせて示した。

モーダル振動速度応答分布は各加振力に対して，板の振動速度を求めたものであり，どの周波数帯域の振動速度が大きいかを調べることができる。ジョイントアクセプタンスは加振力がどの程度の割合で板の振動に寄与しているかを表しており，音響加振，流体加振ともに自身の共鳴波数に近い領域で大きいことがわかる。

モーダル放射効率およびモーダル伝達パワーは，内部音への放射効率と実際に内部に放射される音のパワーを表しており，この値から外部の入力がどの程度音になりやすいかがわかる。

第1章　自動車で発生する音とその対策

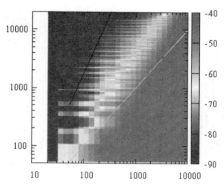

図14　モーダル放射効率

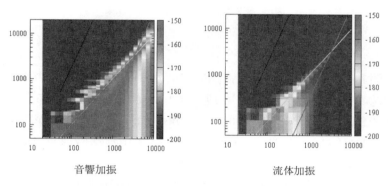

音響加振　　　　　　　　　流体加振

図15　各圧力変動入力に対するモーダル伝達パワーの解析結果

$$\sigma_r = \frac{1}{4\pi^2 A} \iint_{|\mathbf{k}|>k_{aco}} \frac{|\hat{\phi}_r|^2}{\sqrt{1-(|\mathbf{k}|/k_{aco})^2}} dk_x dk_y$$

(10)

$$I_r = \rho_0 C_0 A \sigma_r |\dot{\zeta}_r|^2$$

　図14から音響放射効率はパネルの固有振動数の周波数よりも左側（剛性領域）では，右側の領域に比べて30 dB以上小さいことがわかる。流体加振の固有振動数付近では最大値よりも40 dB以上小さいことがわかる。

　図15に示すように伝達音のパワー分布を調べると音響加振による効果が大きく，流体加振による効果は100 Hzから1 kHz付近以外ではほとんど認められない。音響加振については幅広い周波数帯域で音が伝わることがわかる。振動モード，音響モードの線に沿って伝達パワーが大きいこともわかる。モーダル伝達パワーのグラフから車体周りの流れ場の圧力変動，空力音が車内音にどの程度寄与しているかを調べることができる。

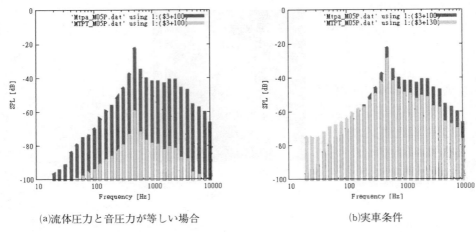

(a)流体圧力と音圧力が等しい場合　　　(b)実車条件

図16　車内騒音スペクトルの推定結果

これまでの計算はすべて単位強さの音源（$S_{0,\,tbl}$, $S_{0,\,abs}=1.0$）に対してのものであったが，一般に流れ場の圧力変動レベルは空力音よりも1000倍以上大きいといわれている。このことを考慮して車内騒音を予測した結果を図16に示す。(a)は流れ場と音場の圧力変動が同一の場合，(b)は流れ場の圧力変動が音場よりも30 dB大きい場合である。流れ場の圧力変動が実際の条件に近い(b)の場合，周波数200 Hz以下では流れ場に起因する音が支配的となる。200 Hzから400 Hzまでは流れ場と音場による騒音レベルはほぼ同程度となる。400 Hz以上では音場が支配的となることがわかる。

このように波数・周波数スペクトルを用いることにより，流れ場と（車外）空力音場がどのように車内騒音に寄与するのかを調べることができる。今後，この手法を活用した車内騒音分析が重要となると考えられる。

2.5　まとめ

空力騒音の発生メカニズム，予測手法を紹介し，車内騒音解析事例と波数・周波数スペクトルを用いた評価方法を示した。コンピュータの発達とともに今後さらに高精度な解析が可能となると予想されるが，予測だけでは現象を理解したことにならない。波数・周波数スペクトル解析は流体・構造振動・音響のような複雑な連成問題を分析する上で強力な手法であり，今後，この技術をもとにした車内騒音予測モデルの開発や現象のさらなる理解が期待される。

第 1 章　自動車で発生する音とその対策

文　　献

1)　Lighthill, M.J., *Proc. Roy. Soc. London*, **A221**, 564-587（1952）

2)　Lighthill, M.J., *Proc. Roy. Soc. London*, **A222**, 1-32（1954）

3)　Curle, N., *Proc. Roy. Soc. London*, **A231**, 505-514（1955）

4)　Powell, A., *J. Acoust. Soc. Amer.*, **36**(1), 177-195（1964）

5)　Howe, M. S., "Theory of Vortex Sound", Cambridge University Press（2002）

6)　横山博史，篠原大志，中島崇宏，宮澤真史，飯田明由，日本機械学会論文集，**81**(826)，15-00148（2015）

7)　Yokoyama, H., Kitamiya K., and Iida, A., *Physics of Fluids*, **25**(10), 106104（2013）

8)　飯田明由，加藤千幸，吉村忍，飯田桂一郎，橋爪祥光，山出吉伸，秋葉博，恩田邦蔵，ながれ，**34**，143-148（2015）

9)　高阪文彦，奥津泰彦，濱本直樹，塩崎弘隆，日本機械学会論文集 C 編，**79**(806)，3691-3709（2013）

10)　Corcos, G. M., *J. Acoust. Soc. Amer.*, **35**, 192-199（1963）

第2章　自動車用制振・遮音・吸音材料の開発

1　音響振動連成数値解析による積層型音響材料の部材性能予測

井上尚久[*]

1.1　はじめに

　新規材料の開発サイクルは性能予測，試料製作，性能試験の三段階に大別される。かつては簡易的手法による予測を行い，試料を大量に作成，評価する実験ベースの試行錯誤が主導的であったが，実験設備の整備に関する初期費用を含め，時間・経済・環境的コストが大きく，設計変更に対する柔軟性の低さが問題視されてきた。一方，計算機資源の目覚しい発展に伴い，Computer Aided Engineering（CAE）によるサンプルレスの材料開発，即ち予測段階で設計を試行錯誤するという予測ベースの材料開発の機運が高まっている。更に，実測を模擬した数値解析を行うことで，実測と予測の比較が容易になり，測定の安定性・信頼性を裏付けるデータを取得することが可能である。このような開発サイクルの繰り返しの低減により開発が大幅に効率化されることが期待される。

　材料の音響性能については，その材料が実際に空間に設置された際に呈する空間性能と，実験室や理想条件などで呈する部材固有の性能である部材性能に大別できる。様々な利用状況が想定される材料開発の段階では，部材性能の設計が重要であるといえる。本節では有限要素法による積層型音響材料の部材性能予測手法に関する筆者らの研究の一部，特に数値解析を道具として利用するユーザにとって重要と思われる以下の2点に焦点を当て，紹介する。
- 解析対象を構成する各種材料及びその物理場の適切な理論によるモデル化
- 吸音率・透過損失などの音響指標を算出するための問題設定

　ここでは境界要素法，有限要素法の詳細な理論解説は文献1～4）に譲ることとし，材料をモデル化する場合の留意点や部材性能予測のための問題設定などを中心に紹介することとする。また，本節では各種現象は微小振幅による線形性を仮定し，ある角周波数ωに対する定常応答のみを扱う。

1.2　材料の分類とモデル化

　自動車・航空機などの輸送機では，省エネルギーの観点からも荷重負荷の軽減が非常に重要な課題であり，音響材料についてもより軽量・高耐久かつ高性能な材料が要求される。そのような要請から，吸音・遮音の両立を図るため，様々な物理的特性を持つ材料を積層した構造の材料が

---

[*]　Naohisa Inoue　東京大学　大学院新領域創成科学研究科　社会文化環境学専攻
　　　特任研究員

第2章　自動車用制振・遮音・吸音材料の開発

開発の主流となっている。積層型音響材料の構成材料は大きく，固体，気体（材料間の空気層など），及びその両者の混合体である多孔質材に分類できる。ここでは特に固体，多孔質材について各種のモデルの特徴を整理しておく。解析に必要な各種物理パラメータについては表1にまとめて示す。

1.2.1 固定材料

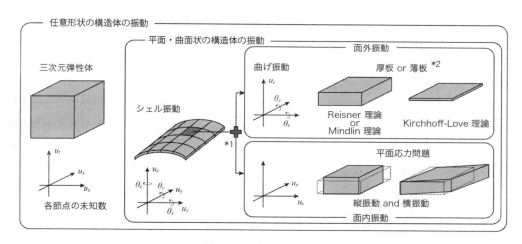

図1　固体振動系の分類

三次元弾性体　ある領域 $\Omega_E \subset R^3$ において固体振動は以下の動弾性力学方程式及び，構成則により記述される。

$$\mathrm{div}\,\underline{\underline{\sigma}}^E + \rho_E \omega^2 \mathbf{u}_E = 0 \tag{1}$$

$$\underline{\underline{\sigma}}^E = \lambda_E \mathrm{div}\mathbf{u}_E \underline{\underline{1}} + 2\mu_E \underline{\underline{\varepsilon}}^E, \qquad \varepsilon_{ij}^E = \frac{1}{2}\left(\frac{\partial u_i}{\partial x_j} + \frac{\partial u_j}{\partial x_i}\right) \tag{2}$$

ただし，$\mathbf{u}_E$, $\underline{\underline{\sigma}}^E$, $\underline{\underline{\varepsilon}}^E$, $\underline{\underline{1}}$ はそれぞれ三次元変位，応力テンソル，歪みテンソル，単位テンソルである。λ_E, μ_E はラメの第一，第二係数であり，ρ_E は物質の体積密度である。

板　古くから，固体振動はその形状の特徴によって，動弾性力学方程式及び構成則に弾性体形状に応じた様々な仮定を設け，各種現象に応じた偏微分方程式を導出し，その理論解を取り扱ってきた（図1）。数値解析では領域を三次元要素により分割し，動弾性力学方程式に基づく解析により原理的にはいかなる形状でも直接的に解ける。しかし，板・棒状の部材において低次の補間要素や扁平な要素を用いた場合，せん断剛性が過大評価されるロッキング現象が生じ，異常に硬い解が算出されてしまう。一方，高次の補間要素や，板厚に応じた小さな立方体要素などを用いれば，計算量が膨大になりがちであり，計算効率が損なわれる。そのため，数値解析において

も，固体材には形状に応じた分類を要し，各種偏微分方程式に基づき，解を算出することとなる。ここでは最も利用頻度の高い，薄平板について，領域 $\Gamma_p \subset R^2$ における Kirchhoff-Love の薄板振動方程式を示しておく。

$$\mathrm{div}(\mathrm{div}\underline{\underline{M}}) - \rho_p \omega^2 w_p = 0 \tag{3}$$

$$\underline{\underline{M}} = -B(1-\nu_p)\underline{\underline{c}} + \nu_p B \nabla^2 w_p \underline{\underline{1}}, \qquad c_{ij} = \frac{\partial^2 w_p}{\partial x_i \partial x_j} \tag{4}$$

ただし，w_p，$\underline{\underline{M}}$，$\underline{\underline{c}}$ はそれぞれ面外変位，モーメントテンソル，曲率テンソルである。B は板の曲げ剛性，ν_p はポアソン比，ρ_p は板の面密度である。

尚，一般に厚板か薄板かの判断については板厚 t_p と板スパン L やシェル曲率 R との比により行われるが，問題や曲げ板要素にも依存するため明確な基準を設けるのは難しい。厚板理論は薄板理論を内包するものの，厚板理論に基づく曲げ板要素では t_p/L が小さい場合，せん断ロッキングにより硬い解が算出される場合があるので注意が必要である。現在では t_p/L が非常に小さい薄板でも，ロッキングが回避できる高性能な厚板要素の開発が進み，商用ソフトでは利用可能であるが，適用の際には十分に留意する必要がある。

シェル　薄い曲面板の振動を解析する場合には曲面の接平面において面外だけでなく面内方向にも振動が生じる。面内振動は動弾性力学方程式に平面応力仮定を挿入し解析が行われる。シェル要素は平面状の各要素内で板の曲げ，平面応力振動を考慮し，曲面板を平面要素の集合として表現できるような要素である。面内・面外振動の連成は要素間の折れ曲がり部分で評価されることとなる。その他，同様の一次元要素として，線・棒状構造体の振動解析のためのビーム要素なども一般的な構造要素として，多くの汎用有限要素解析ソフトで利用可能である。

膜　平面状のしなやかな材料で，材料自体の剛性が無視でき，張力による復元力で振動する材料を膜材料と扱う。膜材料の振動を記述する偏微分方程式は以下のように与えられる。

$$T\nabla^2 w_m + \rho_m \omega^2 w_m = 0 \tag{5}$$

w_m，T，ρ_m はそれぞれ膜の面外変位，張力，面密度である。膜材は単純に多孔質材などに接着する場合には無張力 $T=0$ として扱うことも多い。

1.2.2　空気層

積層材料の構成において空気層や隙間は材料の音響性能に様々な形で寄与する。空気層内の音波の伝播は一般的なヘルムホルツ方程式に従うものとして取り扱う。ある領域 $\Omega_A \subset R^3$ における無損失な音場に対するヘルムホルツ方程式は以下のように表される。

第 2 章　自動車用制振・遮音・吸音材料の開発

$$\underline{\nabla}^2 p + \omega^2 \frac{\rho_0}{K} p = 0 \tag{6}$$

p，K，ρ_0 は音圧，空気の体積弾性率，体積密度である。空気層は通常三次元要素により領域を分割して解析を行う。空気中の波動伝搬ではせん断変形を考慮しないため，せん断ロッキングが生じない。そのため，比較的扁平な要素を用いても精度が著しく損なわれることは少ない。

1.2.3　多孔質材料

多孔質材料は繊維材料や発泡材料のような，固体骨格と空隙で構成される固気二相系の通気性のある材料がそれに分類される。音響振動連成問題における多孔質材料のモデル化はその骨格振動の取り扱いに着目し，減衰性の流体として取り扱う等価流体モデル，固体・気体間での連成伝搬を考慮する固気二相モデルに大別される。積層材料においては多孔質材に接着された板・膜材が直接的に骨格を加振するため，後者の手法が極めて重要である。固気二相の連成伝搬を考慮する多孔質弾性体理論として最も広く用いられるものに Biot 理論がある [2]。Biot 理論は周波数領域において，骨格の巨視的な変位 $\mathbf{u}^\mathrm{S}$ 及び空隙中の巨視的な音圧 p により以下の連立偏微分方程式により記述される。

$$\mathrm{div}\,\underline{\underline{\sigma}}^\mathrm{S} + \tilde{\rho}_\mathrm{S}\omega^2\,\mathbf{u}^\mathrm{S} + \tilde{\gamma}\,\mathrm{grad} p = 0 \tag{7}$$

$$\nabla^2 p + \omega^2 \frac{\tilde{\rho}_{22}}{\tilde{R}} p - \omega^2 \frac{\tilde{\gamma}\,\tilde{\rho}_{22}}{\phi^2}\,\mathrm{div}\mathbf{u}^\mathrm{S} = 0 \tag{8}$$

ここで $\tilde{\rho}_\mathrm{s}$，$\tilde{\gamma}$ は固体相の実効密度，及び二相の空間的な連成の強さを表す係数である。$\underline{\underline{\sigma}}^\mathrm{s}$ は真空中における多孔質弾性体の骨格の応力テンソルであり，純粋な固体と同様に(2)式により表される。

さらに，Biot 理論における骨格振動に関して仮定を行うことで，等価流体モデル（剛骨格，柔骨格モデル）が導かれる。まず，剛骨格モデルでは固体相の運動を無視し，$\mathbf{u}^\mathrm{s}=0$ を(8)式に代入すると以下の方程式が得られる。

$$\nabla^2 p + \omega^2 \frac{\tilde{\rho}_{22}}{\tilde{R}} p = 0 \tag{9}$$

続いて，柔骨格モデルでは固体相応力について $\underline{\underline{\sigma}}^\mathrm{s}=0$ を(7)式に代入し，得られる固体相変位 $\mathbf{u}^\mathrm{s} = -(\tilde{\gamma}/\tilde{\rho}_\mathrm{s}\omega^2)\,\mathrm{grad} p$ を(8)式に代入すると以下の方程式が得られる。

$$\nabla^2 p + \omega^2 \frac{\tilde{\rho}_\mathrm{limp}}{\tilde{R}} p = 0, \qquad \tilde{\rho}_\mathrm{limp} = \tilde{\rho}_{22}\left[1 + \frac{\tilde{\gamma}^2\,\tilde{\rho}_{22}}{\phi^2\,\tilde{\rho}_\mathrm{s}}\right]^{-1} \tag{10}$$

柔骨格モデルでは骨格質量の影響を考慮しており，主に低音域において剛骨格モデルとの差が顕

著になる。(9), (10)式はともに(6)式のヘルムホルツ方程式と同一の形式であり，解析上は体積弾性率 K，密度 ρ_0 をそれぞれ複素体積弾性率 $\tilde{R}$，実効密度 $\tilde{\rho}_{22}$ または $\tilde{\rho}_{\text{limp}}$ に置き換えるだけである。

　有限要素解析において節点当たりの自由度は，固気二相モデルでは4，等価流体モデルでは1自由度である。一般に多孔質材の流れ抵抗が大きい，非通気材が接着する，低・中音域解析などの場合に固気二相の連成が強くなる。従って，これらの条件に該当しない場合では等価流体モデルで十分な精度が得られることも多く，解析自由度が低減可能である。また，多孔質弾性体においては弾性体と同様にせん断ロッキングが生じるが，固体振動における板のような縮退理論が少

表1　各種物理モデルに要求される物性値及び二次的パラメータ

三次元弾性体	●ヤング率：$E_{\text{E}}[\text{N/m}^2]$ ●物質密度：$\rho_{\text{E}}[\text{kg/m}^3]$ ●ポアソン比：$\nu_{\text{E}}[\ ]$ ●損失係数：$\eta_{\text{E}}[\ ]$	－ラメの係数：$[\text{N/m}^2]$ $\lambda_{\text{E}} = \dfrac{\nu_{\text{E}} E_{\text{E}}(1+j\eta_{\text{E}})}{(1+\nu_{\text{E}})(1-2\nu_{\text{E}})}$　　$\mu_{\text{E}} = \dfrac{E_{\text{E}}(1+j\eta_{\text{E}})}{2(1+\nu_{\text{E}})}$
板	中実断面の場合 ●ヤング率：$E_{\text{p}}[\text{N/m}^2]$　　●ポアソン比：$\nu_{\text{p}}[\ ]$ ●物質密度：$\rho_{\text{ps}}[\text{kg/m}^3]$ ●損失係数：$\eta_{\text{p}}[\ ]$ ●板厚：$t_{\text{p}}[\text{m}]$	 －曲げ剛性：$B = \dfrac{E_{\text{p}} t_{\text{p}}^3 (1+j\eta_{\text{p}})}{12(1-\nu_{\text{p}}^2)}[\text{Nm}]$ －面密度　：$\rho_{\text{p}} = \rho_{\text{ps}} t_{\text{p}}[\text{kg/m}^2]$
膜	●張力：$T[\text{N/m}]$　　●面密度：$\rho_{\text{m}}[\text{kg/m}^2]$	
三次元 多孔質弾性体	固体相 ●ヤング率：$E_{\text{S}}[\text{N/m}^2]$ ●嵩密度：$\rho_{\text{S}}[\text{kg/m}^3]$ ●ポアソン比：$\nu_{\text{S}}[\ ]$ ●損失係数：$\eta_{\text{S}}[\ ]$ －せん断弾性率：$N = \dfrac{E_{\text{s}}(1+j\eta_{\text{s}})}{2(1+\nu_{\text{s}})}[\text{N/m}^2]$ －体積弾性率：$K_{\text{b}} = \dfrac{E_{\text{s}}(1+j\eta_{\text{s}})}{3(1-2\nu_{\text{s}})}[\text{N/m}^2]$ 流体相 ●複素体積弾性率：$\tilde{K}_{\text{f}}[\text{N/m}^2]$ ●実効密度：$\tilde{\rho}_{\text{f}}[\text{kg/m}^3]$ $*\tilde{K}_{\text{f}}$, $\tilde{\rho}_{\text{f}}$はJCAモデル，Katoモデルなどにより算出する。その為のパラメータが別途必要となる。 固体・流体の体積比 ●空隙率：$\phi[\ ]$	－Biotの弾性パラメータ：$[\text{N/m}^2]$ $\begin{cases} \tilde{P} = \dfrac{(1-\phi)(1-\phi-K_{\text{b}}/K_{\text{s}})K_{\text{s}} + \phi(K_{\text{s}}/\tilde{K}_{\text{f}})K_{\text{b}}}{1-\phi-K_{\text{b}}/K_{\text{s}} + \phi(K_{\text{s}}/\tilde{K}_{\text{f}})} + \dfrac{4}{3}N \\[3mm] \tilde{Q} = \dfrac{(1-\phi-K_{\text{b}}/K_{\text{s}})\phi K_{\text{s}}}{1-\phi-K_{\text{b}}/K_{\text{s}} + \phi(K_{\text{s}}/\tilde{K}_{\text{f}})} \\[3mm] \tilde{R} = \dfrac{\phi^2 K_{\text{s}}}{1-\phi-K_{\text{b}}/K_{\text{s}} + \phi(K_{\text{s}}/\tilde{K}_{\text{f}})} \end{cases}$ 　　　　　－骨格を作る材料自体の体積弾性率：$K_{\text{s}}[\text{N/m}^2]$ －Biotの慣性パラメータ：$[\text{kg/m}^3]$ $\begin{cases} \tilde{\rho}_{11} = \rho_{\text{b}} - \tilde{\rho}_{12} \\ \tilde{\rho}_{12} = -\phi(\tilde{\rho}_{\text{f}} - \rho_0) \\ \tilde{\rho}_{22} = \phi\rho_0 - \tilde{\rho}_{12} \end{cases}$ 　　　　　－空気密度：$\rho_0[\text{kg/m}^3]$ －up形式のためのパラメータ： $\tilde{\rho}_{\text{s}} = \tilde{\rho}_{11} - \dfrac{(\tilde{\rho}_{12})^2}{\tilde{\rho}_{22}}$,　$\tilde{\gamma} = \phi\left(\dfrac{\tilde{\rho}_{12}}{\tilde{\rho}_{22}} - \dfrac{\tilde{Q}}{\tilde{R}}\right)$

第2章　自動車用制振・遮音・吸音材料の開発

なく，三次元要素が用いられることが多い。

1.2.4　材料間の連続条件

　積層材料をモデル化する上では材料自体のモデル化だけでなく，材料間の連続条件が性能に重大な影響を及ぼす。通常，理論・数値解析上では接着及び非接着条件を扱うことが多い。接着条件は境界面で材料間の変位・応力が直接的に連続し，振動・波動が伝搬する条件であり，非接着条件は微小な空気層を介して振動・波動が材料間を伝搬する条件である。尚，実際の材料では接着，非接着条件が空間的に分布したり，それらの中間的状態であるものと考えられる。このような連続条件のモデル化は今後の課題となっている。

1.3　吸音率・透過損失予測のための問題設定

1.3.1　伝達マトリクス法との比較

　先述の各種材料の音響振動伝搬を記述する方程式は，材料が無限大面積を持つ場合には一次元問題と等価になり，比較的容易に厳密解が算出できる。さらに，積層面が平面状の場合には材料間の連続条件も容易に扱うことができる。このような無限大面積，平面状積層の材料の吸遮音性能の予測は開発の初期段階では有効であり，伝達マトリクス法（TMM）と呼ばれる理論解析手法により効率的に予測することができる[2]。図2に伝達マトリクス法と数値解析の比較をまとめる。

	理論解析（TMM）	数値解析（FEM & BEM）
計算条件	・無限大面積（TMM） 　＊有限サイズ補正（FTMM） ・平面状積層 ・各層で物性値分布無し 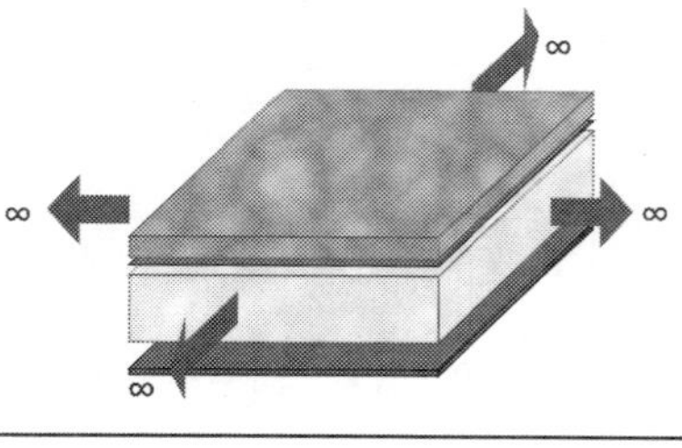	・任意形状について解析可 ・各層で物性値分布を考慮可 ・試料端部の支持条件の設定が必要かつ重要 　＊必要パラメータの増加 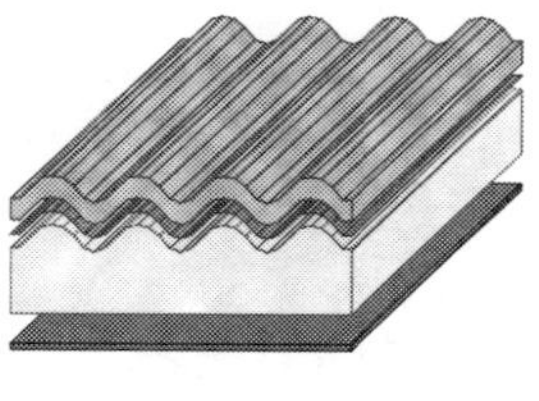
留意点	・計算負荷は非常に低い ・数値的に不安定 　＊条件によっては解が発散する可能性 ・高音域の解析に有利	・計算負荷が高い ・解析モデル構築のコストが高い 　＊計算精度が解析メッシュに依存 ・低・中音域の解析に有利

図2　理論解析と数値解析の比較

自動車用制振・遮音・吸音材料の最新動向

尚，材料の有限性の影響は大きく2つに分けられ，主に中低音域で生じる。第一に，有限性により材料端部からの反射波が生じ，モード振動（共振）が生じる。第二に，試料寸法より空気中の波長が長い場合には音響放射効率が低下する。有限サイズ補正を行った伝達マトリクス法（FTMM）ではこの放射効率低下を近似的に考慮するが，放射効率は試料端部の支持条件に依存するため，近似精度が十分でないこともある。

1.3.2 問題設定

図3に筆者らの提案する，部材性能予測のための問題設定の概略図を示す[4]。

バフル内部の音場は空気の音場，材料の振動場ともに有限要素法を適用する。バフル外部の音場については以下の境界積分方程式に基づき，境界要素法により解析を行う[3,4]。

$$p(\mathbf{r}_p) - 2j\omega\rho_0 \int_\Gamma v^\mathrm{f}(\mathbf{r}_q) \frac{\exp(-jk_0|\mathbf{r}_q - \mathbf{r}_p|)}{4\pi|\mathbf{r}_q - \mathbf{r}_p|} dS_q = p_\mathrm{D}(\mathbf{r}_p) \tag{11}$$

ただし，$\mathbf{r}_p$，$\mathbf{r}_q$ はそれぞれ，観測点，境界上のソース点の位置ベクトル，k_0 は空気中の波数，v^f は半自由空間向きを正方向とした法線方向粒子速度である。$p_\mathrm{D}(\mathbf{r}_p)$ は外力項であり，入射側

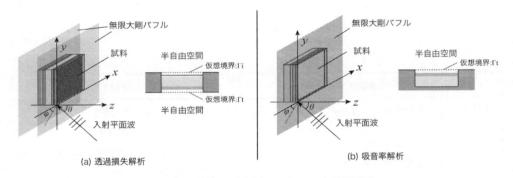

図3　任意材料の部材性能予測のための問題設定

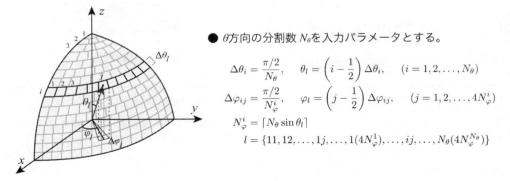

図4　入射角生成のアルゴニズム

第2章　自動車用制振・遮音・吸音材料の開発

の半自由空間に対してのみ考慮する。バフル表面の仮想境界上で，有限要素法・境界要素法を連成し，全体系の方程式を解く。

　外力項として，以下の平面波入射を与える。

$$p_{\mathrm{D}}(\mathbf{r}_p) = 2j\omega\rho_0\exp(-j\mathbf{k}\cdot\mathbf{r}_p) \tag{12}$$

ただし，$\mathbf{k}$ は波数ベクトルであり，図3に示すようにバフルに対して天頂角 θ，方位角 ϕ で平面波が入射する場合，波数ベクトルの各成分は以下のように与えられる。

$$\mathbf{k} = k_0\{\sin\theta\cos\phi\,\sin\theta\sin\phi\,\cos\theta\} \tag{13}$$

また，開口（面積 S）への幾何学的な入射パワー W_{inc} は以下のように表される。

$$W_{\mathrm{inc}} = \frac{\rho_0 k_0^2 c_0}{2} S\cos\theta \tag{14}$$

c_0 は空気中の音速である。さらに，入射側，透過側の仮想境界 Γ_{i}，Γ_{t} における法線方向音響インテンシティ $I_{\mathrm{n}} = \mathrm{Re}[p^* \times v^{\mathrm{f}}]/2$ を境界面に渡って積分することでネットの吸音パワー W_{abs}，透過パワー W_{trans} をそれぞれ算出できる。

$$W_{\mathrm{abs}} = -\frac{1}{2}\int_\Gamma \mathrm{Re}[p^*v^{\mathrm{f}}]dS, \qquad W_{\mathrm{trans}} = \frac{1}{2}\int_\Gamma \mathrm{Re}[p^*v^{\mathrm{f}}]dS \tag{15}$$

尚，W_{abs} における負符号は v^{f} の定義方向によるものである。最終的に，吸音率 $a = W_{\mathrm{abs}}/W_{\mathrm{inc}}$，及び透過率 $\tau = W_{\mathrm{trans}}/W_{\mathrm{inc}}$ が算出できる。さらに，図4に示すように，入射半空間を概ね当立体角に分割し，各入射方向（θ_{l}，ϕ_{l}）からの斜入射吸音率 $a(\theta_{\mathrm{l}}, \phi_{\mathrm{l}})$，透過率 $\tau(\theta_{\mathrm{l}}, \phi_{\mathrm{l}})$ を算出し，以下の Paris の式に基づき，統計平均値を算出することができる。

$$a_{\mathrm{stat}} = \frac{\iint a(\theta_l, \phi_l)\sin\theta\cos\theta\,d\theta\,d\phi}{\iint \sin\theta\cos\theta\,d\theta\,d\phi}, \qquad \tau_{\mathrm{stat}} = \frac{\iint \tau(\theta_l, \phi_l)\sin\theta\cos\theta\,d\theta\,d\phi}{\iint \sin\theta\cos\theta\,d\theta\,d\phi} \tag{16}$$

1.3.3　解析上の留意点

　実際に入射しているパワーは試料端部で回折が生じ，(14)式の幾何学的入射パワーとは異なることに留意する必要がある。特に吸音問題においてその影響が顕著であり，いわゆる面積効果を含む吸音率を算出することとなる。また，透過損失解析においては開口深さと試料総厚の差による段差が生じ，ニッシェ効果を含む透過損失を算出することとなる。これらは実験室測定においても必然的に伴うものであり，部材性能の本質を失うものでは無いが，解析結果の解釈の際に十分に留意しておく必要がある。

自動車用制振・遮音・吸音材料の最新動向

表2 計算に用いた各種物性値

多孔質材	物質密度	$\rho_s = 1{,}186\,[\text{kg/m}^3]$	板	物質密度	$\rho_{ps} = 7{,}870\,[\text{kg/m}^3]$	
	繊維径	$D = 21\,[\mu\text{m}]$		ヤング率	$E_p = 2.0 \times 10^{11}\,[\text{N/m}^2]$	
	ポアソン比	$\nu = 0\,[\ ]$		ポアソン比	$\nu_p = 0.3\,[\ ]$	
	嵩密度	$\rho_b = 50\,[\text{kg/m}^3]$		損失係数	$\eta_p = 0.0001\,[\ ]$	
	ヤング率	$E = 1.5 \times 10^5\,[\text{N/m}^2]$		板厚	$t_p = 0.8\,[\text{mm}]$	
	損失係数	$\eta = 0.45\,[\ ]$	膜	張力	$T = 0\,[\text{N/m}]$	
	材料厚	$t = 5\,[\text{mm}]$		面密度	$\rho_m = 0.04\,[\text{kg/m}^2]$	

1.4 音響透過損失の解析例

最後に，これまでに述べてきた材料分類，及び問題設定に基づく，板－多孔質材－膜の3層材料の透過損失解析例を図5に示す。

1.4.1 解析条件

材料及び材料間境界面は平面状であり，試料端部は固定支持条件とした。試料サイズは1×1 m²である。多孔質材はBiot理論に基づく二次のラグランジュ補間要素，Kirchhoff-Love理論に基づくACM要素，膜は無張力とし二次のラグランジュ補間要素を用いた。多孔質材内部流体の実効密度，複素体積弾性率はKatoモデルにより算出した[5]。入射・透過側のニッシェ深さは5 mmとした。入射角は対称性を考慮し，$\pi/2$空間を587分割した（$N_\theta = 30$）。解析は1/24オクターブ中心周波数で行った。計算に用いた材料物性値を表2に示す。ここでは板－多孔質材及び多孔質材－膜の接着・非接着条件を変化させ，case (a)～(d)の4つの組み合わせで解析を行った。

1.4.2 理論解析値の傾向

多孔質材が板材・膜材 のいずれにも接着しない case (d)の透過損失は，ほぼ鉄板の質量則による値となっている。これを基準に，多孔質材が板材に接着した case (b)は，250 Hz付近で透過損失が若干上昇する傾向が見られる。これは多孔質材の片側に非通気材が接着する時，骨格と内部空気が逆相振動し，材料の見かけ上の振動速度が低下するためと考えられる。一方，膜に接着した case (c)は鉄板の質量則に対し，膜材－多孔質材の透過損失が上乗せされた特性が見られる。板材・膜材のどちらにも接着される case (a)は，多孔質材両面が非通気層に拘束されることで骨格共振によるピークがより顕著に見られる。

1.4.3 数値解析値の傾向

低音域において，材料の有限性により放射効率が低下し，FEM-BEM及びFTMMの結果は無限大面積の性能に対し，透過損失が上昇する傾向が見られる。さらにFEM-BEMの結果において，多孔質材が板材に接着する case (a)，(b)の方が，case (c)，(d)に比べ板の共振によるピークが鋭く現れている。これは接着しない場合，板を透過した波は主に空気伝搬音として多孔質材内部で減衰するのに対し，接着する場合は固体伝搬音として，透過側まで伝達し，放射されるためであると推察される。従って，遮音性能の向上を目的として振動体に対し多孔質材を使用する場

第2章 自動車用制振・遮音・吸音材料の開発

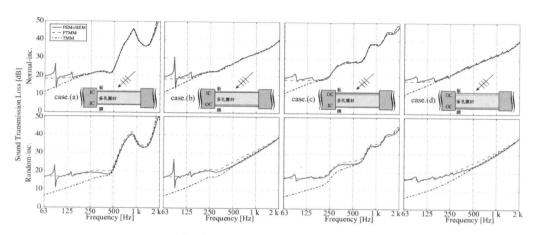

図5 材料間の連続条件の違いによる透過損失性能の違い
IC：接着，OC：非接着

合，固体伝搬経路に十分配慮する必要があると言える。高音域においては板共振の影響は小さく，FEM-BEM，FTMM，TMMの結果は良く対応している。

文　　　献

1) Petyt, M., Introduction to finite element vibration analysis, 2 nd ed., Cambridge University Press, New York（2010）
2) Allard, J. F. and Atalla, N., Propagation of sound in porous media, 2 nd ed., John Wiley & Sons, New York（2009）
3) Sakuma, T., Sakamoto, S. and Otsuru, T. ed., Computational simulation in architectural and environmental acoustics, Method and application of wave-based computation, Springer, Japan（2014）
4) 井上尚久，音響振動連成数値解析による積層型音響材料の部材性能予測に関する研究，東京大学　博士論文（2015）
5) 加藤大輔，日本音響学会誌，**64**(6)，339-347（2009）

2 自動車吸音材の特徴と性能，応用例，今後の展開

新井田康朗[*]

2.1 はじめに

　一般に，音の扱いは騒音低減と音環境改善の両者に亘り，前者では遮音，後者では吸音が主に求められる。遮音では質量則，すなわち重量部材により音の透過損失を高めることが主眼となり，吸音については繊維質をはじめとする多孔質材料が有効に作用する。

　建築における音対策においては，空間容積と重量に比較的自由度が高く，必要に応じて背後空気層を十分に確保して吸音性を強化したり，重量材追加で遮音性を高めるのに対し，自動車や機器においては両者に対する制約条件が厳しく，必要最低限の対策部材で効果を求められることが大きな差異である。

　また，建築における難燃性要求に比較すると，自動車における規制は相対的に緩やかであり，有機素材の使用可能範囲は広くなっている。ただし，エンジンおよび排気周辺では耐熱性および内装材より厳しい難燃性が求められることが多く，この点で有機素材の活用は相当の制約を受けている。機器類においても，UL-94などの高い難燃性規格を要求されるケースが多く，吸音材の選択範囲はある程度限定されているのが現状である。

　さらに，自動車部材では形状・デザイン面から部材への立体成型性の要求が多く，この点は平板形状を基本とする建築部材や機器類との違いといえる。

　今後も，こうした観点から，建築用ではグラスウールなどの無機系素材が吸音材の主流であり続けるのに対して，自動車用ではリサイクルの観点も含め不織布を中心とする有機系素材の比率が高まることが予想される。本稿では，主に不織布系吸音材について概説する。

2.2 不織布とは

　不織布とは，一言でいえば読んで字のごとく「織らない布」であり，その構成単位は繊維である。ガラスなどの無機繊維や金属繊維からなる不織布も広義には含まれるが，ここでは有機繊維を用いたシート状材料について述べる。

　不織布には多数の製造方法があり，それに応じて幅広い形態や特性を有するが，コスト面においても当然原料や製法により大きな差異がある。一例を挙げると，最も安価なPPスパンボンドと比較的高価格なレジンボンドでは重量単価で3～4倍の差があり，不織布は安価な材料であるという一般表現には若干注意が必要である（図1）。

　また，不織布は，その名の通りランダムな繊維集合体であることから，「自由度」「嵩」「緩衝性」など布帛とは異なる特性を持つ材料であり，製法が多岐に亘るため物性範囲も広い。

　図2に各種不織布の目付（m² あたり重量），厚み，密度の範囲を示す。これらから，不織布といっても到底一括りにはできない広がりを持つことが分かるが，フィルムや紙といった汎用的に

　＊　Yasurou Araida　クラレクラフレックス㈱　社長補佐

第2章　自動車用制振・遮音・吸音材料の開発

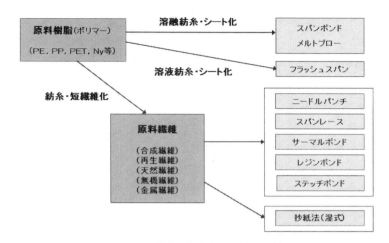

図1　不織布の製造方法と使用原料

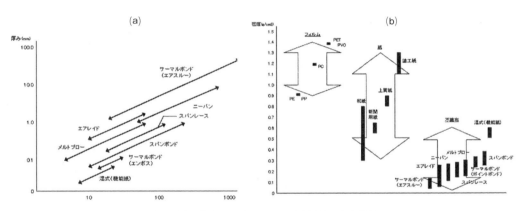

図2　(a)不織布の目付と厚み，(b)素材の密度比較

利用される他素材との比較においては独立的な領域を形成している。

さらに，その役割も使い捨て用品から耐久資材まで及んでいる。例えば，不織布の最大かつ最も成長の著しい用途はオムツなどの衛生用品であり，現在世界で年間数百万トンのオレフィン系不織布が消費されている。また，量的にはこれに劣るがマスクや空調用など広義のフィルター製品には何らかの形で不織布が利用されている。さらには，日常目にすることの多いウェットワイプなどの生活関連や土木，農業などの産業用途でも広く用いられている。

したがって，様々な用途における適切な不織布を選択するためには，その種類や特徴を理解することが重要となる。建築や自動車など音に関わる分野においても，多種多様な不織布がその目的に応じて適宜使用されている。中でも自動車用吸音材については，後述のようにニードルパンチ製法による不織布が最も多用されているが，それ以外の製法についても顧客ニーズの変化に対

応し徐々に利用度が高まりつつある。

2.3 不織布の吸音特性

不織布の吸音機構は，連続発泡体などと同様の多孔質型に分類され，細孔内部構造との摩擦による粘性抵抗や繊維自体の振動により音のエネルギーを熱エネルギーに変換し減衰させるものである。その吸音特性は，一般に低音域で小さく高音域で大きいが，吸音材および空気層の厚みに応じて低音側の性能が向上する傾向がある（図3）。

しかし，同じ多孔質吸音材でありながら，不織布と発泡体は各々の素材や構造特性の違いを反映した吸音特性を示すため，用途に応じて使い分け，あるいは両者を複合することで効果を組み合わせる必要がある。不織布とは異なり，発泡体の吸音特性は材質，気泡の大きさや数，残存膜の状態など多くの要素により複雑に変化するため，吸音材への適用には専門的な設計手法が必要となってくる（図4）。

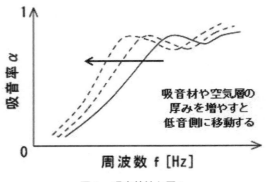

図3　吸音特性と厚み

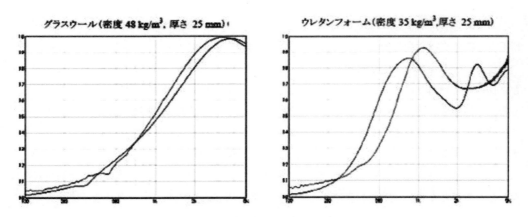

図4　垂直入射法吸音率（例）
（日東紡音響エンジニアリング㈱資料より）

第2章　自動車用制振・遮音・吸音材料の開発

　また，不織布が高密度化し通気度がある程度（例えば 50 cc/cm^2/sec.）以下に低下することにより吸音特性が低音側にシフトすることも知られており，これを利用して繊度の細化や樹脂加工による目詰めなどの手法で緻密化を図って性能向上を実現することも行われている。繊度については，単一であるよりも太い繊維を極細繊維と適当な比率で混ぜることでより性能が向上するとの見解もある。

　さらには，主に建築用途を主眼として多孔質体とは異なる特性を持つ板や膜などの反射系材料を適宜組み合わせることにより，低周波域の吸音特性を向上させる試みも行われている。一例として，昭和電線デバイステクノロジー㈱による膜とグラスウールの積層構造体が両者の特長を合体した吸音特性を訴求している。ほかにも，不織布と1mm 以下の微細多孔を持つ板やシートを重ねることで，中高音域＋特定低周波域を対象とする高性能吸音材が研究成果として数多く発表されている（図5）。

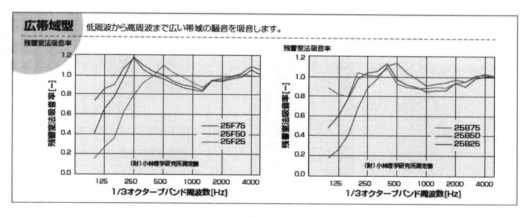

図5　広帯域型吸音材の例
昭和電線の制音テクノロジー　Vol. 4, 2008. 5

2.4　不織布系吸音材の具体例

　自動車で発生する音全般は多様かつ広範囲な周波数域に存在しているが，実際に使用されている自動車用吸音材では限られた空間と重量の中で対象にできる周波数は主に1 kHz 以上の中高音域に偏ることが避けられない。そのため，低周波域の騒音への対策が課題として残されているのが現状である（図6）。

　自動車における不織布系吸音材の代表的な例として，海外大手の製品を挙げる。

　欧州からグローバルに普及を果たした Autoneum 社の「リエタ・ウルトラライト™」は，フロア部やダッシュインシュレータなど大面積に使用されており，繊度，密度，重量などを組み合せ多層積層した形態安定性に優れる軽量吸遮音材である。世界の大手自動車メーカーで採用が進んだことから，大規模生産によるコストパフォーマンスにも優れ，また商品特性が逐次進化する

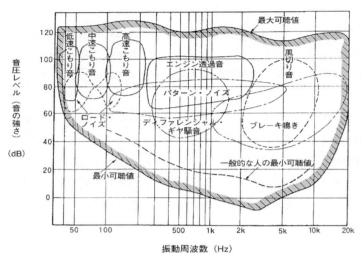

図6　自動車における騒音

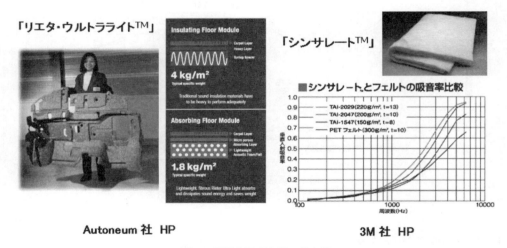

図7　不織布系吸音材の代表例

方向で顧客を拡大している。

　また，3M社の「シンサレート™」は，保温材から自動車を中心とする吸音材へと用途拡大することで普及を進め，天井やドア周りなど内装各部で広く利用されている。製造方法としては，メルトブロー方式による極細繊維と通常繊維の特殊混合構造を形成することで，軽量で高い性能を発揮するとの評価を得ている（図7）。

　これら欧米製の不織布系吸音材に対して，日本国内の不織布メーカーや部材メーカーも独自の製品を開発，上市しており，各社の得意とする製法，素材を用いて様々な形態の不織布系吸音材

を上市している。以下に自動車吸音用不織布を展開している代表的な国内メーカーを列挙するので参考にされたい。

- 日本バイリーン㈱
- ㈱オーツカ
- サンケミカル㈱
- 西川ローズ㈱
- 東洋紡㈱
- 帝人㈱
- ダイニック㈱
- 高安㈱
- 倉敷繊維加工㈱
- 金井重要工業㈱
- クラレクラフレックス㈱

次に，自動車用吸音材の主な使用部位と特徴について略述する。

2.4.1　内装

使用面積が大きい繊維系部材はフロアカーペットと天井であり，車室内における主要な音響調整部材となる。前者は主にニードルパンチ製法による不織布が用いられ，吸音特性と同時に意匠性を要求される。また，一定の遮音あるいは制振性能も充たす必要があるため従来アスファルトやフィラー入りのゴムなどを積層することで相当重量を有していたが，次第に軽量化方向に改良が進められている。

天井材では，一般に基材と呼ばれるガラス繊維や硬質発泡体を主体とする剛性を持つ層と，布帛による表皮材が一体化した構造を持つ。最近は表皮材の不織布化やリサイクル性を考慮した素材構成変化も進んできており，吸音特性と軽量性の両立が強く求められている。

また，近年では内装において大きな割合を占めるカーシートについても吸音性を重視する動きが出ている。特にワンボックスカーなど座席数の多いケースではシートの表面積も大きくなるため車室内全体における影響が無視できない。一般にシートの構造はウレタンフォームを表皮材でカバーするものだが，皮革など透過損失の高い表皮材を用いると吸音性は低下するが，これに対して編地などの布帛を用いることで改良が図れる。

2.4.2　エンジン周辺

フードインシュレータ，ダッシュインシュレータなどのいわゆる吸音対策部品における性能向上に加え，最近ではエンジンカバーなどでも静音設計が行われはじめている。これらのエンジン周りの部品では，内装と比べ長時間高温にさらされる過酷な環境での使用を想定するため耐久性の高い素材構成が求められるが，吸音性要求も比較的厳しい。さらに，複雑な形状への対応が必要なため成型追従性も重要な必要特性となり，内装材に比べると素材設計の選択範囲はかなりの制約を受けている。

2.4.3 その他

全体としての車の静音化方向の中で，未解決の課題となっているのが風切り音とロードノイズである。前者については，車体デザインの改良が進み，また対象周波数域が高音側にあるため対策が進むと予想されるが，後者については振動が関与する複雑な現象が対象となり，タイヤ・サスペンションから内装・トリムに至る多くの部位が関係するため改善は容易ではない。最近では，タイヤ周りに積極的に吸遮音材を配置する車種も増えているが，主たる周波数が 500 Hz 以下の中低音域にあり路面状態の影響を強く受けるため，タイヤ自体の改良を主として補足的な役割に留まっているのが現状である。

2.5 不織布系自動車吸音材の課題と今後について

近年，自動車における音環境が変化しつつあることは確かである。しかし，全般的な低騒音化，静音化の一方で HV, EV などの普及拡大により，従来気付かなかった電磁動作音や小さな音圧の騒音が問題化する傾向も見出されている。これらに対しては，対象とする騒音，異音を一つずつ特定しながら具体的な対応を取っていく必要がある。また，例えば BMW のサウンドマップは車種や車格に相応しい音響特性を主張するものであり，こうしたメーカー独自の音響性能訴求も今後活発化していくと考えられる（図8）。

近年，エンジン周辺騒音の車室内への侵入防止を重視する方向も目立ってきており，その対応の一例として，自社のポリエステル系メルトブロー不織布を表面層とする複合吸音材がある（図9）。

これは，吸音にとって重要な空気層（厚さ）を確保するための母材（ガラス繊維マットまたはフェルト類）にメルトブロー法による極細繊維層を入射側に積層することにより吸音特性を高めるものである。また，それにより一定の吸音要求性能に対しては，相対的に母材の厚さ／重量を低減することが可能になり，「軽量化」「コンパクト化」につながる利点がある。前述の「シンサ

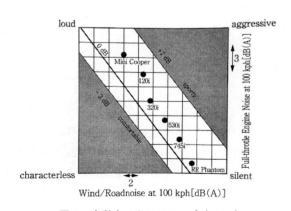

図8　自動車サウンドマップ（BMW）

第2章　自動車用制振・遮音・吸音材料の開発

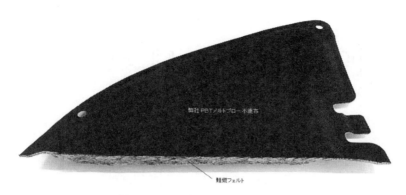

図9　メルトブロー不織布複合吸音材

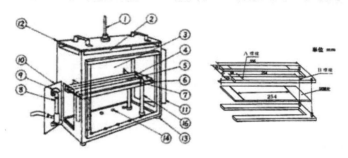

図10　自動車内装材難燃性試験（水平法）

レート™」のメルトブローがPPであるのに対して，当該品ではより耐熱性の高いポリエステル系であることで，エンジン近傍など耐熱性を要求される部位での使用が可能となる。

　さらには，車室内では一般に軽度の難燃性（FMVSS-302，水平法）しか求められないが，こうした耐熱領域ではより高度な難燃性（UL-94，垂直法など）を必要とするケースが増えており，この面からもポリエステル系ないしそれ以上の耐熱難燃性を発揮し得る素材が今後は主流となっていくと考えられる。一例だが，海外自動車メーカーからのアラミド繊維を用いた不織布系耐熱吸音材の特許出願が複数見られ，こうした指向は活発化していくと考えられる（図10）。

　また，航空機や鉄道車両，あるいはバスなど多数の乗客を運ぶ公共交通機関においては，既に自動車一般用途より一層厳しい難燃性（単なる燃焼特性だけでなく低発煙性などの安全性基準を含む）が求められている。そうした方向への対応の一つとして，自社で開発中のPEI（ポリエーテルイミド）繊維を用いた不織布やメラミン系特殊発泡体などの素材難燃材料が，今後徐々に採用が拡大していくことが期待される（図11）。

43

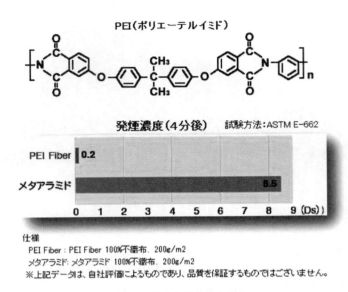

図11 低発煙性難燃不織布

　総じて，自動車における軽量化，コンパクト化の方向は，燃費向上を至上命題とする自工メーカーの要求として留まるところを知らず，吸音材も元々軽量素材で作られているとはいえ更なる改良を求められていくことは間違いない。また，今後拡大が予想される EV においては，ガソリン車に比べ相対的に空調負荷が大きくなるため，吸音材に断熱材としての性能を合わせて要求する考えもある。

　現在もコストパフォーマンスおよび耐熱性・難燃性に優れるため多用されているガラス繊維と熱硬化性樹脂によるガラスマット吸音材は，取り扱い性やリサイクル性の観点から他素材への転換ニーズが以前からあり，有機繊維による不織布素材にとっての大きな検討課題であった。一つの回答としてはリサイクル繊維材料をフェルト状に成形する方法があるが，ガラスマットに比べ嵩比重が高く総合的な性能は現状未達であり一層の改良開発が求められる。

　さらに，今後 CFRP による鋼材代替の動きも加速されることが予測され，構造材周辺においても一定の吸遮音特性が要望される方向も見られ，不織布や発泡体が積層複合されて利用される可能性も少なくない。

　これら自動車を取り巻く様々な環境変化に対して，不織布を含む各種吸音材の役割は今後ますます高度化，複雑化することが予想され，永続的なコストダウン要求への対応という難題と同時並行で新たな素材開発を進めていくことが必要である。

第2章　自動車用制振・遮音・吸音材料の開発

文　　献

1)　加川幸雄編著，快音のための騒音・振動制御，丸善出版（2012）
2)　徹底予測 次世代自動車 2012，日経 BP マーケティング（2012）

3　ノイズキャンセリング機能を有する防音材料の開発

加藤大輔[*]

3.1　はじめに

　トヨタ自動車㈱は，2015年12月に4世代目となるプリウスを発売した。この車両のダッシュサイレンサー(エンジンルームと車室内とを仕切る車体パネルの車室内側に装着される防音材料)に，「ノイズキャンセリング機能を有する防音材料」が採用された。そして，トヨタ自動車㈱より，この防音材料の先進技術が認められ，「技術開発賞」を受賞した。

　ノイズキャンセリング機能と聞いて，真っ先に思い浮かべるのは音楽などを聴くための，ヘッドホンやイヤホンではないだろうか。音楽などの主要な音はそのままに，「音で音を消す」消音技術により，周囲の騒音だけをカットする。この「音で音を消す」消音技術は，アクティブノイズコントロールとも呼ばれ，電気的な制御により，対象とする騒音に対して，同振幅・逆位相の疑似騒音を干渉させることで消音する。一方，「ノイズキャンセリング機能を有する防音材料」の消音技術は，電気的な制御を行わず，音波の物理的性質を利用する。そこで，この開発品の有効性，及び先進的な消音技術を，ここに紹介する。

3.2　開発品の概要

　自動車を取り巻く環境は，地球温暖化に対する社会的要請から，燃費向上が求められ，車体の軽量化が進められている。防音材料も例外ではなく，軽量化しつつも音響性能を維持，さらに改善することが要求される。

　自動車車室内の静粛性向上のために，車体パネル上に吸音材と遮音材とを積層する2重壁構造の防音材料が多用される。ただし，500［Hz］より低い低中周波数帯域の音響性能を改善するには，吸音処理では難しく，遮音材を重くする必要があった。この課題を克服するため，軽量化しつつも低中周波数帯域の遮音性能を向上させる，「ノイズキャンセリング機能を有する防音材料」を開発した。この開発品の概要を，以下に記す。

3.2.1　開発品の防音構造

　ここに紹介する開発品の防音構造は，車体パネル上に吸音材と遮音材とを積層する2重壁構造を基本とする。従来構造と大きく異なる点は，遮音材に丸孔を開けたことである。この防音構造の概略図を図1に示す。フィルムは必要不可欠で，これにより低中周波数帯域でノイズキャンセリング機能が働き，合わせて高周波数帯域の遮音性能を確保する。開発品は，遮音材に丸孔を開けるため，軽量化の実現と共に，後述するように音響性能の向上が見込まれる。

　実際の車両に採用されたダッシュサイレンサーは，図1の孔開き遮音材の表層上に，5［mm］ほどの薄い吸音材を積層した。これにより，低中周波数帯域でのノイズキャンセリング機能はそのままに，高周波数帯域に吸音性能を付加した。

　＊　Daisuke Kato　豊和繊維工業㈱　NV製品開発部　開発二課　課長

第2章　自動車用制振・遮音・吸音材料の開発

3.2.2　開発品の根源となった技術

　開発品の遮音材に丸孔を開ける発想は，薄膜に錘（おもり）を均等に配置する「錘つき遮音板」と呼ばれる，建築の分野で30年近く前から知られる構造を参考にした[1,2]。「錘つき遮音板」は，薄膜部と錘の質量差から，それぞれの振動に位相差が生じ，薄膜部と錘が特定の低周波数帯域において逆位相で振動する。この周波数帯域でノイズキャンセリング機能が発揮され，質量則を超えた遮音性能が得られる。これを2重壁構造の遮音材として適用したならば，低周波数帯域で高い遮音性能が得られるのではないかと発想したことから，ここに紹介する防音材料が生まれた。

3.3　実験的検討

　開発品の有効性を，
- 平板試料の音響透過損失
- フィルムと遮音材の振動速度
- 車両音響評価

の各種実験により確認した。

3.3.1　平板試料の音響透過損失

　図1に示す開発品の構成において，車体パネルを鉄板0.8 [mm]，吸音材に粗毛フェルトの厚み20 [mm] の面密度1 [kg/m^2]，フィルムにナイロンとポリエチレンの複合材，孔を開ける前の遮音材の面密度を3.4 [kg/m^2] とし，平板試料の音響透過損失により，遮音材に開ける孔径と開口率の構成検討を実施した。開発品の一例として，孔径20 [mm]，開口率25 [%] による，1/3オクターブバンドの計測結果を図2に示す。ここで，従来品は孔なし遮音材による2重壁構造の防音材料である。このように開発品は，従来品より250～630 [Hz] の周波数帯域で，音響透過損失の向上が確認された。なお，孔径や開口率を大きくすると，遮音性能の向上する周波数は，低周波数帯域に移行することを確認している。ただし，1,000 [Hz] 以上の高周波数帯域では，遮音性能が悪化する。よって，目標性能に適合する吸音材と遮音材の面密度，及び遮音材の孔径と開口率の最適化が重要となる。

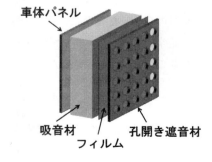

図1　開発品の構成

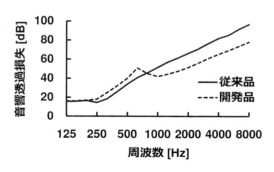

図2　平板試料の音響透過損失計測結果

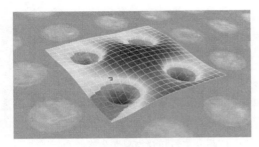
図3　瞬時振動速度計測結果400 [Hz]

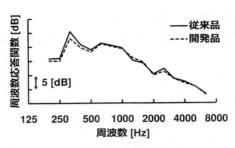
図4　スピーカ加振計測結果

3.3.2　フィルムと遮音材の振動速度

　開発品を剛壁台に乗せ上下に加振し，表面のフィルムと遮音材の振動速度を，レーザードップラー振動計により確認した。400 [Hz] における瞬時振動速度の計測結果を図3に示す。なお，加速度・速度・変位は，それぞれ比例関係にあるため，ここに示した振動速度の計測結果は，変位に見立てても差し支えない。図3の計測結果は，変位に見立てた方が，実際の感覚に近いものとなる。このように，フィルムと遮音材は，ほぼ逆位相で振動することが確認された。開発品は，ノイズキャンセリング機能が発揮される状態にあることが分かる。

3.3.3　車両音響評価

　ダッシュサイレンサーを試作し，車両での音響性能を確認した。運転席耳位置（加振点）に体積加速度スピーカを，エンジンルーム内（応答点）にマイクロホンを配置し，1/3オクターブバンドの周波数応答関数を計測した。この計測結果を図4に示す。開発品の音響透過損失は従来品より，図2に示すように，1,000 [Hz] 以上の高周波数帯域で悪化するが，車両での音響性能は従来品と変わらないことが確認された。つまり，従来品の高周波数帯域の音響透過損失は，過剰品質といえる。車室内に対し，ガラス，ルーフ，フロア，ドアなど，ダッシュサイレンサー以外からの放射音も騒音源となるため，従来品ほどの高い音響透過損失は必要ない。開発品は，500 [Hz] より低い低中周波数帯域でノイズキャンセリング機能が発揮され，従来品よりも音響性能が向上した。

　次に，図5に示すスムース路面のシャーシダイナモメータ（前輪駆動，後輪固定）を用い，全開加速走行による運転席耳位置の騒音レベルを計測した。特に効果の高かった315 [Hz] の計測結果を図6に示す。このように，音響性能の向上が確認された。定常的な騒音のみならず，加速走行のような過渡的な騒音に対しても，ノイズキャンセリング機能の有効性が確認された。

3.4　開発品の消音メカニズム

　開発品は500 [Hz] より低い低中周波数帯域で，表層のフィルムと遮音材が逆位相で振動することにより放射音が抑制され，音響性能が改善する。ではなぜ，フィルムと遮音材が逆位相で振動するのか。また，放射音を抑制するのに，どのようなフィルムと遮音材の振動形態が理想とな

第2章　自動車用制振・遮音・吸音材料の開発

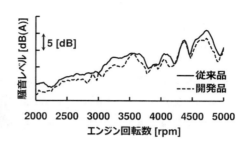

図5　シャーシダイナモメータ　　　　図6　加速走行計測結果315［Hz］

るのか。このことは，伝達マトリックス法と呼ばれる音振性能を予測する技術を利用することで，ある程度推測できる。そこで，2×2行列の伝達マトリックス法を利用した開発品表層のフィルムと遮音材の振動メカニズム，及びその理想的な振動形態について考察する。

3.4.1　2×2行列の伝達マトリックス法

2×2行列の伝達マトリックス法は1次元音場を仮定し，吸音材と遮音材との積層型防音材料の吸音率や音響透過損失などを予測する手法として，1970年代から利用される。吸音材と遮音材のそれぞれを，分布定数回路と集中定数回路の等価回路として扱い，2×2行列の積算により積層構造を表現する[3~5]。

(1) 吸音材の2×2行列の伝達マトリックス要素

吸音材の2×2行列の伝達マトリックス要素は，吸音材の厚みを d ［m］，吸音材内空気の複素実効密度を ρ_e ［kg/m³］，吸音材内空気の法線方向の波長定数を k_x ［rad/m］，吸音材表裏面の音圧を p ［Pa］，法線方向の粒子速度を u ［m/s］とし，次式に表される[6]。

$$\begin{pmatrix} p_1 \\ u_1 \end{pmatrix} = \begin{pmatrix} \cos k_x d & j\dfrac{\omega \rho_e \sin k_x d}{k_x} \\ j\dfrac{k_x \sin k_x d}{\omega \rho_e} & \cos k_x d \end{pmatrix} \begin{pmatrix} p_2 \\ u_2 \end{pmatrix} \tag{1}$$

j は虚数単位，ω ［rad/s］は角周波数である。k_x ［rad/m］は，音波入射角度を θ ［rad］（$\theta=0$ を垂直入射とする），吸音材内空気の複素波長定数を k_e ［rad/m］とし，次式に表される。

$$k_x = \sqrt{k_e^2 - k_t^2}, \quad k_t = k_0 \sin\theta, \quad k_0 = \frac{\omega}{c_0} \tag{2}$$

k_t ［rad/m］は空気中の波長定数 k_0 ［rad/m］に対する接線方向の波長定数，c_0 ［m/s］は空気中の音速である。

(2) 遮音材の2×2行列の伝達マトリックス要素

遮音材の2×2行列の伝達マトリックス要素は，遮音材の機械インピーダンスを Z_m ［Pa·s/m］とし，次式に表される。

$$\begin{pmatrix} p_1 \\ u_1 \end{pmatrix} = \begin{pmatrix} 1 & Z_m \\ 0 & 1 \end{pmatrix} \begin{pmatrix} p_2 \\ u_2 \end{pmatrix} \tag{3}$$

(3)式から明らかなように，この計算手法では遮音材表裏面の振動速度の一致を前提に，$u_1 = u_2$ を仮定する。つまり，遮音材法線方向の弾性的特性は考慮しない。機械インピーダンス Z_m の最も単純なモデル化は，遮音材の面密度 m [kg/m²] のみを考慮する，いわゆる質量則で Z_m を次式に表す。

$$Z_m = j\omega m \tag{4}$$

⑶ 積層型防音材料の特性

積層型防音材料の特性は，ここに示した 2×2 行列の伝達マトリックス要素を積算することで得られる。2×2 行列の伝達マトリックス要素を定数 $ABCD$ に置き，積層型防音材料の特性を次式のマトリックスに表す。

$$\begin{pmatrix} p_1 \\ u_1 \end{pmatrix} = \begin{pmatrix} A & B \\ C & D \end{pmatrix} \begin{pmatrix} p_n \\ u_n \end{pmatrix}, \qquad \begin{pmatrix} A & B \\ C & D \end{pmatrix} = \prod_{i=1}^{n} \begin{pmatrix} A_i & B_i \\ C_i & D_i \end{pmatrix} \tag{5}$$

定数 $ABCD$ は，電気回路において F パラメータや四端子定数などと呼ばれる。2×2 行列を積算する計算手法は，電気回路では縦続接続[7]と呼ばれ，音響分野では伝達マトリックス法と呼ばれる。定数 $ABCD$ が定まれば，積層型防音材料の表裏面の音圧と粒子速度が得られ，これにより，吸音率，音響透過損失，周波数応答関数などの各種音響特性が予測できる。

⑷ 吸音率

音波入射角 θ [rad] の吸音率は a_θ，音圧反射係数を r_θ，防音材料表面の法線方向の比音響インピーダンスを Z_n [Pa·s/m] とし，次式に表される。

$$a_\theta = 1 - |r_\theta|^2, \qquad r_\theta = \frac{Z_n \cos\theta - \rho_0 c_0}{Z_n \cos\theta + \rho_0 c_0}, \qquad Z_n = \frac{A\rho_0 c_0 + B\cos\theta}{C\rho_0 c_0 + D\cos\theta} \tag{6}$$

$\rho_0 c_0$ [Pa·s/m] は空気の特性インピーダンスで，固有音響抵抗とも呼ばれる。

⑸ 音響透過損失

音波入射角 θ [rad] の音響透過損失 TL_θ [dB] は，音圧透過率を τ_θ とし，次式に表される。

$$TL_\theta = 10 \log_{10} \frac{1}{\tau_\theta}, \qquad \tau_\theta = \left| \frac{2}{C\rho_0 c_0 / \cos\theta + D + A + B\cos\theta / \rho_0 c_0} \right|^2 \tag{7}$$

⑹ 周波数応答関数

音波入射角 θ [rad] の周波数応答関数 FRF_θ（$= u_n / u_1$）は，次式に表される。

第2章　自動車用制振・遮音・吸音材料の開発

$$FRF_\theta = \frac{1}{C\rho_0 c_0/\cos\theta + D} \tag{8}$$

なお，FRF_θは複素数で表され，積層型防音材料に接する表裏面空気の粒子速度の振幅比と位相の情報を包括する。

3.4.2　開発品の周波数応答関数

2×2行列の伝達マトリックス法を利用し，開発品の車体パネルに対するフィルム及び遮音材の周波数応答関数（振動速度の振幅比と位相）を，(8)式により確認した。音波入射角度を $\theta = 0$ [rad] の垂直入射に限定し，車体パネルを鉄板 0.8 [mm] 相当の面密度 6.24 [kg/m²]，吸音材に粗毛フェルト 20 [mm] の面密度 1 [kg/m²]，表層にフィルム 0.04 [kg/m²]，及び遮音材 3.4 [kg/m²] を設定した。この計算結果を図7に示す。

(1)　**遮音材の振動**

200 [Hz] の振幅比に共振現象が確認できる。これは，2重壁構造で度々問題となる低音域共鳴透過現象である。共振現象は常に，90 [deg] の位相差で発生する。この 200 [Hz] の周波数を境に，低周波数帯域では車体パネルと遮音材が 0 [deg] の同位相で振動し，高周波数帯域では 180 [deg] の位相差となり，逆位相で振動することが分かる。

(2)　**フィルムの振動**

車体パネルとフィルムの位相差が 90 [deg] となる共振周波数は，およそ 1,600 [Hz] である。ただし，位相変化が周波数に対し緩やかなため，明確な共振は確認できない。1,000 [Hz] より低い周波数帯域では車体パネルとフィルムが，ほぼ 0 [deg] の同位相となる。つまり，低中周波数帯域では，車体パネルと吸音材及びフィルムが，一体となって振動する。

(3)　**逆位相で振動する遮音材とフィルム**

遮音材とフィルムは，250～1,000 [Hz] の周波数帯域で，ほぼ 180 [deg] の位相差の逆位相となる。つまり，これら2種類の構造を一つの製品内に入れることで，ノイズキャンセリング機能が成立することになる。これを実現したのが，ここに紹介した開発品である。理論的にも遮音材とフィルムは，逆位相で振動する状態にあることが理解できる。

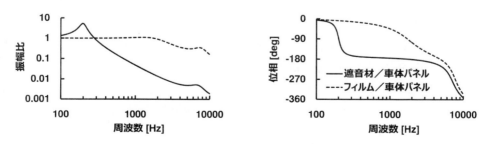

図7　伝達マトリックス法による2重壁構造の周波数応答関数の計算結果

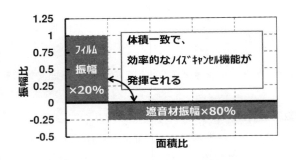

図8　フィルムと遮音材の理想的な振動形態

3.4.3　フィルムと遮音材の理想的な振動形態

　開発品の構成で効率的に「音で音を消す」には，フィルムと遮音材からの放射音が逆位相で，なおかつ，体積速度（振動速度と表面積の積）の一致が条件となる。つまり，その瞬時の体積変化が，それぞれ逆方向に一致する状態が理想となる。例えば，遮音材に20［%］の孔を開けた場合，図8に示すように，フィルムと遮音材の振幅比が1：0.25で，効率的にノイズキャンセリング機能が発揮されることになる。よって，フィルムと遮音材の振幅比が図7の状態ならば，放射音が最も効率よくキャンセリングされる周波数は450［Hz］になる。

　図7において，1,000［Hz］のフィルムと遮音材は，ほぼ180［deg］の位相差となり，逆位相で振動することが確認された。ただし，遮音材に20［%］の孔を開けると，体積速度が大きく異なるため，ノイズキャンセリング機能はほとんど機能しない。1,000［Hz］では，フィルムの振幅比が1に対し，遮音材の振幅比が0.05であるから，理論上は遮音材の開口率が5［%］で，最も効率よく放射音をキャンセリングすることになる。このように，ノイズキャンセリング機能は，遮音材の開口率が小さくなるほど，高周波数帯域に移行することになる。フィルムと遮音材の振幅比の差が周波数によって変化するため，ノイズキャンセリング機能を効率よく発揮させられるのは，1オクターブ程度の音域となる。よって開発品は，ここに述べた消音技術を利用し，自動車車室内で度々問題となる500［Hz］より低い低中周波数帯域での，音響性能の改善を目標とした。

3.5　おわりに

　コンピュータ支援工学（Computer Aided Engineering，CAE）における技術進歩はめざましく，防音材料の開発にも音振性能を予測するシミュレーション技術が利用されるようになってきた。ここに紹介した2×2行列の伝達マトリックス法による計算事例も，その一例である。音振性能を予測するシミュレーション技術を利用することで，防音材料の試作や実験を削減でき，開発のスピードアップに大きく貢献する。ただし，ここに紹介した「ノイズキャンセリング機能を有する防音材料」のような，過去に実在しない構成体そのものを，現状のシミュレーション技術

第 2 章　自動車用制振・遮音・吸音材料の開発

では生みだせない。このことは，しっかり認識する必要がある。

　防音材料の開発で最も重要なのは，「アイデア」の発掘である。ここに紹介した開発品は，前述したように「錘つき遮音板」と呼ばれる，決して新しくはない，建築の分野で 30 年近く前から知られる構造を参考にした。このように，今後の自動車用の防音材料の開発は，工法の改革や CAE の活用はもちろんのこと，異分野の技術も視野に入れた「アイデア」の発掘が，重要になると考えられる。また，シミュレーション技術により，できることとできないことを認識することは重要である。なぜなら，現状でのシミュレーション技術ではできないこと，あるいは容易でないことに，新しい技術やアイデアが埋もれていると考えられるからである。これらのことを踏まえて，今後の防音材料の開発は，進められるべきであろう。

文　　献

1)　橋本典久ほか，建築学会計画系論文集，**410**，1（1990）
2)　橋本典久ほか，建築学会技術報告集，**5**，142（1997）
3)　太田光雄ほか，音響学会誌，**34**，3（1978）
4)　太田光雄ほか，音響学会誌，**35**，118（1979）
5)　太田光雄ほか，基礎情報音響工学，p.44，朝倉書店（1992）
6)　J. F. Allard *et al.*, "Propagation of Sound in Porous Media : Modeling Sound Absorbing Materials 2e", p.244, John Wiley & Sons（2009）
7)　新妻弘明，電気回路を中心とした線形システム論，p.78，朝倉書店（1999）

4 自動車用遮音・防音材料の開発

森 正[*]

4.1 はじめに

近年，自動車の走行時の車外騒音が問題として取り上げられており，国連四輪車走行騒音規制に代表される規制強化など，自動車開発における防音・防振のニーズは高まっている。さらには，自動運転技術の登場により，車室内のすごし方にも変化が生まれつつある。長距離航行時に車室内を映画や音楽を楽しむ空間として，より高い静粛性が求められ始めている。

その一方で，地球温暖化対策に関わる低燃費化の社会的要求を背景として，自動車メーカの新規車両開発は，より軽量・コンパクトな方向にシフトしている。それに伴いエンジンのダウンサイジング・燃焼効率の向上・駆動系の伝達効率向上・内燃機関の HV・EV への転換など，新たな技術が開発・投入されており，新たな騒音・振動への対応が必要になってきている。これまで騒音振動対策には対策部品の厚さ・重量を増やすことが一義的に効果があるとされてきた。例えば，ビル建築などの防音対策では対策音源の周波数の 1/4 波長（対策周波数 1 kHz とすると厚さ 85 mm 以上）の厚さを設定することが普通である。しかし，自動車に用いられる防音材の「軽量化」・「コンパクト化」の要求とは背反する方向である。

空間と重さが限られた中で，優れた防音効果を出すために，様々な防音材料開発が行われてきた。繊維系吸音材料の細繊維化，多孔質材料（繊維系材料，フォーム材料）の密度・通気性のコントロールや，複数の素材を組み合わせた【積層構造】を持つ新しい防音対策部品が多数上市されている。しかし，これらの新しい防音対策部品にはその防音性能と従来理論による計算値との間で整合性が取れないものも多く，効果の予測や構造設計への活用が困難であった。本稿では，Biot 理論に基づく音響予測を用いた，積層材料の防音性能予測技術について述べる。また，特定周波数の防音効果を狙った積層構造の設計や，自動車メーカの要求に応える「軽量」「コンパクト」な部品設計まで，一貫した開発体制により開発された自動車向け超軽量防音カバー「エアトーン®」について紹介し，自動車用遮音・防音材料の開発について述べる。

4.2 Biot 理論に基づく音響予測

自動車防音対策部品において，従来より吸音材として多用されている多孔質材については，Equivalent Fluid モデルと呼ばれる理論が適用されてきた。騒音発生源から空気中を伝わり多孔質材表面に入射した音波は，骨格のスキマの空隙（空気層）を粗密波として伝播し多孔質材裏面に伝播（透過）する。その際に，狭いスキマの壁との摩擦（粘性抵抗）によって熱エネルギに変換され減衰を受ける。Equivalent Fluid モデルは入射音波は多孔質材の固体骨格には影響を及ぼさず，空気伝播のみを考慮したモデルである。図 1 に多孔質材中のエネルギ伝播の模式図を示

---

[*] Tadashi Mori　ニチアス㈱　自動車部品事業本部　第 2 技術開発部　第 3 設計課
　　 専任職

第 2 章　自動車用制振・遮音・吸音材料の開発

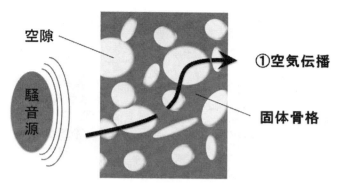

図 1　Equivalent Fluid モデルの模式図

す。流れ抵抗の比較的小さい一般的な単層繊維系吸音材料の場合，Equivalent Fluid モデルで十分解析可能であり，比較的パラメータの取得しやすい厚さと流れ抵抗のみで吸音材を記述するモデルも提案されている[1]。

一方で，繊維系吸音材料であっても，著しく通気性の小さい（流れ抵抗の大きい）材料や，非通気性材料と積層された場合には，防音材料の性能を空気伝播のみで記述できないケースがある。これは，多孔質材中の固体骨格を伝わる振動のエネルギ減衰に起因するものであり，前述の防音材料を記述するためには，多孔質材中の振動伝播・空気伝播およびそれらの相互作用を加味した解析モデルの導入が必要である。本項では Biot 理論に基づく防音材料のモデル化と，解析に用いるためのパラメータ取得について述べる。

Biot（ビオ：仏）は圧縮性粘性流体の詰った弾性多孔媒質中の地震波伝達の研究で弾性多孔質（土壌）−圧縮性粘性流体（水）間の相互作用によるエネルギ減衰の概念を導入した弾性波伝播理論を提唱した[2]。この理論は，異なる材料が複雑に入り混じったマトリクス中の振動伝播を取り扱う際の基礎モデルとして，地震波解析，土木工学，人体模型および音響振動学など，幅広い分野で活用されており，自動車向け防音材料として扱われる繊維材料（無機繊維，有機繊維）やフォーム材料（発泡ウレタン，発泡ゴム）に対しても，Biot 理論に基づく解析は有効である。我々の扱う繊維系材料の場合，繊維が固体骨格にあたり，繊維間の空間の空気が流体部にあたる。特に，通気性の小さい材料や，表面に非通気性の膜が積層（形成）されているような，振動伝播の割合が大きくなる，Equivalent Fluid モデルでは解析できない領域において効果を発揮する。図 2 に Biot モデルにおける多孔質材中のエネルギ伝播の模式図を示す。

Biot 理論に基づいて多孔質材料の振動伝播を計算するために，Biot は表 1 に示す 6 つのパラメータの使用を提案している。

この内，流体部の実効密度 ρ_f と実効体積弾性率 K_f は直接測定するのが困難なため，Allard（アラード：英）らは本理論の波動方程式と準静的仮説に基づいてこれらのパラメータを測定可能な物理量として表す式を導いた[3]。これは Johnson-Champoux-Allard（JCA）法として知ら

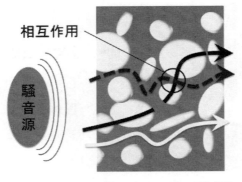

図2 Biotモデルの模式図

表1 Biot理論で使用するパラメータ

ρ_f	流体部の実効密度
K_f	流体部の実効体積弾性率
E	固体部のヤング率
η	固体部の損失係数
ν	固体部のポアソン比
ϕ	気孔率

れ，音響振動学ではこの関係式と表2のパラメータを用いてエネルギ伝播を算出することが多い。

当社ではJCA法に基づく防音材料設計のために，材料の通気性を測定する流れ抵抗測定装置や，内部構造の複雑さを表す迷路度や骨格内部の空気の粘性抵抗の指標である粘性特性長，骨格内部の圧力変化による熱交換の指標である熱的特性長を測定できる迷路度・特性長測定装置を導入しており，JCA法の全パラメータを実測し，実測したパラメータによる音響解析を実施している。

ここまで，多孔質材料のモデル化について述べてきたが，厚さや重さの制約がある中で多孔質材料単層で優れた防音性能を発揮するのは至難である。この問題を解決するために防音材料メーカは多孔質材料の吸音材や遮音材を積層した多層構造を持つ防音材の開発に取組んでおり，多層構造のモデル化を行うために伝達マトリックス法と呼ばれる手法が提案されている。この手法は行列計算により，各層表面の音圧と粒子速度を算出する。Biotモデルによる多孔質材料や，遮音材，空気でそれぞれマトリックスのサイズが異なるため，Brouardらは弾性多孔質材を含む積層防音構造全体の性能をシミュレーションするために，各層の定式化と境界面連続性の観点からインターフェイス・マトリックスという演算子を介して，近接層を掛け合わせる手法を示した[4]。

第2章　自動車用制振・遮音・吸音材料の開発

表2　JCA法で使用するBiotパラメータと関係式

音響Biotパラメータ	σ	流れ抵抗
	ϕ	気孔率
	a_∞	迷路度
	Λ	粘性特性長
	Λ'	熱的特性長
構造Biotパラメータ	ρ	密度
	E	固体部のヤング率
	η	固体部の損失係数
	ν	固体部のポアソン比

$$\rho_f = \frac{a_\infty \rho_0}{\phi}\left[1 + \frac{\sigma\phi}{j\omega\rho_0 a_\infty}\sqrt{1+j\frac{4a_\infty^2 \eta \rho_0 \omega}{\sigma^2 \Lambda^2 \phi^2}}\right]$$

$$K_f = \frac{\gamma P_0/\phi}{\gamma - (\gamma-1)\left[1-j\frac{8\kappa}{\Lambda'^2 C_p \rho_0 \omega}\sqrt{1+j\frac{\Lambda'^2 C_p \rho_0 \omega}{16\kappa}}\right]^{-1}}$$

ρ_0：平衡時の圧力，ω：各振動数，C_p：定圧モル比熱，γ：比熱比，κ：温度拡散率

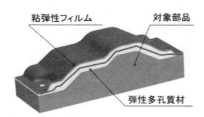

層	未知数	マトリックスサイズ
空気中 （流体）	V_3^f, σ_3^f	(2×2)
粘弾性フィルム （固体）	$V_1^s, V_3^s, \sigma_1^s, \sigma_3^s$	(4×4)
弾性多孔質材 （固体＋流体）	$V_3^f, V_1^s, V_3^s, \sigma_3^f, \sigma_1^s, \sigma_3^s$	(6×6)

図3　各層の変数とマトリックスサイズ

　後述する超軽量防音カバー「エアトーン®」は粘弾性フィルムの遮音材と繊維系の弾性多孔質材から構成され，図3に示すように各層ごとに伝達マトリックスのサイズが異なる。

　変数の上付添え字fとsは流体部と固体部の伝播を表し，音圧（応力）σと速度Vの伝播を表している。下付添え字の1は横波，3は縦波を表す。「エアトーン®」の層構造は，弾性多孔質材（6×6）と粘弾性フィルム（4×4）をインターフェイス・マトリックスを介して掛け合わせることで，伝達関数として表現でき，透過損失や吸音率を計算している。

4.3 積層構造の設計　自動車向け超軽量防音カバー「エアトーン®」

前述のBiot理論と伝達マトリックス法に基づき設計した自動車向け超軽量防音カバー「エアトーン®」について紹介する。

「エアトーン®」は図4に示すような制振機能を付与した粘弾性フィルムと弾性多孔質吸音層（PET繊維フェルト）を積層し，撥水撥油処理を施した不織布で被覆した構造を持つ。また，外周を圧着成形することにより，形状安定性と端部からの液浸透防止，図4の③④⑤層で形成される閉空間（エアダンパ）による振動絶縁効果が期待される。また，従来理論における空隙音伝播の粘性抵抗に起因する減衰に加えて，弾性多孔質吸音材の骨格（固体部）振動の機械エネルギ損失による大きな減衰も考慮することができ，後述する「エアトーン®」の質量則に依存しない遮音性能を説明することができる。従来の防音カバーは，樹脂を成形した硬質カバーと多孔質の吸音材から構成されることが多く，その遮音性能は硬質カバーの質量に比例する。これは一般に質量則と呼ばれており，質量の大きいものほどエネルギの減衰が大きくなるため遮音性能が高くなる。「エアトーン®」は約3倍の質量を持つ従来の硬質カバーよりも高い遮音性能を発揮し，防音材の軽量化が可能である。また，従来のカバーと比較して，自動車メーカが対象とする広い周波数域において優れた遮音性能を示すことも特長である（図5）。

さらに，Biot理論により表現される弾性多孔質材料（PET繊維フェルト）の各層のパラメータを制御することで，対策音源に合わせて周波数特性を変化させた最適構造を設計することが可能である。遮音ピークを目的周波数に合わせて設計した例を図6に示す。エアトーンのPET繊維層の厚さを制御することで，吸音ピークを低周波側へシフトできることが分かる。

4.4 「エアトーン®」の特長

「エアトーン®」は，熱プレス成形により任意の立体形状に一体成形が可能なため，複雑な表面形状部品への取り付けが可能である。また，樹脂製の硬質カバーに比べ，成形カバー表面が柔軟性を有しているため，振動入力に対するビビリ音（2次放射音）が小さい。そのため，従来の樹脂製の硬質カバーで用いられてきた取り付けボルト部のフローティング構造が不要であり，部品点数の削減，軽量化が可能である。また，防音カバー全体が柔軟性を有することから，エンジ

 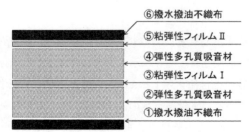

図4　「エアトーン®」の外観写真と断面構造

第2章 自動車用制振・遮音・吸音材料の開発

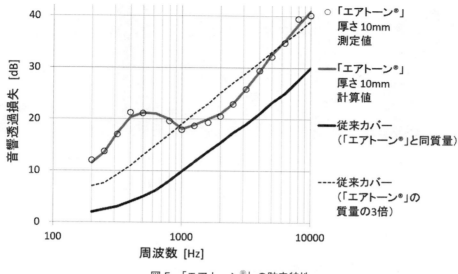

図5 「エアトーン®」の防音特性

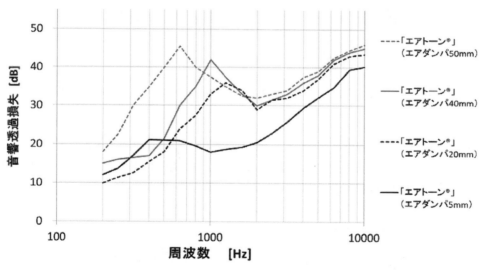

図6 遮音ピーク周波数の設計例

ンブロックやトランスミッションなどの振動を伴う騒音源に密着させて使用することができ，コンパクト化に対応することができる。さらに，密着させることによりカバー内面と組み付け対象間の音反射による騒音悪化も抑制できる特長を有している。

また，エンジンルーム内防音材には難燃性も求められる。「エアトーン®」では吸音層のPET繊維中に混練紡糸させた溶融滴下調整剤の配合量を最適化することで，垂直方向に接炎着火した

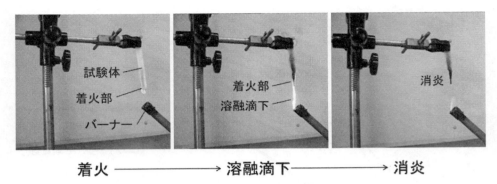

図7 「エアトーン®」の燃焼試験状況

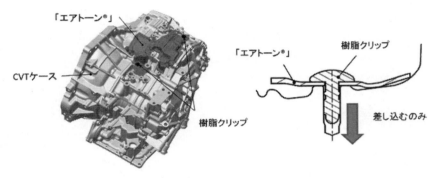

図8 「エアトーン®」のCVTへの搭載例（樹脂クリップ固定）

炎に対しても，着火部の繊維が溶融滴下し消炎し，同時に速やかに隔離されることで，車両火災の際でも当該部分の延焼を防止する（図7）。この仕様は，難燃性能を示し，エンジンルーム用防音材としての使用に適している。

4.5 「エアトーン®」の適用事例

自動車のトランスミッションとして用いられるCVTは，機構に由来する特有のメカノイズ（ギヤうなり音，ベルトノイズ）が発生する。ここでは，ギヤうなり音低減を目的としてトヨタ自動車㈱製CVTに「エアトーン®」を防音材として適用した事例を紹介する[5]。図8に「エアトーン®」のCVTへの搭載例を示す。

CVTの複雑な形状に合わせて「エアトーン®」が成形されており，対象部位に密着されていることが分かる。CVTとの固定には「エアトーン®」の軽量という特長を活かし，樹脂クリップを採用した。従来の防音カバーでは重量が重いため，固定方法にはボルトを使用していたが，軽量な「エアトーン®」の組み付けは，樹脂製クリップをボルト穴に差し込むだけとなり，生産性向上にも寄与している。図9に「エアトーン®」のギヤうなり音に対する効果を示す。音響ホ

第２章　自動車用制振・遮音・吸音材料の開発

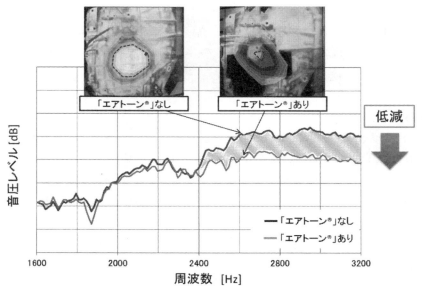

図9　「エアトーン®」のギヤうなり音に対する効果

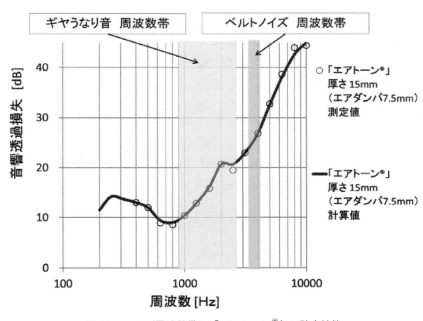

図10　ノイズ周波数帯と「エアトーン®」の防音性能

ログラフィによるノイズ解析でギヤうなり音の音源部位を特定し（図の破線部分），効果的な形状を設計した結果，「エアトーン®」を装着しない場合に対して約4dB音圧レベルが低下する効

61

果が確認された。

　また，「エアトーン®」は図 10 に示すように，高い周波数ほど遮音性能が高くなる傾向があるため，ギヤうなり音より高周波側にあるベルトノイズに対してさらに高い防音効果を発揮できるものと考えられる。

4.6　まとめ

　Biot 理論に基づく弾性多孔質材のモデル化，伝達マトリックス法による積層構造のモデル化を行い，積層防音材料の防音性能を予測することができる。軽量・コンパクトな防音部品が求められる中で，部品メーカは目的周波数帯域に応じた積層構造の設計や，物性値の最適化を行わなくてはならない。今後，実使用環境にて機能を発する材料開発において，異業種を含めた共同開発の取り組みが必要と考える。

文　　　献

1)　Y. Miki, *J. Acoust. Soc. Jpn.*, **11**, 19（1990）
2)　M.A. Biot, *J. Acoust. Soc. Am.*, **28**, 168 and 179（1956）
3)　J.F. Allard, Elsevier Applied Science, England（1993）
4)　B. Brouard *et al.*, *J. Sound Vib.*, **183**, 7（2004）
5)　ニチアス技術時報，**4**（2016）

5　微細多孔板を用いた近接遮音技術

次橋一樹*

5.1　緒言

　振動する機械構造体などから放射される騒音（固体音）の低減対策として，構造体表面への吸音性付与によって音響放射効率を低減させる方法が知られている[1]。この手法によると，吸音性付与手段を適切に選択することで，従来から多用されている防音カバー（遮音部材とそれを構造体から防振支持する部材とからなるもの）の適用が一般に困難である耐熱性や耐久性が必要な機械構造体に対して安定した低騒音化対策が可能になると期待される。

　熱や油，水などへの耐性に優れた吸音性付与手段として，多数の孔を設けた板状の部材である多孔板（特に金属製）とその背後に設けられた空気層とからなる構造が知られている[2]。多孔板の吸音特性については，古くから実験的，理論的な研究がなされており，そのメカニズムは，孔内における空気と内壁面との摩擦による粘性減衰および空気が孔から噴出する際に生じる渦による圧力損失減衰によると考えられる[3,4]。近年，金属板への孔加工技術の発展に伴って，孔を細孔化して粘性減衰効果を高めることにより，従来から多用されている繊維系吸音材と同等以上の吸音性能を得ることも可能となり，多孔板吸音構造の実用化が進んでいる[2,5]。したがって，騒音を放射している構造体の表面に空気層を介して金属製多孔板を設置することにより，大幅な騒音低減も実現可能となった。

　多孔板の吸音特性に関する理論研究[3,4,6]は，吸音構造の合理的な設計のために非常に有益で，それらを一次元伝達マトリクス法と組み合わせることにより，孔径，開孔率，板厚，および，空気層の厚みを設計パラメータとして，対象の周波数帯域で所要の垂直入射吸音率を実現する吸音構造の設計も可能である。多孔板を用いる固体音低減技術に関しては，従来，無限大の機械構造体と多孔板に単純な加振力が作用した場合に対する理論解析による研究[7~9]がなされているが，実際の構造体および多孔板は有限の大きさであり，多孔板の板共振の影響なども無視できないと考えられ，実構造において固体音を低減するために吸音構造を最適に設計し，配置するためには，数値解析など任意形状の多孔板を含む音場を精度良く予測できる手法が必要不可欠である。

　ここでは，まず，有限サイズの多孔板による構造体表面への吸音性付与による固体音の低減について実験的検証を行う。次いで，種々の多孔板に対して数値解析を用いて得た固体音低減効果の基本的な特徴を紹介する。

5.2　多孔板を用いた固体音低減効果の実験的検証

　対象とする固体音低減構造は，振動して騒音を放射している構造体（以下，振動構造体と呼ぶ）と，空気層を挟んで振動構造体と対面するように設置される多孔板と，振動構造体と多孔板

＊　Kazuki Tsugihashi　㈱神戸製鋼所　技術開発本部　機械研究所　振動音響研究室　室長

を連結する連結部材とから構成されている。実験に用いた供試体と試験装置を図1に示す。同図(a)の左の写真は供試体から多孔板を取り除いた状態であり，右の写真は多孔板を設置した状態である。供試体は箱状の構造であり，底面の板厚20 mmのアルミ板が振動構造体，板厚6 mmあるいは3 mmのアルミ板の縦壁（周囲壁と仕切り壁）が連結部材である。連結部材の上端にはアルミ製の板厚2 mmの多孔板が振動構造体全体を覆うようにボルトと接着剤により結合されており，45 mm × 30 mm × 深さ40 mmの背後空気層を形成している。多孔板の仕様は，孔径2 mm，開孔率2％で45 mm × 30 mm当たり9個の孔を設けている。同図(b)に示すように振動構造体（t20 mmアルミ板）の下面に加振機を取り付けて加振するが，連結部材によって多孔板の連結部（周辺壁と仕切り壁の上端）も振動構造体と同様に加振される。この供試体の設計に当たっては，現象をより単純化して多孔板の効果を明確にするために，以下の点に留意した。前述のように振動構造体全体を多孔板で覆うこと（すなわち，振動構造体と多孔板は同じ大きさ），振動構造体が全面一様に振動すること，多孔板も全面一様に振動すること（本境界条件における多孔板の1次固有振動数は約15 kHzであり，後述の周波数範囲においては全面がほぼ一様に振動する），多孔板は振動構造体に剛に連結されること。また，多孔板表面の周囲はバッフル板（700 mm × 700 mm）で覆われていることとした。

多孔板による固体音低減効果の評価は，多孔板および連結部材を削除して振動構造体のみが振動している状態（未対策状態）を基準として，最終騒音放射面の中央正面の音圧レベルの低減量で行った。最終騒音放射面とは未対策状態では振動構造体表面，多孔板設置状態では多孔板表面であり，それぞれから等距離の位置で騒音を計測した。なお，未対策状態においては，振動構造体表面の周囲がバッフル板で覆われていることとした。

騒音放射面の中心から10 mm離れた位置における音圧レベルの多孔板による低減効果を図2中の破線に示す。縦軸の数値が正値の場合，放射音が低減しており，負値の場合，放射音が増大していることを示している。600～700 Hz帯域において最大12 dB以上の放射音低減効果があり，

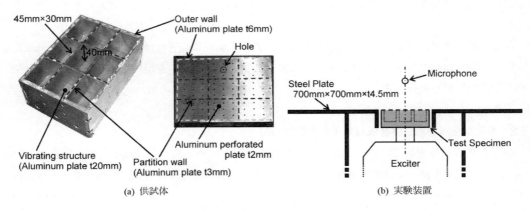

図1　固体音低減効果検証実験

第2章 自動車用制振・遮音・吸音材料の開発

より高周波数側の帯域でも3dB以上の効果が得られている。一方，500～600 Hz帯域において約7dBの騒音の増大があり，そこから周波数が低くなるにしたがって騒音増大量が小さくなっている。無限大の多孔板が一様に振動する場合を対象とした理論解析により全周波数帯域にて低減効果が得られるとの報告[7]があるが，ここで対象とする有限サイズの多孔板が一様に振動する場合には固体音が低減する周波数領域と増大する周波数領域の両方が存在することが分かる。また，ここで用いた多孔板を無限大サイズの吸音構造として用いた場合，垂直入射吸音率（一次元伝達マトリクス法で算出）は図3に示すように600 Hzにピークを有し，固体音の低減と増大

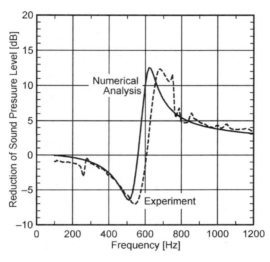

図2　多孔板による固体音低減効果

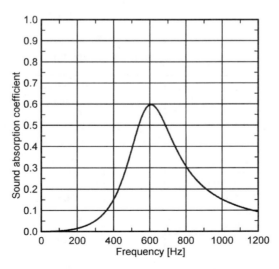

図3　多孔板（板厚2 mm，孔径2 mm，開孔率2%）の垂直入射吸音率

の境界周波数と一致する。

5.3 数値解析による固体音低減特性の検証

多孔板を用いた固体音低減効果の特性をより幅広く把握すべく，数値解析を活用して①多孔板のサイズ，②多孔板の仕様，③多孔板の複層化が固体音低減効果に及ぼす影響を抽出した。ここで用いた数値解析手法は多孔板振動のモデル化に有限要素法を，音場に境界要素法を適用するとともに，板振動を考慮した多孔板伝達マトリクスにより音場・板振動を関連付けて離散マトリクス方程式を作成する手法 [10, 11] であり，前述の実験を本解析手法で再現（ただし，解析でのバッフル板は無限大であり，実験と異なる）した結果を図2中の実線に示す。図2にて実験結果と解析結果を比較すると，若干の周波数のずれはあるが，固体音の低減・増大の発現の状況を解析によりほぼ再現できていることが分かる。なお，実験結果には解析結果で見られない小さな変動（270 Hz 付近，750 Hz 付近など）があるが，実験では供試体周囲のバッフル板が有限サイズであること，供試体とバッフル板との間に微小な隙間があることがその原因であると推察する。

5.3.1 多孔板サイズの影響

前述した多孔板の大きさ（有限サイズ／無限サイズ）による効果発現の差異を検証するため，表1に示す構造について数値解析により固体音低減効果を予測した。ここでは，振動構造体と多孔板は同形状・同サイズとしている。構造 No.2〜5 は，構造 No.1 を 1 ユニットとして，それぞれ 4 ユニット，9 ユニット（図1(a)と同等），36 ユニット，64 ユニットを縦壁を挟んで縦横に並べた構造であり，No.1〜5 の順で構造体は大きくなる。構造 No.6 は，構造 No.1 の多孔板の騒音放射側に長さ 2 m の角ダクト（断面は多孔板サイズと同じで一様）を設けて，その内壁面を音響的に剛に，先端を無反射面に設定することで，数値モデルとして一次元状態を作成して無限大サイズを模擬している。多孔板は全構造で前述の実験と共通である。

表1　多孔板の仕様（サイズの変化）

Structure No.	Size of vibrating structures and perforated plates	Perforated plate specification			Air layer thickness
		Thickness	Hole diameter	Porosity	
1	45 mm × 30 mm (1 unit)	2 mm	2 mm	2% (9 holes per unit)	40 mm
2	90 mm × 60 mm (2 units × 2 units)				
3	135 mm × 90 mm (3 units × 3 units)				
4	270 mm × 180 mm (6 units × 6 units)				
5	360 mm × 240 mm (8 units × 8 units)				
6	infinite				

第2章 自動車用制振・遮音・吸音材料の開発

表1の構造No.1～6に対する固体音低減効果の予測結果を図4に示す。同図の固体音低減効果は，騒音放射面から320 mm離れた位置における音圧レベルの多孔板による低減効果である。なお，距離10，20，40，80，160，320，640 mmの各位置について低減効果を計算したが，すべての点の結果が同じ特徴であったので，代表して320 mm位置の結果を示す。解析は100～1,200 Hzの周波数範囲について10 Hz刻みで実施した。同図によると，有限サイズである構造No.1～5のすべてにおいて，500～600 Hz付近を境（以下，境界周波数と呼ぶ）として高周波数側において放射音は低減しており，低周波数側において放射音は増大していることが分かる。高周波数側の低減効果は境界周波数の直後に最大となり，その高周波数側でも安定して効果を得られている。高周波数側の最大低減量は構造サイズが大きいほど大きくなっており，最も大きい構造No.5では15.9 dBの低減効果を得られている。一方，低周波数側でも，すべてのサイズにおいて，境界周波数のすぐ低周波数側で増大量が最大となり，より低周波数側では悪化量は減少している。また，悪化量も構造サイズに依存しており，構造No.1～2まではサイズが大きくなるほど悪化量は増加して，構造No.3～5はサイズが大きくなるほど悪化量は減少している。また，最大効果の得られる周波数は構造体サイズによらず約630 Hzでほぼ一定であるが，境界周波数は590 Hzから500 Hzへ，最大悪化周波数は560 Hzから410 Hzへと構造サイズが大きくなるほど低周波数になっており，サイズが大きいほど低減効果が得られる周波数帯域の幅は広く，悪化する周波数帯域の幅は狭くなっている。一方，無限サイズの構造No.6では，放射音の増大は見られず，620 Hzで最大低減量14.5 dBを得ており，その高周波数側および低周波数側では低減量は徐々に低減している。高周波数側では，有限サイズに比べてより急激に効果量が減少している。最大低減量について，構造No.1～5の有限サイズにおいては，上述したようにサイズが大き

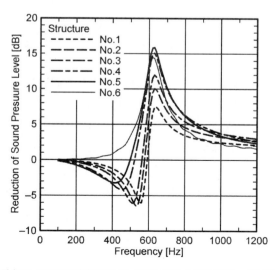

図4　多孔板による固体音低減効果（多孔板サイズの影響：供試体No.1～6）

自動車用制振・遮音・吸音材料の最新動向

いほど増大していたが，無限大まで大きくなると若干低減することが分かる。

　以上のように，多孔板による放射音の低減効果および増大効果は構造サイズの影響を受けることが確認できた。また，構造サイズが無限大まで大きくなると放射音の増大は解消したが，設定した範囲の有限サイズでは放射音の増大が生じた。最大の低減効果は構造サイズによらずほぼ一定した周波数で得られ，その周波数は垂直入射吸音率のピーク周波数より高周波数になることも分かった。最大効果量および最大悪化量の大小については，構造サイズに対して単調な関係ではなく，それぞれが極大となる構造サイズが存在することも判明した。

5.3.2 多孔板仕様の影響

　検討の対象とする構造の仕様を表 2 に示す。構造サイズおよび多孔板の板厚は 1 種に固定し，多孔板の孔径と開孔率を 5 パターンに変化させている。構造 No.11 から構造 No.15 へと孔径が大きくなるように設定し，開孔率は吸音構造として用いた場合の垂直入射吸音率のピーク周波数が約 600 Hz で一定になるように調整した。吸音率のピーク値は，図 5 に示すように，構造 No.11 から構造 No.12 へと大きくなり，構造 No.12 から構造 No.15 へと小さくなる。なお，構造 No.14 は前項の構造 No.3 と同一である。

表 2　多孔板の仕様（孔径，開孔率の変化）

Structure No.	Size of vibrating structures and perforated plates	Perforated plate specification			Air layer thickness
		Thickness	Hole diameter	Porosity	
11			0.25 mm	1.5%	
12			0.5 mm	1.6%	
13	135 mm × 90 mm (3 units × 3 units)	2 mm	1 mm	1.7%	40 mm
14 (Same as No.3)			2 mm	2.0%	
15			4 mm	2.9%	

　構造 No.11～15 の固体音低減量を図 6 に示す。同図より，高周波数側の低減効果の最大値，低周波数側の悪化量の最大値ともに，構造 No.11 から構造 No.15 へと孔径が大きくなるに伴って大きくなっている。効果量の大小に関するこの傾向は，吸音率の大小の傾向と単純に相関があるわけではないことも分かる。また，低減効果量が大きい多孔板仕様ほど，増大量も大きくなってしまうという傾向も見られる。

　以上のように，多孔板の仕様を適切に設定することにより，所要の放射音低減効果量を得られる対策構造を設計できることを確認できた。

第2章　自動車用制振・遮音・吸音材料の開発

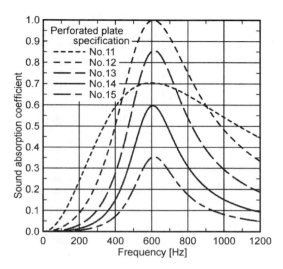

図5　多孔板の垂直入射吸音率（供試体No.11～15）

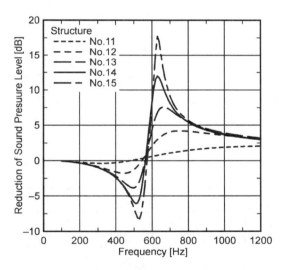

図6　多孔板による固体音低減効果（多孔板仕様の影響：供試体No.11～15）

5.3.3　多孔板複層化の効果

　多孔板を吸音構造として使用する場合，吸音性能の向上や吸音周波数領域の拡大を目的として多孔板を複層化（多孔板＋空気層＋多孔板＋空気層＋…）することがある。表3に示す4例の多孔板2層構造について，複層化による放射音低減量の変化を予測した。構造No.21～24の構造サイズおよび1層目（表面側）の多孔板は同一である。2層目（内部側）は孔径のみ変更している。背後空気層は全構造とも1層目，2層目それぞれ20 mmで，合計40 mmの構造厚さは前項

自動車用制振・遮音・吸音材料の最新動向

表3 多孔板の仕様（複層化）

Structure No.		Size of vibrating structures and perforated plates	Perforated plate specification			Air layer thickness
			Thickness	Hole diameter	Porosity	
21	1st layer	90 mm × 60 mm (2 units × 2 units)	2 mm	1 mm	1.7%	20 mm
	2nd layer		0.1 mm	0.2 mm	0.2%	20 mm
22	1st layer		2 mm	1 mm	1.7%	20 mm
	2nd layer		0.1 mm	0.4 mm	0.2%	20 mm
23	1st layer		2 mm	1 mm	1.7%	20 mm
	2nd layer		0.1 mm	0.8 mm	0.2%	20 mm
24	1st layer		2 mm	1 mm	1.7%	20 mm
	2nd layer		0.1 mm	1.6 mm	0.2%	20 mm

までの対象構造と共通である。

　構造No.21～24の放射音低減量を図7に示す。同図より，多孔板1層の場合よりも放射音低減効果が大きく，また，大きな効果を得られる周波数帯域が広帯域になっていることが分かる。一方，構造No.22でより顕著であるが，2つ目の放射音が増大する周波数帯域が生じることも分

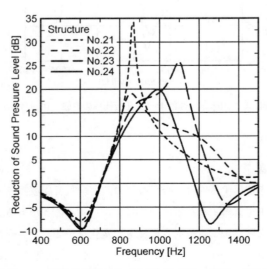

図7　多孔板による固体音低減効果（多孔板複層化の効果：供試体No.21～24）

第2章　自動車用制振・遮音・吸音材料の開発

かった。

　以上のように，多孔板を複層化することで，放射音低減効果をより大きく，より広帯域にできることを確認できた。

5.4　結言

　多孔板を用いた振動構造体表面への吸音性付与による放射音低減構造について，実用検討時の参考とすることを目的に，騒音放射構造の大きさ，多孔板の仕様（孔径，開孔率），多孔板の複層化が放射音低減特性に与える影響を数値解析を用いて抽出した。

　抽出した多孔板による放射音低減の特徴は下記である。

①　有限サイズの構造では放射音低減効果が得られる周波数帯域と放射音が増大する周波数帯域が生じ，構造サイズによって低減効果量・増大量は変化する。

②　多孔板の仕様を変更することで，低減効果量および増大量を調整可能である。

③　多孔板を複層化することにより，低減効果量をより大きく，大きな低減効果を得られる周波数帯域幅をより広くできる。

文　　　献

1)　中川貴史，高橋大弐，平成 13 年度日本建築学会近畿支部研究報告集，pp. 85-88（2001）

2)　山田隆博，田中俊光，山極伊知郎，堀尾正治，松田博，日本機械学会第 17 回環境工学総合シンポジウム 2007 講演論文集，No. 07-12，105（2007）

3)　Melling, T.H., *Journal of Sound and Vibration*, **29**(1), 1-65 (1973)

4)　Maa, D. -Y., *Noise Control Engineering Journal*, **29**(3), 77-84 (1987)

5)　次橋一樹，山極伊知郎，菊池政寛，神戸製鋼技報，**64**(2)，90（2014）

6)　宇津野秀夫，坂谷亨，山口善三，日本音響学会誌，**59**(6)，301-308（2003）

7)　豊田政弘，中川貴史，江富和朗，高橋大弐，日本音響学会 2002 年秋季研究発表会講演論文集，pp.851-852（2002）

8)　藤原泰子，矢入幹記，阪上公博，森本政之，峯村敦雄，安藤啓，日本音響学会 2002 年秋季研究発表会講演論文集，pp. 853-854（2002）

9)　山口善三，山極伊知郎，自動車技術会春季学術講演会前刷集，No. 21-14（2014）

10)　次橋一樹，田中俊光，草苅樹宏，日本機械学会論文集 C 編，**78**(789)，1839-1849（2012）

11)　Tsugihashi, K. and Tanaka, T., Proceedings of 20th International Congress on Acoustics, 749（2010）

6　自動車用制振塗料の技術動向

板野直文*

6.1　はじめに

　自動車は，車室内騒音レベルの低減を目的として，各種防音材料（遮音材料，吸音材料，防振材料，制振材料）が採用されている。防振材料は主にエンジンルームで使用されエンジン他からの振動が車体に侵入することを防ぎ，他の3種類の材料は車室内近傍に使用され，車室内騒音を直接的に低減している。図1に示すように吸音材料や遮音材料は，主に中・高周波帯域の騒音低減に寄与し，制振材料は，フロアーパネル，ダッシュパネル，ホイルハウス部の鋼板パネルに施工され低・中周波数領域で問題となる固体伝播音低減を目的としている。自動車用制振材料としては1954年に上市[1]のアスファルト系制振シートが長い間ほぼ独占的に使用されていたが，最近では1997年頃に最初の報告があった制振塗料[2]（塗料形状の制振材料）がアスファルト系制振シートに代わり採用される例が増加しており，現在（2017年時点）では自動車用制振材料の半分以上が制振塗料（当社社内調査）に置き換わってきている。

　ここでは，最初に住宅金属屋根，外壁，軒下に使用されてきた従来の汎用の制振塗料を例に取りその特性を示し，その後に自動車に採用されている制振塗料について紹介する。

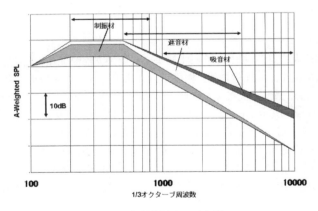

図1　車室内騒音と防音材

6.2　汎用制振塗料について

6.2.1　制振の位置付け

　本編に入る前に「制振」という概念について触れる。「制振」は，図2に示すように「防音」と総称される音の制御機能に含まれる「遮音」「吸音」及び「防振」と並ぶ4つの基本カテゴリーの一つである。

---

*　Naofumi Itano　日本特殊塗料㈱　開発本部　第2技術部　技術2課　課員

第2章　自動車用制振・遮音・吸音材料の開発

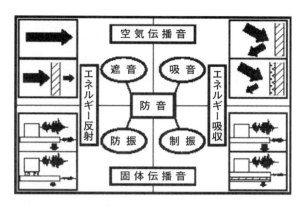

図2　防音対策のカテゴリー

　不要，不快な音（これを騒音という）を低減する手法を前述の4つのカテゴリーにあてはめ，「音」という現象とその原因である「振動」との関係について考える。音は，何かが例えば薄板が振動し，その結果として振動源または伝達系から空気中に音が放射される。従って，振動を低減・減衰すれば放射される音の低減につながる。実際に騒音対策を行う手法として，これらの音や振動のエネルギーを伝搬しないように反射または遮蔽してしまうか，何らかの方法でそのエネルギーを吸収（音や振動以外のエネルギーに変換，例えば熱）すれば，受音点，受振点での音や振動のレベルは低減する。そこで，音響機能別に対策手法の概要を述べると以下のようになる。音のエネルギーを反射，遮蔽させる技術を「遮音」，吸収する技術を「吸音」という。振動エネルギーを反射，遮蔽させる技術が「防振」，振動エネルギーを吸収する技術が「制振」である。実際の騒音対策では，上記4種類の機能を持つ材料・構造を組み合わせ，効率的に騒音の低減を実現している。

6.2.2　制振機構
　制振塗料は液状もしくはペースト状材料でスプレ塗装とかヘラ塗り，スリットノズル等によって対象物表面に施工され，対象物表面を覆った制振塗料層の伸縮変形によるエネルギー散逸機構を利用したいわゆる2層型制振材のグループに入る。この2層型制振材の他に表面に硬い拘束層を有する3層型拘束制振材が存在するが，塗装により複数の層を厚み精度が良く均一に作成することは施工に手間がかかるため，塗料技術による製品例は少ない。

6.2.3　汎用制振塗料の設計[3,4]
　制振塗料は，①合成樹脂，天然樹脂やゴム等の高分子材や植物油からなる塗料層形成主成分，②可塑剤，硬化促進剤，増粘剤や分散剤といった補助剤，③塗装に適切な粘度になるように加えられる溶剤からなるビヒクルに，塗膜強度を補強する充填材，発泡剤や着色顔料を調合して構成される。塗膜の粘弾性特性は温度と周波数に強く依存するため，ベースポリマーと添加剤を調整して，塗膜の損失弾性率が対象物の温度，周波数帯域で最大になるように設計する。

自動車用制振・遮音・吸音材料の最新動向

通常，制振塗料はビヒクルの硬化機構から，①揮発成分が離脱するグループ：ラッカーエナメル，エマルション系塗料，②重合，架橋反応グループ：エポキシ，ポリエステル，ポリウレタン系塗料，③溶融グループ：粉体塗料，ホットメルト接着剤，④酸化反応グループ：調合ペイント，⑤ゲル化グループ：プラスチゾル塗料の5グループに分類される。現在では，環境負荷が少ない，水系塗料層形成主成分が選定されることが多くなっている。

制振塗料によく使用される充填材としては，Flake graphite, English mica, Synthetic mica, Powder aluminum等があるが，アスペクト比が大きな鱗片状もしくは針状充填材料が多く，これらの充填材は塗膜弾性率の向上と，粘弾性体と充填材界面で生ずる摩擦エネルギーの増大に寄与する。

制振塗料の施工は，最も簡便な刷毛塗りからコテ塗り，エアスプレー，圧縮ポンプを使ったエアレススプレー，スリットノズルまで対象物ごとに色々な工法が採用されている。特に最近ではスリットノズルを使用した塗布工法は厚塗りが可能で数百メートル離れた貯蔵タンクから塗装現場まで塗料を圧送して，塗装ロボットを使った自動塗装が可能なため大量生産に適した方式であるので自動車製造現場で数多く採用されている。

6.2.4 汎用制振塗料の制振特性

制振塗料のルーツになったアスファルトベースの制振塗料は，化学的安定性，常温域における制振性の良さと，且つ安価なことから，現在でも汎用制振塗料として建築・建材市場，産業機器市場や輸送機器市場で広く利用されている。最近では，有機溶剤排出規制の観点から，乾燥過程で有機溶剤の排出の少ない無溶剤制振塗料とか水性制振塗料が好まれる傾向にある。

制振塗料は損失弾性率の最大域を活用するため，周波数と特に温度に対して強く依存する。図3に，アスファルトベース制振塗料の125 Hzにおける複素弾性特性と，1 mm鋼板に制振コーティング材を2 mm塗装した塗装板の損失係数の温度特性を示す。グラフから，塗装板の損失係数の最大温度は制振材の損失弾性率の最大温度と一致することが明らかである。

図4，5に，アスファルトベース制振塗料と酢ビ系水性制振塗料を塗装した鋼板の250 Hzにおける損失係数の温度，厚み特性を示す。

図4に示すように，アスファルトベース制振塗料を塗装したパネルの損失係数の最大温度は20～40℃域に，酢ビ系水性制振塗料で，図5に示すように30～

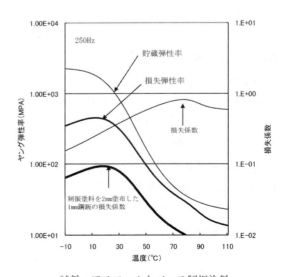

試料：アスファルトベース制振塗料
図3 制振材料の複素弾性率と複合パネルの制振特性

第2章　自動車用制振・遮音・吸音材料の開発

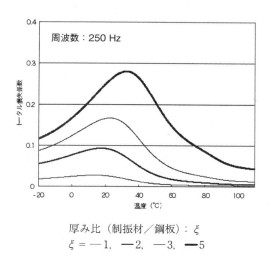

図4　アスファルトベース制振塗料を塗装した平板鋼板の制振効果の温度，厚み比特性

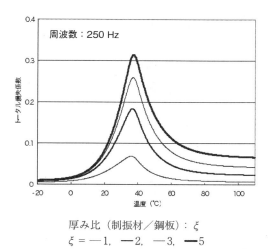

図5　酢ビ系水性制振塗料を塗装した平板鋼板の制振効果の温度，厚み比特性

50℃近傍に存在する。

　図5に示すように，酢ビ系水性制振塗料のように一種類の樹脂系から構成される制振塗料の損失係数の尖鋭度は概してシャープになる傾向がある。制振塗料のベースポリマーは広い温度・周波数帯域にわたって，損失係数と弾性率の大きい材料が求められる。

　このような要求に対するポリマーの改質技術としては，塩化ビニルと酢酸ビニルに代表される2種またはそれ以上の化学的性質の異なった単量体を重合した共重合化法と，ゴム加工分野で昔から行われてきたポリマーブレンド法がある。ポリマーブレンド法で生成される新しいポリマーの損失係数は，ブレンドするポリマーの相溶性の違いによって，単峰になったり，スプリットしたり，または高原状になる。損失係数の温度依存性を緩慢にする技術として，程々の相溶性を持ったポリマー同士をブレンドする方法がある。損失係数のピーク値から30％ダウンした両端の温度幅を「損失係数の尖鋭度」とすると，単一ポリマーからなる酢ビ系水性制振塗料の尖鋭度は15℃であるのに対して，色々な分子が混ざり合った，いわゆる天然のポリマーブレンド樹脂と言われるアスファルトベース制振塗料のそれは47℃と広い。このことは，ポリマーブレンド法は温度依存性を緩慢にする有効性を示す一例と言える。

　最近，損失弾性率の最大温度を常温から100℃までの任意温度に調整する技術として，2種類のアクリル酸エステルモノマーとスチレンモノマーの共重合体が脚光を浴びてきた。図6に，車外音の低減を目的にエンジン部品を対象にしたこの樹脂を使って開発された"高温域用制振塗料"の損失係数の温度・厚み特性を示す。

　構成の面からみると制振塗料は一般の塗料と大きく異なっていない。制振塗料の性能の基本特性を支配するベース樹脂としては，瀝青系，エポキシ系，ビニル系，ウレタン系やアルキド系の

75

樹脂等が単独またはブレンドされて実用化されている。

　塗膜の強度，粘弾性挙動のコントロール，色相付加等の目的で加えられる顔料としては，施工対象部位（基板）から与えられた振動エネルギーにより生じる伸び縮みによる層の内部ロスを向上させるためフレーク状や針状，繊維状の顔料が使用されている。代表的なものとしてグラファイトやマイカのようにアスペクト比の高い材料や合成繊維の粉末等がよく用いられている。

6.3　自動車用制振塗料について
6.3.1　自動車用制振材の変遷

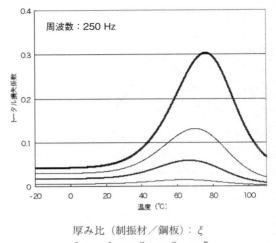

図6　高温度域用制振コーティング材を塗装した平板鋼板の制振効果の温度，厚み比特性

　自動車用の制振材料の歴史を振り返ってみる。戦後のモータリゼーションの発展に伴い1953年に自動車用防音・防錆塗料；アスファルト系制振塗料が主に車体フロアーパネル裏面に採用された。1954年（高度経済成長期）に自動車用アスファルト系制振シートが上市されボディパネルの車室内側に施工されるようになり，これ以降では塗料系制振材は防錆・防音を目的にフロアパネル裏面に施工されるようになり，アスファルト系制振シートはボディパネルの室内側に施工

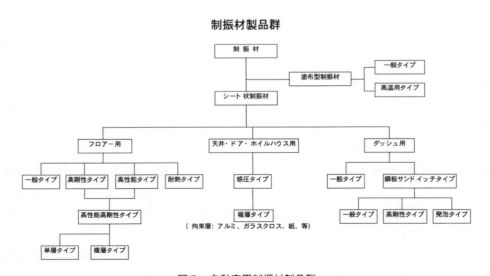

図7　自動車用制振材製品群

第2章　自動車用制振・遮音・吸音材料の開発

され主に制振性付加による防音効果を担当した。このアスファルト系シート型制振材の時代は長く続き，この間にカーメーカの要望に従い軽量化（発泡型，軽量材料使用），新しい施工場所（ルーフ；ドアーパネル等）へ施工可能な製品へと製品バリエーションを増加させた。

　1997年頃，現在の自動車用制振塗料の原型ともいえる製品の報告[2]がある。この論文では従来型のアスファルト系制振材／床下用制振材の代替品としての，総合性能の優れるアクリル系エマルションをベースポリマーとした制振塗料をロボットを使用してスリットノズルで施工する材料・工法が報告されている。

　2000年以降では，COP3京都議定書等により，CO_2排出が規制され，自動車の燃費すなわちCO_2排出量に大きな影響を与える自動車重量の低減が進んできたこと等によりシート系制振材より施工工法／材料構成の自由度が大きい制振塗料の採用が急速に広がっている。

6.3.2　自動車用制振塗料の詳細

　図8に施工（硬化）後の自動車用制振塗料の簡単な図を示す。

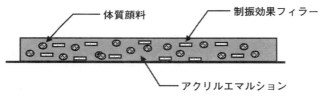

図8　制振塗料の構成

　アクリルエマルションをベースとし，体質顔料，制振効果フィラー等の充填材で構成されており，構成材料のアクリルエマルション及び制振効果フィラーにより優れた制振性を発揮する。
　またアクリルエマルションのガラス転移温度を調整し，塗膜の制振ピーク温度をコントロールすることも可能である。エマルションの種類によって3種類の温度に適応できる製品がある。
　組成例を表1に示す。
　制振塗料の代表的な塗料性状を表2に示す。

自動車用制振・遮音・吸音材料の最新動向

表1　制振塗料の構成

分類	添加物	目的
樹脂	アクリルエマルションA アクリルエマルションB アクリルエマルションC	20℃制振性能向上 40℃制振性能向上 60℃制振性能向上
粉体	体質顔料 針状フィラー 制振効果フィラー 着色顔料 高比重顔料	増量効果 焼付け性向上 制振性能向上 着色 塗膜の高比重化
添加剤	造膜助剤 分散剤 消泡剤 タレ防止剤 発泡剤 増粘剤	造膜温度を下げる 塗料の分散性向上 製造時の作業性向上 タレ性の向上 焼付け性，制振性能向上 粘度の調整
希釈剤	水	粘度の調整

表2　制振塗料の性状

塗装性状	粘度（PS）		780
	比重	WET	1.29
		DRY	1.07
	加熱成分（％）		75
	タレ限界厚膜		6mm
	耐食性（SST120時間）		異常なし
	耐衝撃性（ヂュポン式50cm）		異常なし
	表面硬度（JISA）		90
	耐水性（40℃×240H）		異常なし

6.3.3　自動車市場における制振材の性能評価方法と音響解析の重要性 [5]

　塗布型制振材の損失係数を図9に示す。制振性能の評価は，一般的には短冊状パネルによる片支持梁法や中点加振法で求められる損失係数（η）で評価される。これらの評価により制振材料／鋼板複合構造の基本的な材料特性を評価することができる。しかしこの短冊形試験片から得られる損失係数からは，直接実車に施工した場合の損失係数を推定することはできない。自動車のフロアーパネルに使用される鋼板厚みは通常0.8mm程度であるが，制振性評価の観点から見るとフロアーパネルは補強のために加工され，ビードや曲率を持つ立体構造物であり，パネル剛性は大きくなり実際のパネルの厚さより厚くなったように映る。そのために，通常実車で得られる損失係数は短冊形試験片での測定値より小さくなる。

第2章　自動車用制振・遮音・吸音材料の開発

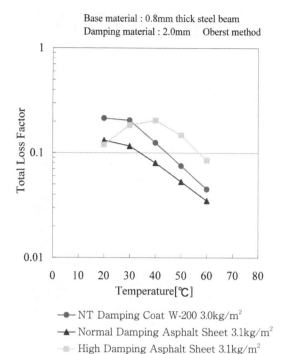

図9　制振塗料の制振性

　より高い品質を持った車両を短期間に効率的に設計することが必要であり，そのためには開発の初期段階から振動・騒音設計が織り込まれるケースが多い。図10のような実車を模した評価装置が利用される。この評価装置は，外周部を評価装置のフレームに固定した縦横の寸法が580 mm × 460 mmの鋼板（実車から切り抜いたパネルでも可能）を上下方向で加振することにより対象のパネル（実車の一部）での制振効果の評価が可能である。

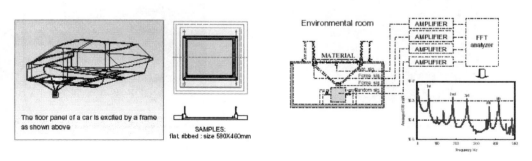

図10　乗用車パネルを模擬した制振効果の評価装置

自動車用制振・遮音・吸音材料の最新動向

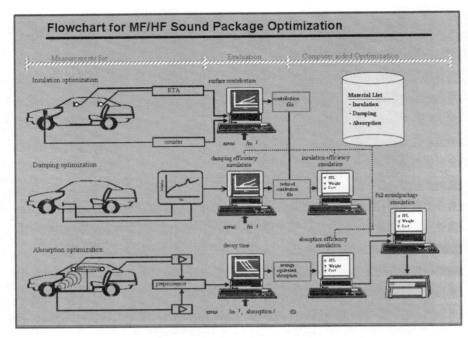

図11　中・高周波帯域の防音パッケージ作製の流れ

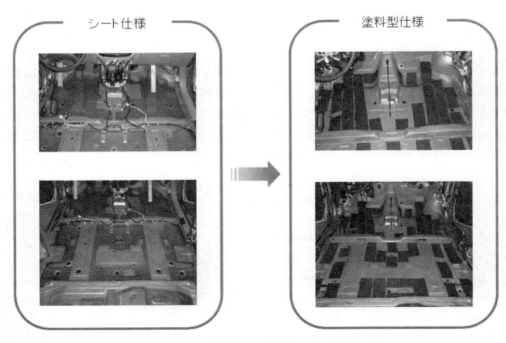

図12　シート型制振材と制振塗料の施工場所比較

第 2 章　自動車用制振・遮音・吸音材料の開発

　シート型制振材はアスファルトをベースにしたものが大部分で非常に安価である。これに対し制振塗料は，アクリルエマルション等をベース樹脂として構成されており単位重量当たりのコスト比較では必然的に高くなる。シート型から塗料型への代替によるコストアップを最小限にするため，さらに車両重量の低減のためには実車での音響解析実験結果に基づいた最適化が重要である。最近ではこれらの基礎情報を用いた制振材施工場所を最適化するシミュレーションソフトも使用されてきている。

　記述したような過程を経て決定された制振塗料の塗布場所の写真を図 12 に示す。

　この状態での騒音値を図 13 に示す。

　その結果，騒音値はほぼ同等で，シート仕様で 9.6 kg/台の制振材が制振塗料では 8.8 kg/台と約 9% の軽量化に成功している。

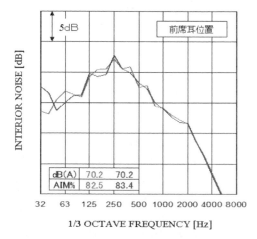

図13　シート型制振材と制振塗料の車室内音比較

6.3.4　塗装工程について

　自動車製造工場における制振塗料の一般的な輸送システムを下記に示す。

　制振塗料は塗料生産工場から専用コンテナで出荷され自動車製造会社の工場に納入される。納入された制振塗料は専用コンテナからモーノポンプで中継タンクに輸送され保管される。中継タンクからエアレスポンプで自動車製造現場近くまで送られ，塗装用のスリットノズル直前においてブースタポンプで押し出し量／圧力を調整し，最終的にロボットに取り付けられたスリットノズルを利用して車体に塗布される。その後，車体の加熱工程で制振塗料を硬化させている。この工程は，制振塗料の最適化に重要で，塗料輸送システムに加えスリットノズルの最適化，塗装ロボット制御の最適化で制振性能と軽量化・コストを両立する塗布工法を実現したとの報告がある[6]。

6.4　おわりに

　この論文では，最初に汎用の制振塗料を例に取りその概要を示した。次に現在の自動車市場で採用されている制振塗料について示した。1954 年の開発以来，アスファルト系制振シートは約 40 年にわたって自動車用制振材としてほぼ独占状態であったが，2000 年以降は徐々に制振塗料のシェアーが拡大しており，現在（2017 年）では，自動車用制振材量全体に対する自動車用制振塗料のシェアーは当社売上げでは 50% 程度，他社の売上げも含めると 70% 程度となっている（当社調べ）。

自動車重量低減による燃費改善が急務であった。制振材料の施工場所の最適化を可能にしたシミュレーション技術が急速に発展した，塗装工法の改良等によりシート型制振材と比較し施工工法等の自由度が高い制振塗料の採用が急速に増加している。将来的には，さらに自動車用制振材料は進化を継続し，自動車の室内空間の快適化，自動車燃費の改善に大いに寄与することと推測する。

文　　　献

1)　日本特殊塗料㈱ HP
2)　中里和幸，福留秀汽　自動車技術，**51** (5)，76-82（1997）
3)　新田隆行，日本接着学会誌，**34** (11)，453-460（1998）
4)　桃沢正幸，日本ゴム協会誌，**64** (5)，326-335（1991）
5)　出口幸至，川瀬知洋，廣瀬茂雄，自動車技術，**57** (5)，37-42（2003）
6)　高崎政憲，河瀬英一，高場宣弘，マツダ技法，**30**，234-239（2012）

7 振動制御用エラストマー材料の開発動向

竹内文人*

7.1 はじめに

エラストマーとは，文字通り，elastic な（弾性のある）polymer（高分子＝ポリマー），いわゆるゴムであり，常温でゴム弾性を示す高分子材料を表す。ゴム弾性とは，力を加えれば速やかに伸び，あるいは収縮し，力を除くと完全にもとに戻る性質を意味する。エラストマーがゴム弾性を示す原因は，図1に示すように，エラストマー中に存在する分子鎖間の固定点（架橋，結晶あるいは分子絡み合い点等）間の高分子鎖が引っ張られ真直ぐに伸びた状態から，熱運動のため，もっともありふれた丸まった，ごく自然な状態に帰ろうとする力によるものである。天然ゴムに代表される熱硬化性エラストマー（Thermosetting Elastomer），スチレン－ブタジエン－スチレントリブロック共重合体（SBS）等に代表される熱可塑性エラストマー（Thermoplastic Elastomer）に大別される。

エラストマー材料は，その特異的な粘弾性特性を活かして，防振材料や制振材料として振動制御用部材として幅広く使用されている。本稿では，エラストマーの分類，つづいて防振・制振のメカニズムを概説した後，当社の新規熱可塑性ポリオレフィン ABSORTOMER®（アブソートマー®）を用いた制振材料の事例について紹介する。なお，制振材料全般の詳説については，成書を参照されたい[1]。

7.2 エラストマーの概説

7.2.1 熱硬化性エラストマー

熱硬化性エラストマーは，一般的にはゴム，架橋ゴム，加硫ゴムと呼ばれるが，本稿では熱可

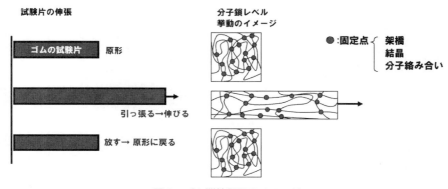

図1 ゴム弾性発現のイメージ

---

* Fumito Takeuchi 三井化学㈱ 研究開発本部 高分子材料研究所
エラストマーグループ 主席研究員

自動車用制振・遮音・吸音材料の最新動向

塑性エラストマーとの対比のため，熱硬化性エラストマーと表現する．図2に示すように，硫黄や有機過酸化物等の架橋のための薬剤を練りこんだ配合物（コンパウンドと呼ばれる）を加熱することで，分子鎖と分子鎖の間で不可逆な架橋点が形成され，成形品が得られる．架橋前は分子鎖が自由に動けるため，さまざまな形状への成形加工が可能であるが，架橋後は架橋点の存在により，再成形はできない．すなわち，架橋前のコンパウンドを圧縮成形機（プレス），射出成形機，押出成形機等の加工機を用いて所望の形状とした後に，加熱により架橋処理を行う．架橋と加硫は同意語として使用される．架橋前の高分子材料そのものを生ゴム（あるいはポリマー）と呼び，架橋剤や充填材を練りこみ，加熱により架橋された成形品をエラストマーもしくはゴムと呼ぶ．

表1に，代表的な熱硬化性エラストマー材料，化学構造例，特徴をまとめた[2,3]．ここでは，

図2　熱硬化性エラストマーの架橋イメージ

表1(a)　熱硬化性エラストマーの代表特性
（天然ゴム，ジエン系ゴム）

			略称	化学構造	耐熱性	耐寒性	耐オゾン性	耐油性(ガソリン)	低動倍率性	高減衰性
天然ゴム	ジエン系ゴム		NR	$(-CH_2-C(CH_3)=CH-CH_2-)_n$ ポリマー以外に少量のタンパク質等を含む	△	○	×	×	◎	△
合成ゴム	ジエン系ゴム	イソプレンゴム	IR	$(-CH_2-C(CH_3)=CH-CH_2-)_n$ NRに最も近い合成ゴム，不純物少ない	△	○	×	×	◎	△
		ブタジエンゴム	BR	$(-CH_2-CH=CH-CH_2-)_n$	△	○	×	×	◎	△
		スチレン・ブタジエンゴム	SBR	$(-CH_2-CH(C_6H_5)-)_m(-CH_2-CH=CH-CH_2-)_n$	△	△	×	×	○	○
		ニトリルゴム	NBR	$(-CH_2-CH(CN)-)_m(-CH_2-CH=CH-CH_2-)_n$	○	△	×	◎	△	○
		クロロプレンゴム	CR	$(-CH_2-C(Cl)=CH-CH_2-)_n$	○	○	○	△	△	○
		ブチルゴム	IIR	$(-C(CH_3)_2-CH_2-)_m(-CH_2-C(CH_3)=CH-CH_2-)_n$	○	△	○	×	○	◎

第2章　自動車用制振・遮音・吸音材料の開発

表1(b)　熱硬化性エラストマーの代表特性
(非ジエン系ゴム)

			略称	化学構造	耐熱性	耐寒性	耐オゾン性	耐油性(ガソリン)	低動倍率性	高減衰性
合成ゴム	非ジエン系	エチレン・プロピレン・ジエンゴム	EPDM	$\{CH_2-CH_2\}_l\{CH_2-CH\}_m\{CH-CH\}_n$ CH$_3$ ...	○	△~○	◎	×	○	○
		フッ素ゴム	FKM	$\{CF_2-CH_2\}_m\{CF_2-CF\}_n$ CF$_3$	◎	×	◎	◎	△	○
		アクリルゴム	ACM	$\{CH_2-CH\}_l\{CH_2-CH\}_n$ C=O, OR, O, CH$_2$CH$_2$Cl	◎	△	◎	○	△	○
		シリコンゴム	Q	$\{O-Si\}_n$ CH$_3$, CH$_3$	◎	○	◎	△	◎	△
		ウレタンゴム	U	$\{C-N-R_1-N-C-O-R_2-O\}_m$	×	△	◎	◎	○	○

一般的な特徴に関して星取表を列挙しているが，各社・各研究機関による高分子素材そのもの（ポリマー）の研究開発，二種類以上の高分子素材を組み合わせるポリマーアロイ技術，さらに補強材や添加剤の配合による高機能化が検討されている。一例としては，耐熱性，耐オゾン性の改善を目的として天然ゴムに30％程度のEPDMをブレンドすること[4]，タイヤのグリップ性向上のために，天然ゴムにSBRを配合すること[5]が知られている。

7.2.2　熱可塑性エラストマー

　熱可塑性エラストマー（Thermoplastic Elastomer，TPE）は，常温ではゴム弾性体としての挙動をとるが，温度を上昇させると軟化・流動性を示し，塑性変形をする高分子材料である。したがって，熱可塑性プラスチック用加工成形機を使用することによって，簡単にゴム弾性を示す製品を得ることができる。架橋工程が不要であり，成形サイクルが短時間で済む，再利用が容易である特長を有する。

　熱可塑性エラストマーのミクロ構造イメージを図3に示す。スチレン系，塩化ビニル系，ウレタン系等多くの熱可塑性エラストマーは，ミクロ相分離型に分類され，ガラス相，結晶相，水素結合による凝集相がハードセグメントとなり，ソフトセグメントを拘束している。また，海島構造型と呼ばれるオレフィン系熱可塑性エラストマーは，動的架橋と呼ばれる押出機中での混練と架橋を同時に行う加工方法により，ポリプロピレン中に架橋したEPDMが存在する。部分架橋タイプもしくは完全架橋タイプと呼ばれる。図3における青色で示したハードセグメント相が，加熱時に溶融することにより，熱可塑性を示す。熱可塑性エラストマー材料の代表例を表2に示す[6]。

　例えば，近年の熱可塑性ポリオレフィンエラストマーの開発動向において，単純ブレンドタイプ（TPO）では，スチレン－ブタジエン－スチレントリブロック共重合体（SBS），スチレン－

85

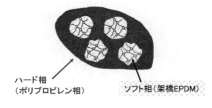

図3 熱可塑性エラストマーのミクロ構造イメージ

表2 熱可塑性エラストマーの代表特性

	略称	ハードセグメント	拘束様式	ソフトセグメント	ショア硬度	耐熱性	脆化温度	耐油性	反発弾性率（％）
スチレン系	TPS	ポリスチレン（PS）	ガラス相	ブタジエンゴム or イソプレンゴム	37 A～71 A	～80℃	<-70℃	×	45～75
部分架橋型オレフィン系[※1]	TPV (TPO)	ポリプロピレン（PP）	結晶相	架橋 EPDM	60 A～95 A	～120℃	<-70℃	△	40～70
塩ビ系	TPVC	ポリ塩化ビニル（PVC）	結晶相	PVC または可塑剤	40 A～70 A	～100℃	-50～-30℃	○	30～70
ウレタン系	TPU	ポリウレタン	水素結合結晶相	ポリエステル or ポリエーテル	80 A～80 D	～100℃	<-70℃	◎	30～70
エステル系	TPEE	芳香族ポリエステル	結晶相	ポリエーテル or ポリエステル	90 A～70 D	～140℃	<-70℃	◎	60～70
アミド系	TPAE	ポリアミド	水素結合結晶相	ポリエステル or ポリエーテル	40 D～62 D	～100℃	<-70℃	◎	60～70

※1 ここでは、部分架橋型ポリオレフィン系熱可塑性エラストマーを引用したため TPV とした。部分的な架橋構造を持たないポリオレフィン系熱可塑性エラストマーは TPO と呼ばれる。

イソプレン－スチレントリブロック共重合体（SIS）とその水素添加（水添）ポリマー（SEBS および SEPS）をポリプロピレン（PP）とコンパウンドしたグレード，動的加硫タイプ（TPV）では，エチレン－プロピレン－ジエンゴム（EPDM）だけでなく，ブチルゴム（IIR）や天然ゴム（NR），ニトリルゴム（NBR）を PP 中で動的加硫したグレードが開発され，上市されている[7]。

7.3 エラストマーによる振動制御

7.3.1 防振と制振

エラストマー材料が適用される用途・機能として，防振材料と制振材料が挙げられる。防振と制振，どちらも振動を制御する機能だが，その違いに関する質問が多いため，振動伝達率 τ を用

第2章　自動車用制振・遮音・吸音材料の開発

いて防振と制振の違いを概説する。ここではモデルケースとして，図4に一自由度振動系のモデルを示した。

　図5～7は，文献[8]を元に作成したグラフで，基準の条件では共振周波数が100 Hzに存在するモデルを仮想した。横軸は加振周波数，縦軸は振動伝達率τである。図5に示すとおり，共振周波数100 Hz付近では，損失係数の増大による振動減衰効果が大きく観測され，振動伝達率を低減することが可能となる。この効果が制振と呼ばれる。一方，図6のように，ばね定数を大きく（材料を硬く）すると共振周波数が高周波数側へシフトし，反対に，ばね定数を小さく（材料を柔らかく）すると共振周波数は低周波数側へシフトする。また，図7に示したとおり，対象物の質量mが増加した場合には，共振周波数が低周波数側へシフトする。このように共振周波数をシフトさせて振動伝達率を低減させることを防振と呼ぶ。なお，着目すべきは，ばね定数や対

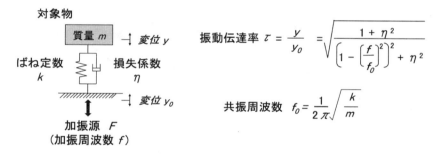

図4　一自由度振動系モデル

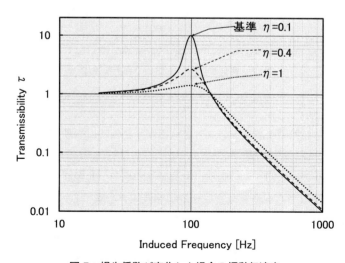

図5　損失係数が変化した場合の振動伝達率

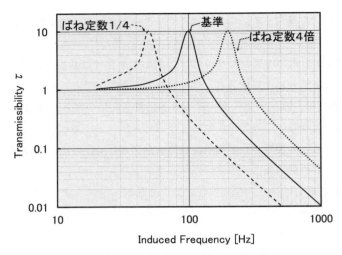

図6　ばね定数が変化した場合の振動伝達率

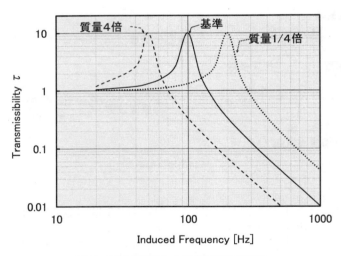

図7　質量が変化した場合の振動伝達率

象物の質量の変更は，共振の周波数をシフトさせるが，共振時の振動伝達率はほぼ変わらない点である。

　すなわち，加振源から対象物への振動伝達を制御する場合，共振周波数付近で振動エネルギーを吸収させてその周波数での振動を減衰させる制振機能を考慮するのか（制振），共振周波数を他の周波数帯にシフトさせてその周波数での振動を低減させる防振機能を考慮するのか（防振），理解することが，適切な振動制御を行う上で基本的な考え方となる。制振材料の機能は，共振周波数における振動を極力小さく抑える，あるいは対象物の振動を減衰させることで，図5に示し

第 2 章　自動車用制振・遮音・吸音材料の開発

たように，振動伝達率 τ が 1 以上の共振周波数領域に対して，損失係数が大きい制振材料を適用することが振動を減衰させるために効果的である。一方，防振（防振ゴム）設計の基本は，ばね定数と質量の関係に基づき，実使用環境下において，加振源から対象物への振動伝達率 τ が 1 未満となるように設計する。すなわちモーターやポンプ等の回転機器において，実使用環境での特定周波数が分かっている場合，計算上求められる共振周波数を特定周波数よりも充分に小さく設計することにより，加振源から対象物への振動伝達を抑制することが可能となる。

　これら防振と制振の機能は，明確に区別して使用する必要がある。例えば，優れた制振材料であっても，間違って防振材料として使用されると，振動・騒音現象は悪化する場合があり，これら材料の機能・役割に留意が必要である。

7.3.2　エラストマーの動的粘弾性挙動

　エラストマーを防振材料や制振材料として開発もしくは利用するものは，エラストマーの粘弾性特性は温度依存性，周波数依存性を有することを認識する必要がある。言い換えれば，エラストマー材料の適用を検討する際，使用環境の温度，対象となる振動の周波数を事前に把握することが非常に重要である。

　エラストマーあるいは高分子材料の設計に携わる者の多くは，動的粘弾性測定装置（DMA：Dynamic Mechanical Analyzer）を用いてその粘弾性特性の挙動を評価する。DMA により，高分子材料の貯蔵弾性率（E′ あるいは G′），損失弾性率（E″ あるいは G″），損失正接（$\tan\delta$＝E″／E′ あるいは G″／G′）が測定できる。防振・制振の観点から，貯蔵弾性率 E′ は縦弾性係数，あるいはヤング率と同等として取扱われ，損失正接 $\tan\delta$ は損失係数 η として扱われる。

　温度依存性の評価においては，低温特性，耐熱性，ガラス転移温度，融点等，高分子材料の熱力学的な特性評価に加え，$\tan\delta$ のチャートから 2 成分以上のポリマーの相溶性を評価することも可能である。周波数依存性，歪み依存性の評価においては，ポリマーの分岐構造，ポリマー分子間の絡み合い，ポリマーと充填材の分散状態を推定することが可能である。このように，DMA 測定の結果は，ポリマーならびに高分子材料の生産プロセス，加工プロセス，部品ならびに製品設計や適正を判断するために活用されている[9]。次項では，制振材料の構造やモデル式を用いて，エラストマーを用いて制振材料を設計する上で，動的粘弾性特性，特に損失係数が重要である点を概説する。

7.4　制振材料の基礎的な考え方

7.4.1　非拘束型と拘束型

　高分子材料すなわちエラストマーが使用される制振材料の構造として，図 8 に示すとおり，2 層構造の非拘束型と，3 層構造の拘束型に大別される。どちらも高分子材料の粘弾性特性を利用して振動減衰性を発現する。制振材料としての機能を発現すれば，使用する高分子材料は必ずしもゴム弾性を示す必要はなく，例えば，未加硫のブチルゴムが使用される事例もあるが，ここではエラストマーの粘弾性特性を制振材料の設計指針に応用する意味で，以下に基礎的な考え方を

自動車用制振・遮音・吸音材料の最新動向

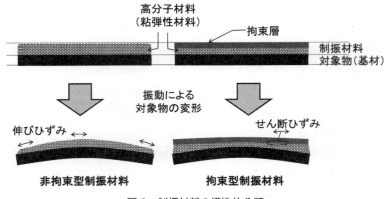

図8　制振材料の構造的分類

概説する。

7.4.2　2層構造：非拘束型制振材料

　非拘束型は対象物（振動する基材）に単層の高分子材料を貼り付け，その高分子材料の伸び縮みによって振動エネルギーを吸収し，熱エネルギーへ変換する。曲げ変形の場合，高分子材料層の伸び変化量は，その層の厚さに比例することになり，薄い場合には変形が少なく得られる振動減衰性も小さい。高分子材料の層を厚くするほど振動減衰性が高くなるため，非拘束型において実用的な振動減衰性を得るためには，高分子材料層の厚さを対象物と同等程度以上確保することが望ましいと考えられている。制振材料が貼り付けられた対象物全体の結合損失係数 η の解析モデル式は，Oberst の(1)式で表される。特に，制振材料の貯蔵弾性率が基材の弾性率に対して十分小さい場合，結合損失係数は近似式(2)で表すことができる。一般的には，基材は金属製の材料

非拘束型制振材料における結合損失係数

結合損失係数
（Oberst 式）

$$\eta = \frac{eh}{1+eh} \frac{3+6h+4h^2+2eh^3+e^2h^4}{1+4eh+6eh^2+4eh3+e^2h^4} \eta_2 \tag{1}$$

E_1：基材の貯蔵弾性率　　E_2：制振材料の貯蔵弾性率
H_1：基材の厚さ　　　　　H_2：制振材料の厚さ
　　　　　　　　　　　　　η_2：制振材料の損失係数

$e = E_2/E_1$
$h = H_2/H_1$

結合損失係数　　　$\eta = 14 \dfrac{E_2}{E_1} \left(\dfrac{H_2}{H_1}\right)^2 \eta_2$ 　　　　　　　　　　　　　　　(2)
（近似式）
　　　　　　　　$0.5 \leq \dfrac{H_2}{H_1} \leq 4$

第 2 章　自動車用制振・遮音・吸音材料の開発

が多く適用されていることから，非拘束型の制振材料に用いられる高分子材料の粘弾性特性として，損失係数が高いことに加え，貯蔵弾性率（縦弾性係数あるいはヤング率とも表現される）も高いことが望ましいことが導かれる。

7.4.3　3層構造：拘束型制振材料

　3層構造は表面の拘束層によって中間層の高分子材料すなわち粘弾性材料が，せん断ひずみを生じる際に振動を減衰させるものである。制振材料が貼り付けられた系全体の結合損失係数は(3)式で表すことができる[1]。非拘束型制振材料と同様に，拘束層と高分子材料で構成される制振材料の損失係数，厚み，貯蔵弾性率が高いほど，振動減衰性も高くなる。高分子材料の貯蔵弾性率はガラス領域では高い値を示すが，ガラス転移点付近で急激に減少する。すなわち，高分子材料の粘弾性特性において，貯蔵弾性率と損失係数はトレードオフの関係にある。そこで，拘束型制振材料は，高弾性率を拘束層に，高損失係数を中間層に配分することによって，より軽くて薄い制振材料を設計できる点がメリットとして挙げられる。非拘束型では高分子材料の層を厚くするほうが制振性の向上に有利である点を述べたが，拘束型ではせん断ひずみが制振性を発現する主たるメカニズムであり，高分子材料の層は薄くても，拘束層との相互作用により高い制振性を発現することが可能である。コスト，要求物性，使用環境等を考慮した上で，非拘束型，ならびに拘束型の制振材料が広く採用されている。

拘束型制振材料における結合損失係数

結合損失係数　$\eta = \dfrac{\eta_2 XY}{1 + (2+Y)X + (1+Y)(1+\eta_2{}^2)X^2}$ 　　　　　(3)

$X = \dfrac{G_2}{p^2 H_2}\left(\dfrac{1}{E_1 H_1} + \dfrac{1}{E_3 H_3}\right)$ 　　　　$\dfrac{1}{Y} = \dfrac{E_1 H_1{}^3 + E_3 H_3{}^3}{12 H_{31}{}^3}\left(\dfrac{1}{E_1 H_1} + \dfrac{1}{E_3 H_3}\right)$

$H_{31} = H_2 + (H_1 + H_2)/2$ 　　　　$p = 2\pi / \lambda$

　E_1：基材の貯蔵弾性率　　　G_2：制振材料のせん断弾性率　　　E_3：拘束層の貯蔵弾性率

　H_1：基材の厚さ　　　　　　H_2：制振材料の厚さ　　　　　　H_3：拘束層の厚さ

　p：波数　　　　　　　　　　η_2：制振材料の損失係数

　λ：波長

　非拘束型，拘束型いずれの場合においても，高分子制振材料の性能予測については弾性率や損失係数 η の測定が必要であり，JIS K 7391　非拘束形制振複合はりの振動減衰特性試験方法が適用されている。一方，高分子材料の設計開発においては，前述のとおり，DMA が広く活用されており，制振工学研究会では，JIS K 7391 で測定した損失係数 η，DMA で測定した損失正接 $\tan\delta$ について，比較や整合性が検討されている。両者の整合性については，試験条件の設定や JIS K 7391 の測定で使用する接着剤の影響があり，完全に一致するものとは言えないが，大きな傾向としては一致しているものと筆者は理解しており，本稿では，DMA で測定された損失正

接 $\tan\delta$ は，高分子材料の損失係数 η として取扱うこととする。

7.5 熱可塑性ポリオレフィン ABSORTOMER®（アブソートマー®）の展開

7.5.1 ABSORTOMER®の特徴

　ABSORTOMER®は，従来のポリオレフィンが持つ軽量性，低密度，オレフィン素材との相溶性，加工性や衛生性等の特性に加えて，動的粘弾性で測定した損失正接 $\tan\delta$ のピーク温度を室温近傍に設定し，そのピーク値を最大限に高めた熱可塑性ポリオレフィンである。当社独自のメタロセン触媒技術により，従来のポリオレフィン重合触媒では重合が困難であった，かさ高い α －オレフィンの共重合が可能となり，ABSORTOMER®の開発に至った。ポリマーのガラス転移温度は，ポリマー主鎖のミクロブラウン運動が活発になり始める温度領域である。かさ高い α －オレフィンをポリマーの骨格に導入することは，ポリマー主鎖がミクロブラウン運動を起こす際，分子内あるいは分子間で適度な摩擦を発生させることにつながり，ガラス転移温度付近で大きな $\tan\delta$ を示すポリマーの設計が可能となった。ABSORTOMER®の代表的物性値を表3に示す。特筆すべき特徴の一つとして，ペレット形状でのハンドリングが可能である。

　ABSORTOMER®単身は，室温では硬くエラストマーとは呼び難いため熱可塑性ポリオレフィンに位置づけているが，後述する EPDM 等とのポリオレフィンエラストマーとの複合化にとどまらず，各種のゴム材料，熱可塑性樹脂との複合化により新しい機能の発現が期待されている。

7.5.2 ABSORTOMER®の動的粘弾性特性

　熱硬化性ポリオレフィンエラストマーである EPDM（三井 EPT ™ 3110 M，過酸化物により架橋した状態）ならびに熱可塑性ポリオレフィン ABSORTOMER®の動的粘弾性測定事例を図9～12に示す。温度依存性の測定条件として，ひずみは0.5％とし，－70～100℃，4℃／min にて，測定周波数を 1 Hz として測定した。架橋 EPDM は－40℃にガラス転移温度（Tg）を示し，

表3　ABSORTOMER®の基本物性

項目		単位	測定条件	ABSORTOMER® EP-1001	ABSORTOMER® EP-1013
流動性	MFR	g/10 min	JIS K 7210 準拠（230℃，2.16 kgf）	10	10
密度		kg/m³	JIS K 7112 準拠	840	838
柔軟性	硬度 直後		JIS K 6253 準拠	A92	D69
	硬度 15 秒後			A70	D55
機械特性	切断時伸び	%	JIS K 7127 準拠	≧400	≧400
	引張強さ	MPa		29	34
熱力学特性	融点	℃	三井化学法	なし	130
	ガラス転移温度	℃	$\tan\delta$ ピーク温度	30	40
製品形状				ペレット	ペレット

表中の数値は代表値であり保証値ではありません。

第 2 章　自動車用制振・遮音・吸音材料の開発

0～100℃領域において，ほぼ一定の弾性率と損失正接を示す。一方，ABSORTOMER®は 30℃にガラス転移温度（Tg）を示し，40℃以上では，弾性率が大きく低下する。

　動的粘弾性測定の周波数依存性に関して，一般的な DMA では，100 Hz を超える周波数帯の測定は困難であるため，温度－時間換算則を用いて，高周波数側の粘弾性挙動を合成曲線（マスターカーブ）として推定することができる（図 11, 12）。ここでは，ひずみは 0.5％とし，－25，－15，－5，5，15，25℃にて 0.01～10 Hz の周波数依存性を測定した後，基準温度 25℃でのマスターカーブを作成した。ただし，測定温度領域に融点等の不連続な状態変化を起こす材料系では，温度－時間換算則でのマスターカーブが描けない点，留意が必要である。図 11 は架橋

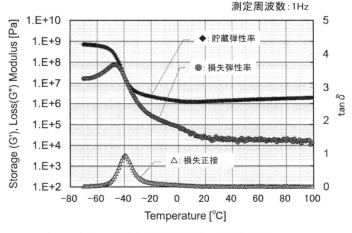

図 9　EPDM の動的粘弾性（温度依存性）

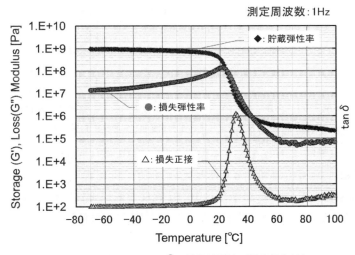

図 10　ABSORTOMER®の動的粘弾性（温度依存性）

93

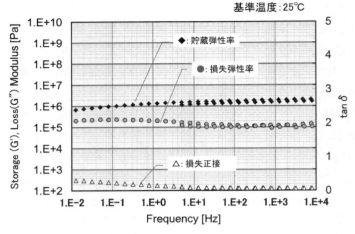

図11 EPDMの動的粘弾性（マスターカーブ）

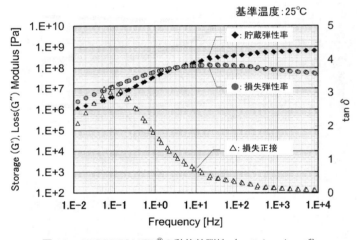

図12 ABSORTOMER®の動的粘弾性（マスターカーブ）

EPDMのマスターカーブであり，$1\times10^{-2}\sim10^{4}$ Hz帯域において弾性率，損失正接ともに非常に変化が小さい。このように周波数依存性の小さい粘弾性特性は，防振ゴム向けの設計に重要であり，静的な弾性率（静ばね定数）に対する動的な弾性率（動ばね定数）の比，動倍率（＝動ばね定数／静ばね定数）を小さく設計する指標となる。一方，図12に示したABSORTOMER®のマスターカーブでは，0.01～0.1 Hz帯域では10^6 Pa程度の貯蔵弾性率が，10～100 Hz帯域では10^8 Paまで上昇するため，動倍率は大きくなり，一般的な防振材料としてはあまり適していない材料と言える。

ここで紹介したABSORTOMER®は，室温付近に大きな損失正接を有する新しい熱可塑性ポ

第2章　自動車用制振・遮音・吸音材料の開発

リオレフィンであり，エラストマーとのブレンドやアロイ化により，大きな損失係数を有するポリオレフィンエラストマー組成物を設計することが可能である。次項では，EPDM，TPV との配合事例を紹介する。

7.5.3　ABSORTOMER® と EPDM の複合化

(1)　材料物性と動的粘弾性挙動

ABSORTOMER®，EPDM（三井 EPT™），両ポリマーを複合化した際の物性を表4に，配合物の DMA 測定の結果を図13に示す。DMA 測定の条件は，図9と同様である。EPDM 配合物と ABSORTOMER® は部分的に相溶するため，EPDM の tanδ ピークを残したまま，ABSORTOMER® に由来する tanδ ピーク温度が低温側へシフトしている。配合調整により ABSORTOMER® 由来の tanδ 値ならびに温度を制御することが可能である。

表4　ABSORTOMER® と EPDM の複合化事例

		1	2	3	4
配合					
三井 EPT™ 3110 M※1		100	100	100	100
ABSORTOMER® EP-1001		0	50	100	250
活性亜鉛		5	5	5	5
カーボンブラック（FEF）		235	235	235	235
パラフィンオイル		125	125	125	125
軽質炭酸カルシウム		28	28	28	28
その他加工助剤等		7	7	7	7
加硫系					
CBS		2	2	2	2
ZnBDC		1.0	1.0	1.0	1.0
TMTD		0.5	0.5	0.5	0.5
DPTT		0.5	0.5	0.5	0.5
イオウ		0.8	0.8	0.8	0.8
加硫ゴム物性※2					
比重		1.23	1.18	1.14	1.07
ショア A 硬度	直後	79	72	73	68
（JIS K 6253）	15 秒後	75	64	61	50
機械特性（JIS K 6251）					
引張強度	MPa	10.7	9.2	8.7	9.6
破断伸び	%	213	212	228	361
反発弾性率※3 （JIS K 6255 リュプケ式）	%	28	18	11	7

表中の数値は代表値であり保証値ではありません。

※1　三井化学製 EPDM
※2　2 mm 架橋シート：160℃ ×10 min
※3　29 mm φ ×12.5 mm ブロック：160℃ ×13 min

自動車用制振・遮音・吸音材料の最新動向

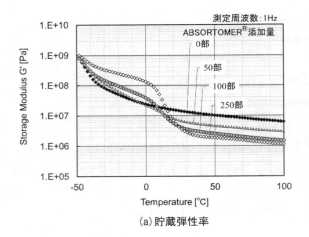
(a) 貯蔵弾性率

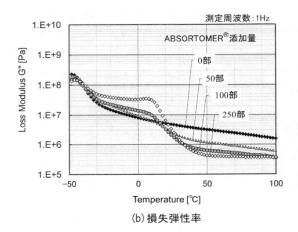
(b) 損失弾性率

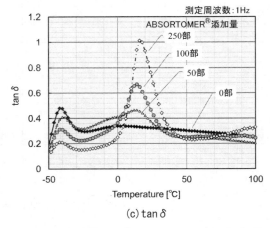
(c) tan δ

図13　ABSORTOMER®とEPDM配合の動的粘弾性
(a)貯蔵弾性率，(b)損失弾性率，(c) tan δ

第 2 章　自動車用制振・遮音・吸音材料の開発

(2)　制振性

表 4 中に示した EPDM 500 部（表 4 の配合 1），ならびに ABSORTOMER®を 250 部添加した EPDM（表 4 の配合 4）の加硫ゴムシートを用いて，制振性を検討した実験結果を紹介する。表面が波形状の軟質ポリウレタンフォーム上に 300 mm×300 mm×1 mm 厚のアルミ基材を静置，中央に 120 mm×120 mm×3 mm 厚の加硫ゴムシートを貼り付け，ハンマリング試験を実施した。図 14(a)に示すとおり，加振点と応答点は，アルミ基材の対角線上，それぞれ端部から

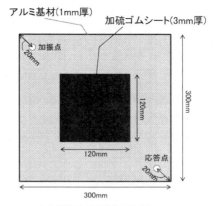

(a)試験条件概略図

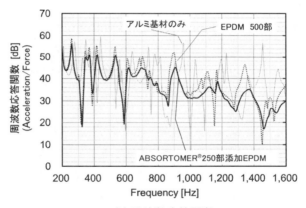

(b)周波数応答関数

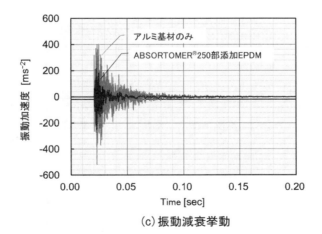

(c)振動減衰挙動

図 14　ハンマリング試験
(a)試験条件概略図，(b)周波数応答関数，(c)振動減衰挙動

自動車用制振・遮音・吸音材料の最新動向

20 mm の位置で行った。図 14 (b)は周波数応答関数であり，アルミ基材へ制振材料として EPDM 500 部配合の加硫ゴムシートを貼り付けると，共振ピークがシフトし，周波数応答関数が低減される結果となる。制振材料として ABSORTOMER® を 250 部添加した EPDM の加硫ゴムシートを用いると，周波数応答関数がさらに低減する。アルミ基材のみの周波数応答関数と比較すると，900〜1,000 Hz 帯域では 10 dB，1,300〜1,500 Hz 帯域では 20 dB の改善が確認される。図 14 (c)には，本実験の振動減衰挙動を示した。ABSORTOMER® を 250 部添加した EPDM の加硫ゴムシートを制振材料として適用することで，アルミ基材の振動が速やかに減衰していることが分かる。

7.5.4 ABSORTOMER® と TPV の複合化

ABSORTOMER® と TPV（オレフィン系動的架橋熱可塑性エラストマー）の複合化事例を紹介する。どちらも熱可塑性の高分子材料であるため，二軸押出機を用いて溶融混練が可能である。ABSORTOMER®，当社の TPV（ミラストマー®）を複合化した際の物性を表 5 に，配合物の DMA 測定の結果を図 15 に示す。DMA 測定の条件は，ひずみは 0.5 % とし，−40〜80℃，4℃／min にて，測定周波数を 1 Hz として測定した。EPDM との複合化と同様に，ABSORTOMER® の配合量が増えるにつれて，−10〜30℃ 帯域での $\tan\delta$ を向上させることが可能であり，その結果，低い反発弾性率を示す配合設計が可能となる。

以上，ABSORTOMER® をオレフィン系熱硬化性エラストマー（EPDM），あるいは，オレフィン系熱可塑性エラストマー（TPV）に添加・配合することで，エラストマーの $\tan\delta$ 制御が可能となる点を紹介した。特に ABSORTOMER® はポリオレフィンとの馴染みが良く，ポリオレフィンの軽量性を活かしたまま $\tan\delta$ を向上し，図 14 で紹介したように高い制振機能を発現可能である。

表5　ABSORTOMER® と TPV の複合化事例

		5	6	7	8
配合 ミラストマー® 8030 NHS[1]		100	90	75	60
ABSORTOMER® EP-1001		0	10	25	40
ショア A 硬度	直後	88	85	82	82
（JIS K 6253）	15 秒後	84	80	75	70
機械特性 （JIS K 6251） 　引張強度	MPa	8.0	13.9	17.6	20.7
破断伸び	%	520	595	616	596
反発弾性率 （JIS K 6255 リュプケ式）	%	50	35	21	14

表中の数値は代表値であり保証値ではありません。

[1]　三井化学製 TPV

第 2 章　自動車用制振・遮音・吸音材料の開発

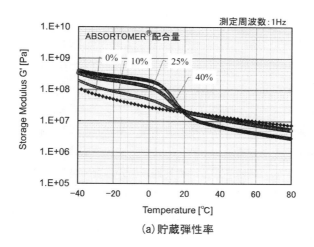

(a) 貯蔵弾性率

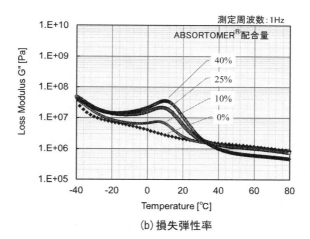

(b) 損失弾性率

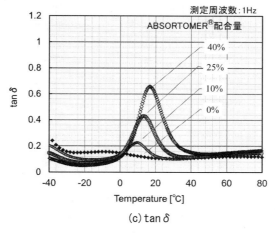

(c) tan δ

図 15　ABSORTOMER®と TPV 配合の動的粘弾性

7.6　おわりに

　本稿では，エラストマー材料の概説，その特異的な粘弾性特性を活かした防振・制振の考え方，さらに熱可塑性ポリオレフィン ABSORTOMER® を用いたエラストマー材料の改質ならびに制振材料の検討事例を紹介した。

　近年，クオリティ・オブ・ライフという言葉が社会に浸透し始め，より快適な空間を創出するための音響・振動制御技術が見直されている。本稿で紹介した振動制御に加え，遮音や吸音を複合化した空間設計が重要だと考える。そのためには，空間や構造を設計する立場の技術者と制振や防振材料を設計する立場の技術者が設計の初期段階から要求特性を協議しあうものづくりの体制が重要と思われる。ポリマーや高分子材料を設計・開発する者から見ると，防振・制振・遮音・吸音技術は，やや難解な点が多いと感じるが，本稿が，快適な空間を創出する技術者と高分子材料を創出する研究者，双方にとって一助となれば幸いである。

文　　　献

1)　制振工学ハンドブック編集委員会，制振工学ハンドブック，コロナ社（2008）
2)　小松公栄，山下晋三，ゴム・エラストマー活用ノート，工業調査会（1998）
3)　秋葉光雄，ゴム・エラストマーの選定・応用とトラブル事例，p.13，300，349，テクノシステム（2009）
4)　宇津木宏之，小薬次郎，日本ゴム協会誌，**73**(6)，330（2000）
5)　國澤鉄也ほか，日本複合材料学会誌，**35**(4)，157（2009）
6)　山下晋三，熱可塑性エラストマーの材料設計と成形加工，p.3，23，46，53，技術情報協会（2007）
7)　竹村泰彦，日本ゴム協会誌，**83**，269（2010）
8)　日本建築学会編，実務的騒音対策指針（第二版），p.71，技報堂出版（1994）
9)　技術情報協会，動的粘弾性チャートの解釈事例集，技術情報協会（2016）

8 均質化法による多孔質吸音材料の微視構造設計

山本崇史[*]

8.1 はじめに

　自動車客室内の静粛性の向上は自動車工学における主要な問題の一つである。代表的な対策の一つとしてフロアカーペットやダッシュインシュレータに繊維系吸音材が用いられている。繊維系吸音材の性能を示す代表的な特性は吸音率であり，その予測は繊維系吸音材の設計に欠かすことができない。一般的に繊維系吸音材は繊維材料である固体相と空気の流路からなる流体相が混在した構造をしており，吸音率などの特性はこの構造に大きく依存している。

　吸音率を予測するためにこれまで使われてきたモデル[1, 2]は解析解に基づくモデルで，固体相と流体相の両方の特性を考慮しており，弾性定数や流れ抵抗など8つのパラメータで表現されている。しかし，特性としては粘性による減衰のみを考慮している。そのため，熱散逸による減衰も考慮されたモデル[3~5]が提案された。しかし，パラメータはマクロなスケールで定義されているため，ミクロなスケールでは定義されていない。そこで，マクロスケールの総エネルギとミクロスケールの総エネルギを比較して，関係を導くことによりミクロ構造からマクロなパラメータを導出するという研究が行われている[6]。また，多孔質体のミクロ構造に均質化法を適用し，マクロスケールにおける等価特性を導出することを目的とした研究が行われている[7]。しかし，流体相で発生した熱が固体相へ散逸することによる減衰を考慮しておらず，流体相の特性の一つである体積弾性率が実際よりも大きく評価されている。近年，本稿著者は流体相における粘性および熱の散逸による減衰，そして弾性体で構成される固体相の連成の全ての現象を考慮することで多孔質吸音材に拡張する開発を行った。

　そこで，本稿では均質化法を用いた多孔質体の吸音率を予測する方法を用いて，繊維系吸音材の微視構造モデリング及び吸音率予測をすることで，繊維系吸音材の吸音率への影響を検討する。また，均質化法と最小二乗法からBiotパラメータを同定する手法を提案する。

8.2 均質化法による動的特性の予測手法

　2段階に分けて解析することによって吸音率を求める。まず，流体相における粘性および熱の散逸による減衰の両方を考慮した上で，多孔質材の微視構造に漸近展開法による均質化法[11]を適用し，微視構造から多孔質材の動的特性の予測に必要な等価特性を求める。次に，求めた等価特性を多孔質材のマクロモデルに適用することで，吸音率を求める。

8.2.1 ミクロスケールの支配方程式

　ミクロスケールにおいて多孔質材の固体相の支配方程式は弾性テンソルを c_{ijkl}^{s} とすると，以下に示す式で表される。

---

　[*]　Takashi Yamamoto　工学院大学　工学部　機械工学科　准教授

$$- \rho^s \omega^2 u_i^s = \frac{\partial \sigma_{ij}^s}{\partial x_j} \tag{1}$$

$$\sigma_{ij}^s = c_{ijkl}^s \varepsilon_{kl}^s \tag{2}$$

$$\varepsilon_{kl}^s = \frac{1}{2} \left(\frac{\partial u_k^s}{\partial x_l} + \frac{\partial u_l^s}{\partial x_k} \right) \tag{3}$$

次に，流体相の流れ場に関する支配方程式は，微小振幅の振動とすると，線形化 Navier-Stokes の方程式で表され，流体相の速度を v_i^f，粘性係数を μ^f とすると以下のようになる。

$$\rho^f j \omega v_i^f = \frac{\partial \sigma_{ij}^f}{\partial x_j} \tag{4}$$

$$\sigma_{ij}^f = -p^f \delta_{ij} + 2 \mu^f \varepsilon_{ij}^f - \frac{2}{3} \mu^f \delta_{ij} \dot{\varepsilon}_{kk}^f \tag{5}$$

$$\dot{\varepsilon}_{kk}^f = \frac{1}{2} \left(\frac{\partial v_i^f}{\partial x_j} + \frac{\partial v_i^f}{\partial x_i} \right) \tag{6}$$

また，固体相の比熱は十分大きく，平衡状態での温度 T_0 を維持すると仮定すると，温度場は流体相のみを考慮すればよく，支配方程式は温度を τ^f とすると熱力学の第一法則より次式のように表せる。

$$- \frac{\partial q_i^f}{\partial x_i} = j \omega \rho_0^f C_v^f \tau^f + \left(j \omega \rho_0^f R \tau^f - j \omega p^f \right) \tag{7}$$

$$q_i^f = - k_{ij}^f \frac{\partial \tau^f}{\partial x_i} \tag{8}$$

ここで，C_v^f は定積比熱，R は気体定数，q_i^f は熱流速，k_{ij}^f は熱伝導率である。

なお，質量密度を δ^f とすると，流体相に関する質量保存則および状態方程式はそれぞれ次式で表される。

$$\rho_0^f \frac{\partial v_i^f}{\partial x_i} + j \omega \delta^f = 0 \tag{9}$$

$$\frac{p^f}{P_0} = \frac{\delta^f}{\rho_0^f} + \frac{\tau^f}{T_0} \tag{10}$$

8.2.2 多孔質材に拡張した均質化法

漸近展開に基づく均質化法の一般的な手順にしたがい，u_i^s，v_i^f，p^f，τ^f，δ^f の漸近展開形を支配方程式に代入し，ε のオーダーごとに恒等式を立てミクロスケールでの応答を求める。

固体相の均質化された弾性テンソル $\langle c_{ijkl}^s \rangle$ は Terada らと同様に，次式より求めることができる。

$$\langle c_{ijkl}^s \rangle = \frac{1}{|Y|} \int_Y \left[c_{ijkl}^s - c_{ijpq}^s \frac{\partial x_p^{kl}(y)}{\partial y_q} \right] dY \tag{11}$$

第2章　自動車用制振・遮音・吸音材料の開発

ここで，$|Y|$ は多孔質体のユニットセル Y の体積，$\langle \ \rangle$ は Y における体積平均である。

$|Y^f|$ をユニットセル中の流体相 Y^f の体積とすると，等価密度 ρ^{fc} は次式で表すことができる。

$$\rho^{fc}_{ki} = \frac{1}{j\omega} \langle \xi^k_i(y) \rangle^{-1}_{Y^f} \tag{12}$$

ただし，$\langle \ \rangle_{Y^f}$ は Y^f における体積平均である。すなわち，等価密度はミクロスケールにおける流体相の相対速度 $\xi^k_i(y)$ から算出することができる。

また，流体の等価体積弾性率はミクロスケールにおける流体相の温度分布 $\zeta(y)$ から算出することができ，次式のように表すことができる。

$$K^f = \frac{\gamma P_0}{\gamma - (\gamma - 1)\langle \zeta(y) \rangle_{Y^f}} \tag{13}$$

これらの等価特性を以下のマクロスケールの支配方程式に用いることで吸音率などのマクロ特性を求めることができる。

$$\frac{\partial \sigma^s_{ij}}{\partial x_j} + \rho \omega^2 u^s_i - \rho^f \omega^2 d^k_i u^s_k - j\omega d^k_i \frac{\partial \psi^f}{\partial x_k} + j\omega \phi \frac{\partial \psi^f}{\partial x_i} - j\omega k^H_{ij} \frac{\partial \psi^f}{\partial x_j} = 0 \tag{14}$$

$$\frac{d^k_i}{\rho^f} \frac{\partial^2 \psi^f}{\partial x_k \partial x_i} + \omega^2 \left(\theta^f + \frac{\phi}{K^f} \right) \psi^f - j\omega d^k_i \frac{\partial u^s_k}{\partial x_i} + j\omega \phi \frac{\partial u^s_i}{\partial x_i} + j\omega \theta^{s,pq} \varepsilon_{pq}{}^s = 0 \tag{15}$$

なお，d^k_i，k^H_{ij}，$\theta^{s,pq}$，θ^f はミクロスケールの結果を体積平均したものであり，詳細は文献 [8~10] を参照されたい。

8.3　Biot パラメータの同定

Biot パラメータとは，Biot のモデルにおいて多孔質材の特性を表現するパラメータであり，このパラメータを用いることで吸音率を予測することができる。Biot パラメータは固体相の特性として，ヤング率 E，ポアソン比 ν，損失係数 η，密度 ρ の4種類，流体相の特性として，空気流れ抵抗 σ，空孔率 ϕ，迷路度 a_∞，粘性特性長 Λ，熱性特性長 Λ' の5種類，の合計9種類ある。これらのパラメータを均質化法による吸音率手法と最小二乗法から求める方法を提案する。材料（基材）の特性から損失係数はすぐに分かるため，次項から，空孔率，密度，流れ抵抗，熱的特性長，粘性特性長，迷路度，ヤング率，ポアソン比の同定方法を説明する。

8.3.1　空孔率

空孔率は全体積 Y に対する流体相の体積 Y^f の比として定義される。これは微視構造モデルが与えられれば，次の式を用いることで直接計算することができる。

$$\phi = \frac{|Y^f|}{|Y|} \tag{16}$$

8.3.2　密度

密度は空孔率と基材の密度 ρ^s の比として定義される。これは，空孔率が与えられれば，次の式を用いることで直接計算することができる。

$$\rho = \frac{\rho^s}{1-\phi} \tag{17}$$

8.3.3 流れ抵抗

非常に遅い速度で空気の流れが与えられているとしてBiotのモデルを定義すれば，空気の透過性である空気流れ抵抗は次のように与えられる。

$$\sigma_{ij} v_{\mathrm{i}} = -\frac{\partial p}{\partial x_j} \tag{18}$$

一方，等価速度は均質化法を用いることで次式によって与えることができる。

$$\langle w_i^0 \rangle_{Y^f} = \langle \xi_i^j(y) \rangle_{Y^f} \left(-\frac{\partial p^{(0)}}{\partial x_j} \right) \tag{19}$$

ここで(18)(19)式を比較することで，次式のように流れ抵抗は直接予測することができる。

$$\sigma_{ij} = \langle \xi_i^j(y) \rangle_{Y^f}^{-1} \tag{20}$$

8.3.4 迷路度と特性長

迷路度と二つの特性長はBiotモデル固有のパラメータであるため，均質化法によって直接計算することができない。したがって，流体相の等価特性を介することでこれらのパラメータを同定する。まず，(21)式で定義される熱的特性長は(13)式の等価体積弾性率にLevenberg–Marquardt法というカーブフィッティングを用いることで同定することができる。

$$K^f = \frac{\gamma^f p^f}{\gamma^f - (\gamma^f - 1)\left[1 + \frac{8\nu'}{j\omega\Lambda'^2} H(\omega) \right]^{-1}},\quad H(\omega) = \left(1 + \frac{j\omega\Lambda'^2}{16\nu'} \right)^{\frac{1}{2}} \tag{21}$$

迷路度と粘性特性長は(22)，(23)式で定義されている。つまり，一つの式に二つの未知パラメータがある。そこで，迷路度を先に求めてから粘性特性長を求める方法を提案する。

まず，Biot理論の固体相と流体相の境界における粘性減衰を考慮した流体相の等価密度は次のように表される。

$$\rho^{fc} = \rho_0^f \alpha_\infty \left[1 + \frac{\sigma\phi}{j\omega\rho_0^f \alpha_\infty} G(\omega) \right] \tag{22}$$

$$G(\omega) = \left(1 + \frac{4 j\omega\nu}{\Lambda^2} \frac{\rho^{f2}}{\sigma^2} \right)^{\frac{1}{2}} \tag{23}$$

ここで，(22)式において $\nu \ll 1$，$\omega \rightarrow \infty$ と仮定すると等価密度は次のように表される。

$$\rho^{fc} = \rho_0^f \alpha_\infty \tag{24}$$

(24)式に均質化法で求めた等価密度を代入することで迷路度を求めることができる。次に(25)式で定義される粘性特性長は(12)式の等価密度にLevenberg–Marquardt法を用いることで同定することができる。

第2章　自動車用制振・遮音・吸音材料の開発

$$\rho^{fc} = \phi \rho^f + (a_\infty - 1) \phi \rho^f + \frac{\sigma \phi^2}{j\omega} G(\omega), \quad G(\omega) = \left(1 + \frac{4 j \omega \nu}{\Lambda^2} \frac{\rho^{f2} a_\infty^2}{\sigma^2 \phi^2}\right)^{\frac{1}{2}} \tag{25}$$

8.3.5　ヤング率とポアソン比

Biot 理論では線形弾性体と仮定し，弾性テンソル c_{ijkl} は Lamé's の定数 λ, μ を使って次のように表される。

$$c_{ijkl} = \begin{bmatrix} \lambda + 2\mu & \lambda & \lambda & 0 & 0 & 0 \\ \lambda & \lambda + 2\mu & \lambda & 0 & 0 & 0 \\ \lambda & \lambda & \lambda + 2\mu & 0 & 0 & 0 \\ 0 & 0 & 0 & \mu & 0 & 0 \\ 0 & 0 & 0 & 0 & \mu & 0 \\ 0 & 0 & 0 & 0 & 0 & \mu \end{bmatrix} \tag{26}$$

ここで，λ, μ はヤング率 E，ポアソン比 ν を用いると $\lambda = \frac{\nu}{(1+\nu)(1-2\nu)} E$, $\mu = \frac{1}{2(1+\nu)} E$ で表される。また，等価弾性テンソル $\langle c_{ijkl}^s \rangle$ は次式で与えられる。

$$c_{ijkl}^s = \frac{1}{|Y|} \int_Y \left[c_{ijkl}^s - c_{ijpq}^s \frac{\partial \chi_p^{kl}(y)}{\partial y_p} \right] dY \tag{27}$$

(26)式に最小二乗法を適用することで E, ν が求められる。c_{1111}, c_{2222}, c_{3333} を c_1, c_2, c_3 とし，c_{1122}, c_{1133}, c_{2233} を c_4, c_5, c_6 とし，c_{2323}, c_{3131}, c_{1212} を c_7, c_8, c_9 とすると，最小二乗法を適用した式は次のようになる。

$$\frac{\partial f}{\partial E} =$$

$$\sum_{i=1}^{3} \left\{ 2 \left(-\frac{1-\nu}{(1+\nu)(1-2\nu)} \right) \left(c_i - \frac{(1-\nu)E}{(1+\nu)(1-2\nu)} \right) \right\}$$

$$+ \sum_{i=4}^{6} \left\{ 2 \left(-\frac{\nu}{(1+\nu)(1-2\nu)} \right) \left(c_i - \frac{\nu E}{(1+\nu)(1-2\nu)} \right) \right\}$$

$$+ \sum_{i=7}^{9} \left\{ 2 \left(-\frac{1}{2(1+\nu)} \right) \left(c_i - \frac{(1-\nu)E}{2(1+\nu)} \right) \right\} = 0 \tag{28}$$

$$\frac{\partial f}{\partial \nu} =$$

$$\sum_{i=1}^{3} \left\{ -2 \left(\frac{2E}{(3(1+\nu)^2} - \frac{2E}{3(1-2\nu)^2} \right) \left(c_i - \frac{(1-\nu)E}{(1+\nu)(1-2\nu)} \right) \right\}$$

$$+ \sum_{i=4}^{6} \left\{ -2 \left(\frac{-E}{3(1+\nu)^2} + \frac{-2E}{3(1-2\nu)^2} \right) \left(c_i - \frac{\nu E}{(1+\nu)(1-2\nu)} \right) \right\}$$

$$+ \sum_{i=7}^{9} \left\{ -2 \left(-\frac{E}{2(1+\nu)^2} \right) \left(c_i - \frac{E}{2(1+\nu)} \right) \right\} = 0 \tag{29}$$

(28)(29)式の連立方程式を解くことによって E, ν を得ることができる。

105

8.4 Delany-Bazley モデル

1970年に Delany-Bazley [12] が多孔質体の音響的特性に着目し，特性インピーダンスと伝播係数で多孔質体をモデル化した。このモデルは空気流れ抵抗をパラメータとして表現されているが，繊維系吸音材において，広い周波数で精度良く予測できるため，広く適用されている。そのため，Delany-Bazley モデルについて説明し，後の項でこのモデルと均質化法の微視構造モデルの吸音率を比較する。

Delany-Bazley モデルは実験的に導かれており，特性インピーダンス Z_c と伝播係数 k は次式で表現されている。

$$Z_c = \rho_0 \times c_0 \left[1 + 9.08 \left(10^3 \frac{f}{\sigma} \right)^{-0.75} - j\, 11.9 \left(10^3 \frac{f}{\sigma} \right)^{-0.73} \right] \tag{30}$$

$$k = \frac{\omega}{c_0} \left[1 + 10.8 \left(10^3 \frac{f}{\sigma} \right)^{-0.70} - j\, 10.3 \left(10^3 \frac{f}{\sigma} \right)^{-0.59} \right] \tag{31}$$

ここで，ρ_0 は空気の密度，c_0 は音速，ω は角周波数，σ は空気流れ抵抗（Ns/m^4）である。

8.5 解析モデル

8.2項で述べた方法を用いて多孔質体の解析を行うためには，ユニットセル（ミクロスケール）の有限要素モデルを作成する必要がある。そのため，実際に吸音材として用いられている繊維系吸音材を参考にモデルの作成を行った。図1はポリエステル繊維で作られた吸音材を Scanning electron microscope (SEM) を使用し観察を行った写真である。繊維が直交するような吸音材を表現するために，図2で示すような周期的な微視構造を有する繊維材のユニッ

図1　SEMによる吸音材の観察画像

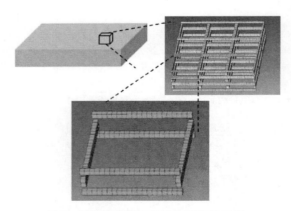

図2　繊維材料の微視構造有限要素モデル

第2章　自動車用制振・遮音・吸音材料の開発

表1　固体相の物性

property		
E	[Pa]	3.0864×10^7
ν	[−]	0.35
ρ	[kg/m^3]	285.7
η	[−]	0.2

表2　流体相（空気）の物性

property		
ρ_0	[kg/m^3]	1.193
c_0	[m/s]	345.5
μ	[Pa s]	182×10^{-5}
κ	[−]	0.35
C_p	[J/kg/K]	1006
γ	[−]	1.403

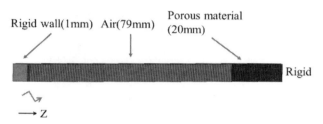

図3　音響管の有限要素モデル

トセルモデルを作成した。このモデルの繊維断面は矩形であり，繊維がxy方向に直交する構造をしている。入力した基材，空気の物性値は表1，2に示す。また，吸音率を算出するために用いた音響管モデルを図3に示す。

8.6　解析結果
8.6.1　ユニットセルサイズによる影響

モデルのユニットセルサイズを$10\,\mu m$，$50\,\mu m$，$100\,\mu m$，$200\,\mu m$，$400\,\mu m$と変更したときの吸音率を比較し影響を検討した。

例としてユニットセルサイズが$100\,\mu m$のモデルを図4で示す。吸音率を比較した結果を図5で示す。

図5より，ユニットセルサイズが小さいモデルだと吸音率が大きく波打つような傾向を示した。これは固体相の共振の影響が大きく出ているためだと考えられる。ユニットセルサイズが100，$200\,\mu m$のモデルは広い周波数域で高い吸音率を示したため，ユニットセルサイズ100〜$200\,\mu m$で最適な値があ

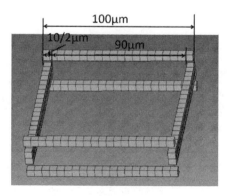

図4　微視構造の有限要素モデル

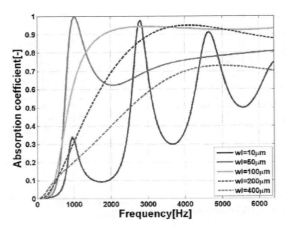

図5 セルサイズの吸音率への影響

表3 同定した Biot パラメータ

wl (μm)	10	50	100	200	400
E (kPa)	525	525	525	525	525
v (−)	0.167	0.167	0.167	0.167	0.167
ρ (kg/m^3)	20.0	20.0	20.0	20.0	20.0
η (−)	0.2	0.2	0.2	0.2	0.2
σ (kNs/m^4)	3664.2	269	67.3	16.8	4.2
ϕ (−)	0.93	0.93	0.93	0.93	0.93
a_∞ (−)	1.013	1.048	1.048	1.048	1.048
Λ (μm)	7.1	18.2	36.2	71.9	144.0
Λ' (μm)	7.2	25.2	50.1	96.8	185.9

ると考えられる。

8.6.2 Delany-Bazley モデルとの比較

前項で用いた解析モデルの Biot パラメータを同定することで，Delany-Bazley モデルの吸音率を計算し，均質化法で求めた吸音率と比較検証を行った。得られた Biot パラメータを表3で示す。

図6〜8より，ユニットセルサイズが50μm のモデルだと吸音率が乖離してしまった。しかし，ユニットセルサイズが100μm 以上のモデルだと吸音率がよく一致した。固体相を考慮しない投下流体モデルである Delany-Bazley モデルの吸音率と均質化法で求めた吸音率がよく一致したということは，ユニットセルサイズが100μm 以上のモデルでは固体相の影響が小さいと考えられる。逆に50μm のモデルは固体相の影響が大きいと考えられる。

第2章　自動車用制振・遮音・吸音材料の開発

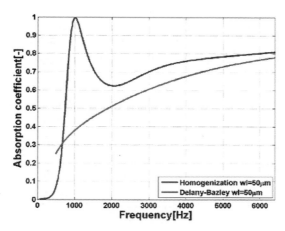

図6　均質化法と等価流体（Delany-Bazley モデル）との比較（wl＝50μm）

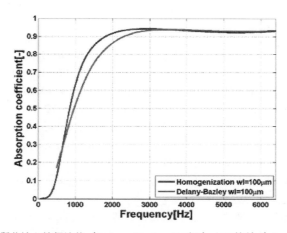

図7　均質化法と等価流体（Delany-Bazley モデル）との比較（wl＝100μm）

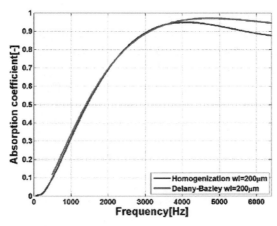

図8　均質化法と等価流体（Delany-Bazley モデル）との比較（wl＝200μm）

109

8.7 まとめ

　均質化法を用いて多孔質材微視構造の吸音率予測を行った。また，Biot パラメータの同定を行い，Delany-Bazley モデルの吸音率と均質化法による吸音率を比較した。その結果を以下にまとめる。

　繊維系吸音材のユニットセルサイズによる影響を検討した結果，ユニットセルサイズが小さいと吸音率が大きく波打つような傾向を示すことが分かった。

　Biot パラメータの同定を行い，Delany-Bazley モデルとの吸音率を比較した結果，ユニットセルサイズが小さいモデルだと値が乖離してしまったが，ユニットセルサイズが大きいモデルだと値がほぼ一致した。

文　　献

1)　Biot, M.A., *Journal of Acoustical Society of America*, **28**, 168-178 （1956 a）

2)　Biot, M.A., *Journal of Acoustical Society of America*, **28**, 179-191 （1956 b）

3)　Johnson, D.L., Koplik, J. and Dashen, R., *Journal of Fluid mechanics*, **176**, 379-402 （1987）

4)　Champoux, Y. and Allard, J.F., *Journal of Applied Physics*, **70**, 1975-1979 （1991）

5)　Allard, J.F., "Propagation of Sound in Porous Media", Elsevier Applied Science （1993）

6)　Gao, K., van Dommelen, J.A.W., Geers, M.G.D. and Göransson, P., 21st International Congress on Sound and Vibration ICSV 21 （2014）

7)　Terada, K., Ito, T. and Kikuchi, N., *Computer Methods in Applied Mechanics and Engineering*, **153**, 223-257 （1998）

8)　山本崇史，丸山新一，泉井一浩，西脇眞二，寺田賢二郎，日本機械学会論文集（C 編），**77**(773)，75-88 （2011）

9)　山本崇史，丸山新一，泉井一浩，西脇眞二，寺田賢二郎，日本機械学会論文集（C 編），**76**(768)，2039-2048 （2010）

10)　Yamamoto, T., Maruyama, S., Terada, K., Izui, K. and Nishiwaki, S., *Computer Methods in Applied Mechanics and Engineering*, **200**, 251-264 （2011）

11)　寺田賢二郎，菊池昇，均質化法入門，丸善 （2003）

12)　Delany, M.E., Bazley, E.N., *Applied Acoustics*, **3**, 105-116 （1970）

第3章　自動車における騒音制御

1　自動車で発生する音の性質と吸遮音材の要求特性

丸山新一*

1.1　自動車で発生する音とその性質

　自動車の騒音は，路面の凹凸，燃焼による圧力変動など様々な原因によって発生する。騒音の制御は，構造の固有値とモード形を適切に設計すること，防振機構，制振材を利用するといった振動に関わる対策と，遮音材と吸音材など直接的に音を低減する対策によって実現されている。振動を抑えることの目的は，最終的に騒音の抑制を目的としていることが多い。また，振動源となっているユニットは複数の車両で共用されるのが一般的であり，個別の車両の開発においては振動よりも騒音の抑制に多くの時間が割かれている。

　自動車には次の4種類の代表的な騒音があり，それぞれ固体伝播騒音と空気伝播騒音に分けて騒音対策を検討している。ロードノイズは車両以外に入力源がある騒音，加速時騒音は車両自身に入力源がある騒音，空力騒音は空気の流れに起因する騒音の代表である。

- ロードノイズ：タイヤ，サスペンションの振動に起因する騒音
- 加速時騒音：パワートレインに起因する騒音
- 空力騒音：乱流に起因する騒音
- 異音：ビビリ，摩擦，原因不明の振動などに起因する騒音

固体伝播騒音は力が構造を加振する騒音であり加振力は力，空気伝播騒音は音が構造を加振する騒音であり加振力は体積変化である（図1）。

　ロードノイズの場合，サスペンションから伝播する振動で発生する騒音が固体伝播騒音，タイ

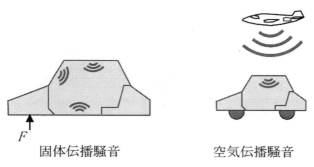

図1　固体伝播騒音と空気伝播騒音

＊　Shinichi Maruyama　京都大学大学院工学研究科機械理工学専攻　研究員

ヤの接地面近傍から放射された騒音が，車体の振動と車体パネルの隙間を介して車室に伝播するのが空気伝播騒音である（図2）。

1.2 騒音の抑制方法と対策手順

騒音低減の手段は，低い周波数については車体の特性の適正化，中周波と高周波は防振，制振，吸遮音の組み合わせが中心となる。防振，制振，遮音，吸音の言葉の使い方は，分野によって少し違っている。自動車の場合の一般的な言葉の使い方を次に示す。

- 防振：防振効果を利用して振動レベルを下げる
- 制振：構造の振動を熱に変換して振動レベルを下げる
- 遮音：防振効果を利用して体積変化（音響的な加振力）を下げることで音圧レベルを下げる。建築業界の使い方と少し異なる
- 吸音：空気の振動（＝音）を熱に変換して音圧レベルを下げる

防音パッケージ（図3）を構成するダッシュインシュレータ，フロアカーペットは代表的な遮音材であり，車体パネルが振動しても遮音材表面の振動レベルを低く保つことで騒音の放射を抑

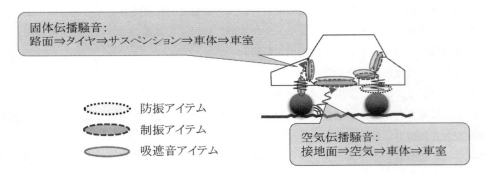

図2　ロードノイズの発生と対策

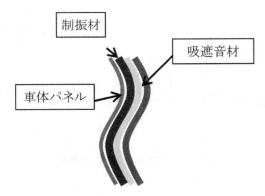

図3　自動車の代表的な防音パッケージ

第3章　自動車における騒音制御

える効果を狙った部品である。遮音材の設計で注意すべきことは，遮音性能が使われている材料の特性よりも，システムとしての特性に依存していることである。遮音材を構成するばねとしては一般的に吸音材が利用されるが，吸音率が高いからといって遮音性能が優れているとは限らない。共振周波数を低減すべき音の周波数よりも低めにとることがより重要である。

遮音材は同時に，マスの効果，制振効果，吸音効果も持っている。部品単品の遮音特性と，車両に適用した時の効果が対応しないことがしばしば起こるのは，遮音効果以外の特性が原因となっている可能性が高い。

また，シートクッションのように本来騒音低減を狙いとした部品ではないものも，制振，遮音，吸音の効果があることが知られている。遮音材だから遮音特性，吸音材だから吸音率さえ把握していれば十分というわけではない。遮音材，吸音材といった言葉だけにとらわれず，どの周波数でどのような影響があるかを知っておくことが必要である。

自動車開発における内部騒音検討の手順を図4に示す。初めに，実稼働状態での耳位置での目標値を設定し，車体，サスペンション，エンジンといったコンポーネントの目標値に分解していく。各コンポーネントの目標値を厳密に割り付けることは理論的に難しいため，前型車の特性に対する相対的な値を設定するなど，過去の経験を活かした方法が用いられる。次に各コンポーネントの目標値を満たすように部品の仕様を決めていく。これも多くは過去の経験に基いた作業になる。

設定した部品の仕様で目標を達成できるかは，有限要素法を中心とした解析，あるいは試作車を用いた実験により確認する。

例えば，ロードノイズの固体伝播成分の検討の具体的な手順は図5のようになる。車両の目標値をコンポーネントの目標値に展開する段階では，前型車の特性を利用した伝達寄与分析が使わ

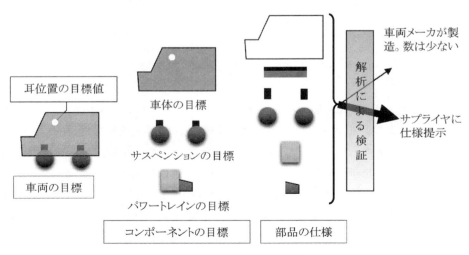

図4　内部騒音検討の手順

自動車用制振・遮音・吸音材料の最新動向

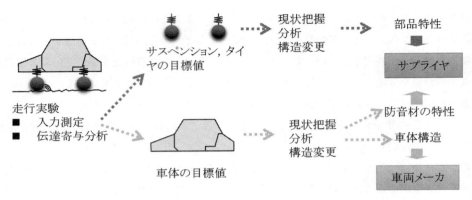

図5 ロードノイズ検討手順

れる．伝達寄与分析には，走行時の車体への入力の寄与を求める方法と，走行時の加速度に対する寄与を求める方法がある．(1)式は結合点の入力 f_n に対する寄与の式，(2)式が結合点の加速度 a_n に対する寄与の式である．f_n，a_n は耳位置での音圧と相関がある成分を用いる．

$$p = H_1 f_1 + H_2 f_2 + \cdots + H_n f_n \tag{1}$$

$$p = G_1 a_1 + G_2 a_2 + \cdots + G_n a_n \tag{2}$$

H_n は入力に対する音響感度，G_n は加速度に対する音響感度である．それぞれの意味は，(3)，(4)式に示すように，1点1方向に単位入力または単位加速度を与えた場合を考えると理解しやすい．H_n は入力が1以外の全ての結合点を拘束しない場合の音圧，G_n は加速度が1以外の結合点を全て拘束した場合の音圧に一致する．通常，車体の目標値としては H_n を用いる．実験で G_n を測定することは事実上不可能であり，目標を達成しているかの確認ができないという問題がある．

$$p = H_1 \cdot 0 + H_2 \cdot 0 + \cdots + H_n \cdot 1 \tag{3}$$

$$p = G_1 \cdot 0 + G_2 \cdot 0 + \cdots + G_n \cdot 1 \tag{4}$$

サスペンションユニットは入力のレベルを目標値とする．車を開発する場合，ユニットは車体よりも早い時期に開発がほぼ終了しているため，車種ごとに基本特性を変更することは難しい．車両全体の目標値を考慮して，タイヤ，ブッシュのばね特性，減衰特性を選定する．ただし，サスペンションは車体に比べて非線形性が強いこと，入力は車体の振動特性にも依存し，サスペンション単体では決まらないことなどの事情により，目標値の精度は車体よりも低いのが現状である．

また，耳位置の音に対する寄与は，耳位置音圧と相関が高い成分で処理することが一般的になっていることからも分かるように，最終的には車両が完成しないと目標値が適切なものであったかを判断することは難しい．音の寄与を計算するときの入力が吸音材，遮音材の特性によって

第3章　自動車における騒音制御

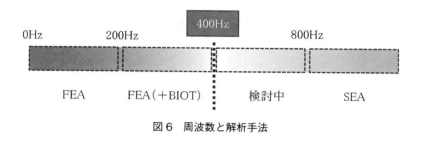

図6　周波数と解析手法

変化しうるということが，車両にとって最適な吸遮音材を選択する工程に試行錯誤的な部分を残す一因となっていると考えている。

　車体の目標値を達成するための検討方法は，周波数によって異なっている（図6）。低い周波数は有限要素法，高い周波数はSEAが適している。現在の技術のレベルでは，車体解析の上限周波数は200 Hz程度であり，すべての目標値が解析で確認できるわけではない。デジタル開発に移行したメーカは，試作車を用いた実験ができないため，解析が適用し難い領域は，振動特性の管理，SEA（Statistical Energy Analysis）などの実験的な方法の併用，および，遮音材単体の遮音性能，吸音性といった部品レベルの特性の検討を行っている。以前は前型車を使った実験が行われる機会も多かったが，今は先行開発の段階を除いてほぼなくなっている。

　有限要素法の解析では，最初に周波数特性を計算し目標値との比較を行う。全ての特性が目標値をクリアすると解析は終了となる。計算結果が目標値に収まっていない場合，次に，実稼働モード，耳位置音圧に対するパネル寄与，モード寄与を計算し要因を分析する。

　車体の構造は分析結果に基づいて変更する。一回では収束しないのが一般的であり，数百回の計算を実行することもある。要因分析の方策はある程度確立されているが，構造変更は試行錯誤的な部分を多く残している。収束までの時間，変更された構造のコスト，質量は，個人の経験，ノウハウ，センスに依存しているのが現状である。最適化技術は話題にはなるが，実際に活用された事例は少ない。

　最終ロットの解析が終了すると，工場で使う正規の型の試作に移行し，これ以降大幅な変更はできない。事実上の開発終了となる。最終的な音の性能は正規型で試作した車両により確認する。実車でしか確認できない性能もあり，解析ですべてが完了するわけではないが，最後まで変更の余地を僅かながら残している吸遮音材においても，実車を使った実験で検討する項目は確実に減っている。

　現時点で吸音材，遮音材を考慮した解析は限定的である。解析の上限周波数を上げるとともに，解析に必要な材料特性を収集しておくことが必要である。また，吸音率，遮音度といった従来の指標ではなく，計算の入力データして直接利用可能な材料特性を測定する手法の開発を加速することも必要である。さらに今後は，解析により吸音材，遮音材の最適な特性を求め，解析で求めた特性を持つ吸音材，遮音材を創り出す技術が重要になっていくと考えられる。

2　自動車におけるサウンドデザインと音質評価技術

山内勝也[*]

2.1　はじめに

　自動車 NVH 開発において，旧来の騒音振動対策に収まらない課題への取組が求められてきている。制振，遮音技術の向上によって，自動車内は静かになっているが，さらなる静音化とともに，積極的な音の利用を目指した「サウンドデザイン」の重要性が増している。本節では，自動車におけるサウンドデザインの基礎として，車室内環境における音の重要性と設計の必要性を整理する。また，サウンドデザインのための音質評価技術について，実例を交えながら紹介する。

2.2　自動車のサウンドデザイン～音の価値の積極的な活用～

2.2.1　サウンドデザインとは何か？

　そもそも「デザイン」とは何を意味するのか？

　「デザイン」という言葉は，表面的な見栄えや修飾の工夫という側面に矮小化して理解されることがある。しかし本来，デザインとは，設計，計画という日本語と対応するものでもあり，表面的な工夫に留まるものではない。ここで，しばしば引用されるデザインの定義を紹介したい。

　　"デザインとは，特定の環境下のさまざまな制約のもとで目的を達成するために，利用可能
　　な要素群を用いて要求群を満足する対象の仕様を示すこと[1]"

　デザインとは，多くの問題を学際的に取り組む戦略的アプローチである。多くの場合，その中に，芸術的，美的側面からの制約も含まれる。音のデザインを考える場合には，聴覚の美的感性，つまり音楽的感性と音響工学を繋ぐ学際的な取り組みが求められる。

　デザインとは，つまり，具体的な問題を解決するための総合的な計画である。不要な音，過剰な音をエネルギ的に制御，抑制することもサウンドデザインの一側面であるが，これに留まらない。用途に合わせた，最適な計画を探求することが求められる。

2.2.2　単純な抑制からデザインへ

　車室内音環境設計を考える際，車室内の「騒音」として言及されることが多い。一般に，騒音とは，「不快で好ましくない音」として定義される。騒音，つまり不要な音を除去・制御することは，車室内音環境設計の一面である。しかし，近年では，このようなアプローチだけでなく，創造的デザインの需要も高まってきている。

　走行中の車室内で聴取される音の多くは，駆動系騒音や空力騒音であることは広く知られている。より静かで快適な車室内環境を求めるとともに，車外騒音低減などの環境的要請から，駆動系騒音はより小さくなってきている。さらに，電気自動車やハイブリッド自動車，水素燃料自動車などの次世代の電動駆動車両では，駆動系由来の音は，従来の内燃機関自動車よりずっと静か

---

　[*]　Katsuya Yamauchi　九州大学　大学院芸術工学研究院　准教授

第 3 章　自動車における騒音制御

である。そのため，その走行音をデザインして積極的に提供しようというニーズが生まれている。

さらに，詳細は 2.5.3 項で詳しく論ずるが，タイヤ路面系の騒音も低減される可能性がある。そのために，これまで駆動系・タイヤ路面系の走行騒音によってマスクされていた音，例えば空調や各種補機類の稼働音などが顕在化し，不快感を誘発することも指摘されつつある。適切な走行音を車室内に提供することで不要な音をマスクし，不快感を低減や快適な室内音環境を実現する設計も期待されている。

車室内音環境の構成要素には，各種のサイン音も挙げられる。適切な情報提供のためのサイン音デザインも，今後重要性を増してくるであろう。

2.3　音の心理的側面

音には，媒質中の弾性波としての物理的「音」という側面と，それによって引き起こされる聴覚的印象としての心理的「音」という側面がある。その両面からの理解を探求するのが音響学である。音の心理的側面は特に，心理音響学として知見がまとめられてきた。サウンドデザインを考える場合，これまで以上に，心理音響に基づいた知見の理解と活用が重要になる。本項では，その中でも音の大きさや音色の知覚に関連する基礎知識を概説する。

2.3.1　音の遮蔽（マスキング）

自動車内で聴取される音は多様であるが，その時間特性や周波数特性は音源によって異なる。そして全ての音源が聴き取れるわけでなく，一部の大きな音に隠されることが多い。このような，対象となる音の聴き取りが，それ以外の音によって影響されて聞き取れなくなる心理現象はマスキングと呼ばれる。

自動車内音環境を構成する音の一部が問題となる場合とともに，積極的なサウンドデザインとして，一部の音を聞かせたい場合もある。その際には，問題となる音をマスキングすること，もしくは聞かせたい音がマスキングされないことを目的とした音響設計が求められる。

マスキングとは，「他の（マスクする）音の存在によって，ある音の聴覚域値が上昇する現象」[2] とされる。聴覚閾値とは，音が聴き取れる最小音圧のレベルであり，上述の定義を言い換えるなら，他の音の影響によって音が聞き取れるためにより高い音圧レベルが必要になるということである。マスキングには，同時に存在する音同士が干渉する同時マスキングと，時間的に前後の音が影響する非同時（経時）マスキングがある。ただし，非同時マスキングの効果は同時マスキングに比べて小さく，影響を及ぼす時間も短い。

マスキングの性質は，定常音の音質や音色の違いを知覚するメカニズムとも密接に関連する。以下では，サウンドデザインの基礎として，聴覚の性質について概説したい。

2.3.2　聴覚器の周波数選択性

図 1 は人間の聴覚器の構造略図である。構造的には，外耳，中耳，内耳の 3 部に分けられる。外耳は，耳介で集めた音のエネルギを，外耳道を経て鼓膜に伝える。ここで，外耳道の音響管と

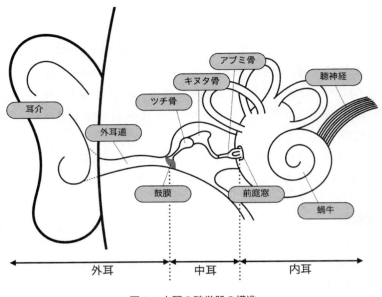

図1　人間の聴覚器の構造

しての振る舞いによる共鳴によって，鼓膜での音圧は 2～7 kHz の周波数帯域が増幅される。共鳴のピークは 2.5 kHz 程度である。さらに，鼓膜の振動は，中耳にある耳小骨と呼ばれる3つの骨（鼓膜側から，ツチ骨，キヌタ骨，アブミ骨）を経て，内耳の入口である前庭窓へと伝達される。耳小骨の働きと，鼓膜と前庭窓の面積比によって，空気の固有音響インピーダンスと蝸牛内のリンパ液のそれとのインピーダンス整合がとられる。この中耳による伝達も周波数依存し，500 Hz～4 kHz が増幅される。

蝸牛は固い骨で覆われ，中はリンパ液が満たされた渦巻状の器官である。蝸牛内部は，前庭膜と基底膜によってリンパ液が分割されている。基底膜は，前庭窓側では固定されているが，蝸牛の奥の蝸牛頂側は固定されていない。前庭窓に伝えられた音響振動は，リンパ液を介して基底膜の振動へと変換される。その際，基底膜の振動は前庭窓から蝸牛頂への進行波となり，基底膜上の神経細胞を興奮させる。この時，進行波が最大となる場所は周波数に依存し，高周波の振動は前庭窓側が，低周波の振動は蝸牛頂側が最大となる。さらに，基底膜上の神経細胞の働きによって鋭い周波数選択性や広いダイナミックレンジを実現している。

2.3.3　聴覚フィルタと臨界帯域

このような蝸牛の機構によって，聴覚系は一種の周波数分析器と見ることができ，その様子は，基底膜の位置ごとに中心周波数と帯域幅の異なるバンドパスフィルタが並んでいるようにみなされる。このようなフィルタは聴覚フィルタと呼ばれる。その帯域幅は臨界帯域幅と呼ばれる。臨界帯域幅は，周波数帯域によって異なり，500 Hz 以上では中心周波数と帯域幅がほぼ比例関係となる。聴覚フィルタは，周波数軸上に連続的に並ぶように想定されるものであるが，実

第3章　自動車における騒音制御

用的には，24個の隣接するフィルタ群としてモデル化される場合も多い。後述する音の大きさ
（ラウドネス）の推定などでは，実装上の簡便性から，臨界帯域を1/3オクターブバンドで近似
されることもある。その場合，低周波数域では1/3オクターブバンド幅と臨界帯域幅に相違が
大きいため，1/3オクターブバンドに分割後に複数のバンドを足し合わせて臨界帯域に合うよう
な後処理が施される。

　聴覚フィルタの働きにより，聴取している音の周波数スペクトルの情報を得ることができる。
また，2つの周波数成分の周波数差が臨界帯域幅より小さい時，成分同士は干渉を起こしてうな
りを生じるが，周波数差が臨界帯域幅より十分に広い場合には干渉は起こらない。

　聴覚フィルタの周波数特性は，中心周波数に対して非対称である。そのため，マスキングの効
果も周波数軸上で非対称になり，妨害音（マスカ）より低い周波数側ではその効果は急峻に減少
するが，高い周波数側では緩やかな傾きを持つ。

2.3.4　音の大きさ（ラウドネス）

　音の「大きさ」という心理量は，媒質の音圧を測定することによって得られる物理量である
「強さ」に対応する。一般に，音の大きさは「大きい―小さい」という尺度で表現される1次元
的な性質として理解される。単一の周波数成分を持つ音の場合，音の強さと大きさの関係は，他
の多くの心理量と同様に，べき法則に従う。音の大きさをL，音の強さをIとすると，その関係
は

$$L \propto I^n$$

で示される。nは音の大きさ固有のべき数であり，例えば，1 kHzの純音の場合では$n = 0.3$程度
となる。つまり，音圧レベルが10 dB増加するごとに大きさが2倍になる関係にある。

　複数の周波数成分を持つ音や，連続的な周波数スペクトルを持つ音の場合，音の大きさ（ラウ
ドネス）の推定には，同時マスキングの影響を考慮しなければならない。例えば，大きさの等し
い2つの音が周波数軸上で十分に（つまり，相互にマスキングの影響を受けない程度に）離れて
いる場合は，一方のみの場合の約2倍の大きさに知覚される。しかし，2音が周波数軸上で近接
した場合は，マスキングされた部分は大きさの増加に寄与しない。この現象を考慮したラウドネ
スの推定法は，ISO532シリーズ[3,4]として規格化されている。

　音の大きさと強さの対応関係は，周波数に強く依存する。すなわち，音の強さ（音圧レベル）
が同じでも，周波数によって大きさは異なって知覚される。純音の周波数を変化させ，等しい大
きさ（ラウドネス）に知覚される音圧レベルを結ぶと，1本の線が得られる。これが等ラウドネ
スレベル曲線[5]である。人間の聴覚の感度は，500 Hz～5 kHz程度の範囲より高い周波数領域，
および低い領域で低下している。この特性を反映するための聴感補正（A周波数重み付け特性）
を通した強さの表示は騒音レベル（A特性音圧レベル）[6]として，広く用いられている。また，
非定常音については，A特性音圧の時系列変化をエネルギ平均した等価騒音レベル（L_{Aeq}）[6]が
音の大きさと比較的よく対応することが知られている。

119

2.3.5　音の3属性

音の3属性とは，主観的な性質として音が有する3つの属性である「大きさ」「高さ」「音色」のことである[7]。

音の高さは，音の大きさと同様に，物理量と1次元的に対応する心理的性質である。4〜5 kHz程度以上の周波数では，高さの弁別が悪化したり，複合音の高さが知覚されなくなったりする現象が見られるが，自動車内で聴取される音など，日常的に経験される音の範囲では1次元的とみなせる。

一方で，音色は，複雑で多次元的な心理的性質を持つ。音色の印象的側面は，「明るい」「やわらかい」などのように形容詞を用いて表現されるが，その表現語は，3次元ないしは4次元の独立した因子によって説明されることが知られている[8]。代表的には，美的因子，金属性因子，迫力因子の3因子モデルがある。加えて，物理量との対応関係も複雑であり，周波数スペクトルのみならず，立ち上がりや減衰の時間特性，定常部の変動，成分音間の干渉，ノイズ成分の有無など，多様な物理特性が音色の違いを生じさせる。

音色の違いを評価する指標として，シャープネスやラフネスなどの心理音響指標がある[8]。近年は，これらを自動車の音質設計において活用する事例も増加している。

2.4　音質評価技術

よりよいサウンドデザインに到達するためには，一部のサウンドデザイナー（実際には，音や音楽に造詣のあるエンジニアがこれに当たる場合も少なくない）の経験やトライ・エラーの繰り返しに頼らざるを得ないのであろうか。創造的なデザイン活動の客観化や，その過程や背景の工学的記述を行うことは，他分野との横断的かつ総合的な設計において重要である。

そのためには，音の良し悪しや印象などの「主観」を「客観的」に評価する技術，つまり音質評価技術が必要である。主観の評価方法は，音に限ったことではなく，視覚をはじめとする他のモダリティと共通する部分も多いが，ここでは音を切り口に，その評価手法を紹介する。

2.4.1　音色と音質

評価技術の紹介に先立ち，「音色」と「音質」という類似する語について，理解を整理したい。これらは同義の言葉であるが，「音質」の方が歴史的には新しい。例えば，1955年発行の広辞苑の初版に「音質」は未掲載であるが，1969年発行の第2版から掲載され「声や音の良し悪し」と記述されている。「音質」は，対象が定まった上での音の印象であり，価値判断（音の良さ，悪さ）を含む場合が多い。一方，「音色」は，価値判断を含まず，ニュートラルな意味として用いられることが多い。JISの定義[2]でも，音色は「2つの音が，たとえ同じ音の大きさ及び高さであっても異なった感じに聞こえる時，その相違に対応する属性」とされるに留まっている。

2.4.2　音質評価のための注意点

音質評価では，設計対象の音について，物理量と心理量の関係性を理解することが求められる。音質の概念は，音色の印象的側面に価値判断を複合したものと捉えることができる。この心

第3章　自動車における騒音制御

理的性質を物理量と対応づけて理解することが，音質設計の第一歩となる。

　心理的性質，つまり主観的なものというと，曖昧でいい加減なものと誤解されることが少なくない。しかし，外的刺激に対する心理的反応について，これを科学的に測定する手法は，実験心理学の分野で確立されてきた。

　ただし，信頼性と妥当性のある心理測定のためには，測定の変動要因を正しく理解し，測定目的を損なわないように十分注意しなくてはならない。音の主観評価において注意すべき変動要因として，難波ら[9]は，「個人差」「時間的変動」など6つの事項を挙げている。本項では，これに著者の経験や知見を加えつつ，以下の5つの項目として説明を述べたい。

(1)　**個人差**

　個人の能力差は事前に検査し，統制することが重要である。例えば，視覚を用いて測定する際，被験者間で視力の差や色覚異常などがあれば，当然，結果に差が出てくる。聴覚の場合はオージオメータで聴力を検査することが望ましいが，一般的な定期健康診断での異常の有無をもって被験者の聴力レベルの判断とする場合もある。

　心理測定において個人差は必ず存在するものであるため，個人差を超えて存在する反応の系統的違いを測定することが肝要である。統計的に十分な人数の測定を行い，個人差が正規分布と見なせる場合は，個人差を誤差として取り扱える。一方，個人の嗜好や経歴などが被験者群の系統的差異と見なされる場合に，それ自体が研究・測定の対象となることもある。例えば，日欧での音質の好みの違いを知ることなどが挙げられる。事前知識として被験者群を分類できない場合でも，被験者の反応データの偏りからクラスタ分析などの統計的手法によって分類することもある。

(2)　**順序効果と学習効果**

　人間の状態は時々刻々変化する。一般に，心理実験では同じような刺激への反応を数多く繰り返すことが多い。それによる疲労や単調感は弁別力を悪くする。被験者の状態を考慮し，適当な休憩を挟んだり，課題数を少なくするなどの配慮が重要となる。課題数を減らすための方法として，実験条件を被験者間で比較する計画にすることも検討すると良い。

　一方，繰り返しによって刺激や課題に慣れることもある。このような練習効果は弁別力を良くする。このような傾向を持った変化は，刺激提示順序をランダマイズしたり，被験者間でカウンターバランスするなどで対策する。

(3)　**うその反応**

　人間はときとして嘘をつく。被験者と実験者との信頼関係を構築し，被験者が真面目に実験に参加するよう努力することは，意図的な嘘の反応を回避するために重要である。それでも，疲労による集中力の欠落や，無意識のミスによって，嘘の反応が現れることは完全に排除できない。実験は，このような被験者の反応を適切に除外できるように計画するべきである。

　実際には，一連の実験試行を複数回繰り返し，その反応の分布から，外れ値を除外することなどで対応する。例えば，刺激群に対する2回の判断の相関係数を求め，有意な相関が認められな

かった被験者のデータを除外するなどの対応が取られる。尺度評価の場合には，2回の尺度評価値の差が一定以上である（例えば，7段階評価で差が3以上など）データを除外することも行われる。著者の経験的には，このような除外処理で10〜25%程度のデータが除外される。少なくない損失とも見えるが，不適切なデータが含まれることによって本来存在する系統差が観察される機会を失うことに比べれば小さな損失である。

実験の条件数や，提示刺激の時間長によっては，繰り返しの試行が難しい場合もある。その場合は，刺激系列中に同じ刺激を間を置いて2回提示し，この2回の刺激に対する反応を利用する。2回の反応の差が大きい場合にその被験者のデータを除外したり，相関を見ることで信頼性の指標とする。

（4）教示

測定を行う前には，被験者に測定手続きについて詳しい指示を与える。被験者への指示やその内容のことを教示と呼ぶ。これは，安全で円滑な実験実施のためであるのはもちろん，評価指標（尺度）の解釈や，どのような環境でその音を聴くことを想定して評価するのかなど，実験に臨む上での理解を被験者間で共通化させるためでもある。一連の実験を通して，実験実施者が1名であったとしても，繰り返し説明を行ううちに内容が変化することを避けるため，文書化して共通した教示を行うことが重要である。教示が不十分であったり，被験者によって異なる教示であったりすると，測定結果は歪む。

教示内容は事前に十分検討し，教示の全文を紙に記載して，実験の際にはこれを読み上げるなど，慎重さが求められる。

（5）被験者の動機づけ

被験者が実験に対して，真摯に参加することが，安定した信頼性のある測定のためには重要になる。そのためには，謝金を支払うなどの金銭的動機づけや，実験者との人間関係（ラポール）を良くするなどの工夫をする。ただし，その目的のあまり，被験者が実験者が期待する結果を忖度し，実験者の望む反応をとるほどにならないよう注意する必要もある。

2.4.3 測定の尺度水準

主観評価実験の手法の紹介に先立ち，測定の尺度水準を説明しておく。尺度水準は，一般に，以下の4つの水準で理解される。なお，文中で紹介される各種統計手法については，専門書[10]や統計分析ソフトウエアの参考書[11, 12]を参照されたい。

（1）名義尺度

数字を単なる名前として割り振るものである。例として，背番号，バスの系統番号，アンケート選択肢（例えば，職業や居住地）の番号などが挙げられる。尺度数値の四則演算に意味はないが，各群の頻度や比は意味を持つ。カテゴリの観測度数と期待度数の比較を行うχ^2検定などが適用できる場合がある。

（2）順序尺度

対象に割り振られた数字が性質の順序を表す。例えば，レースの順位，鉱物の硬度（モース尺

度），品質等級（2級，1級）などがこれにあたる。名義尺度と同様に四則演算は無意味であり，順序尺度の代表値は最頻値や中央値で表される。各カテゴリに属する対象の個数を分割表で表すことができ，変数間の順位相関や関連性の尺度（Cramer の V 係数）などを適用できる。

⑶　間隔尺度

順序尺度の性質に，差が等しいという性質を加えたもの。摂氏温度や海抜高度は間隔尺度である。値の比に意味はないが，値の差および差の比には意味がある。加算減算が可能であり，平均値，標準偏差，t 検定，F 検定などの統計処理が適用できる。アンケートの選択肢回答（好みの度合いを 1〜5 点で問うようなものなど）は，本来は順序尺度である。ただし，点数化して平均値を求めるなどのように間隔尺度として扱う際には，選択肢の等間隔性の保証が必要である。

⑷　比率尺度

間隔尺度の性質を満たし，その中のペアの比にも，乗除の演算にも意味があるもの。絶対零点を有する。ほとんどの物理学的量（質量，長さ，エネルギなど）がこれにあたる。あらゆる数学的処理が可能である。

2.4.4　主観評価手法

ここでは代表的な主観評価法を述べるとともに，音質評価の実例を合わせて紹介する。

⑴　心理物理学的測定法

心理物理学（psychophysics）とは，物理量として測定できる外的な刺激と，内的な感覚の対応関係を調べる学問である。測定対象となるのは，刺激の検知閾や弁別閾，主観的等価点（point of subjective equality, PSE）などである。自動車のサウンドデザインに関連する事例であれば，背景音下でのサイン音の検知閾（聞こえる／聞こえない，気づく／気づかないの閾値）を探ることや，基準となる音と等価な大きさを持つ音の特性を検討するなどの応用がある。伝統的かつ代表的な方法に，調整法，極限法，恒常法がある。

①　極限法

極限法は，一定間隔で一定の方向に刺激パラメータを変化させ，各段階で被験者の判断を求める方法である。調整法と同様に，上昇・下降系列を行い，被験者の判断が変化する段階を求める。調整法，極限法ともに，被験者数は統計検定をかけられる自由度が得られればよく，10 名程度でも良好な結果が得られる。

②　恒常法

恒常法は，複数の刺激をランダムに提示し，被験者の判断の分布を確率的にモデル化することで閾値や PSE を求める方法である。恒常法は変動要因が入りにくいという点で精神物理学的測定法のうちでは最も正確で，最も適用範囲の広い方法である。その反面，多くの試行数と被験者数が必要である。施行数が多いことは，実験計画によっては被験者の過度な疲労や単調感を招くことに繋がるので，注意が必要である。

③　調整法

調整法は，刺激の属性を連続的に変化させながら，PSE などを求める。属性の変化は，実験

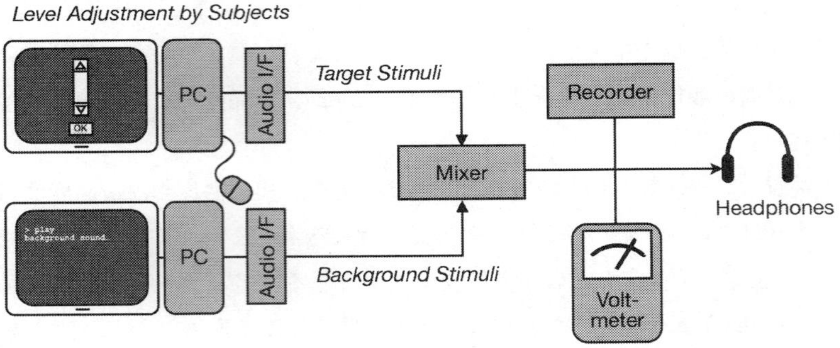

自動車用制振・遮音・吸音材料の最新動向

図2 環境音下でのサイン音の検知閾値を検討した実験の機器配置
（文献13）より改変して掲載）

者が行うことも，被験者が自ら操作して変化させることもある。

　調整法による実験の一例として，背景音下でのサイン音の検知閾を検討した例[13]を紹介する。この実験の機器配置を図2に示す。背景音とサイン音は別々のPCで，オーディオインターフェースを通して再生され，オーディオミキサを通して被験者にヘッドホン提示された。マウス操作でサイン音の音量を自由に変化できるインターフェースプログラムを作成して被験者に音量を調整させた。なお，この配置図でも確認できるように，音を刺激とした評価実験では外部のインターフェースでD/A変換を行うことが一般的である。PCの標準装備のヘッドホン出力を簡易に利用することもできるが，ノイズの混入や出力調整の精度の面で課題がある。USB接続のデバイスであれば，数万円程度から入手できる。

　この実験では，背景音（道路端で録音された主に交通騒音によって構成される環境音）を提示している状態で，被験者にサイン音が提示され，被験者にこのサイン音の音量を検知閾に調整するように求めた。提示音圧レベルおよび被験者の調整レベルは，ヘッドホンへの出力電圧を測定し，ヘッドホンの応答感度を利用して算出した。ヘッドホンの音響出力を，サウンドレベルメータ（騒音計）によって直接測定することもよく行われる。ヘッドホン出力の場合，外耳道共鳴を考慮するため人工耳を用いる。

　調整の仕方は，背景音に対して明らかに小さく聴こえない音量から開始する上昇系列と，明らかに大きく聞こえる音量から開始する下降系列がある。下降系列の場合，サイン音が聴こえてきたら，被験者は音量をどんどん下げていって，聴こえなくなる音量になったら，また逆に音量を上げるという操作を繰り返す。調整法では，上昇系列と下降系列で，結果に系統的な差が見られることが多い。両系列をそれぞれ複数回反復し，その平均値をもって調整値とすることが一般的である。

第3章　自動車における騒音制御

(2)　尺度構成法

音質評価において，快適性や嗜好度など，特定の尺度を仮定して，設計対象の音の尺度値を測定することが求められる場合がある。また時間的に非定常な音や複合的な音の大きさなども，定常音のラウドネスモデルでは十分な推定ができず，大きさの心理量を主観評価実験によって測定することが求められる場合がある。このような，「快適性」や「（複合的な）大きさ」などを，間隔尺度もしくは比率尺度として構成する手法として，尺度構成法と呼ばれる評価手法がある。手法は，大別して直接法と間接法に分類することができる。

直接法は，被験者に直接比率もしくは間隔によって反応させるものである。代表的なものにマグニチュード推定法がある。一方，間接法は，一対の刺激の印象の比較をさせる判断や，評定尺度を用いて判断させることで順序尺度上の得点を求め，正規分布などの統計的な仮定のもとで間隔尺度に変換する方法である。代表的なものに，一対比較法や評定尺度法がある。

①　マグニチュード推定法

マグニチュード推定法（Magnitude Estimation；ME 法）は，与えられた刺激の印象を反映すると思う正の数字を答えさせ，被験者間の幾何平均から刺激間の尺度上の関係を得るものである。被験者数は，判断の難しさや被験者間の判断のばらつきの程度にもよるが，一般に 10 名程度で良いと考えられている。例えば，難波らによる 36 種の音の大きさを求めた事例[14] では，65 名の被験者の判断の幾何平均についての 1 回目と 2 回目の施行の相関係数は 0.998 であり，安定した評価が得られている。ただし，種々の合成音の「粗さ」の印象の評価など，大きさの印象の判断に比べて難しい課題の場合には，相関係数が 0.7 程度と低い場合もある。

②　一対比較法

2 つの刺激を対にして提示して，その印象の違いを判断させるのが一対比較法である。一般に，一対比較法は判断が容易であり，判断の信頼性も高いとされる。

ただ，一対比較で得られるデータは順序尺度であるため，間隔尺度に変換する処理が不可欠である。そのため，ある刺激によって引き起こされる人間の反応は正規分布に従う誤差変動を起こすと仮定し，統計モデルを作成する方法がいくつか提案されている。中でも，2 つの刺激のいずれが「大きいか小さいか」「好きか嫌いか」などの順位判断によって得られたデータに対するサーストンの方法や，大きさや好みのカテゴリ尺度を用いて「どちらがどの程度大きいか」などの評価によって得られたデータに対するシェッフェの方法がよく知られている。シェッフェの方法には，一対の刺激の提示順序の考慮などについていくつかの変法が提案されており，これらが広く利用されている。具体的な計算手順は文献 15) を参照されたい。

対象に多次元的な性質が想定される場合は，対象間の相対的類似性の指標に含まれる情報から心理学的空間の次元数を決定し，空間の中に対象を位置づける手法である多次元尺度構成法（MDS）の適用が考えられる。

一対比較法と MDS を組み合わせた事例として，ドアミラー風切り音の印象評価を行ったもの[16] を紹介する。この研究は，自動車ドアミラーの取り付け状況の違いによる空力騒音の微細

な聴取印象の違いを検討するものである。刺激間の相対的な印象の差を定量的に把握するため，一対比較法による類似度評価（違いがわからない場合の0点から，全く似ていない場合の4点までの5段階評価を求めた）を行った。被験者は22〜25歳の男性15名で，防音室内に着座し，ヘッドホンから刺激を提示された。5種類の刺激の全組み合わせ $_5P_2 = 20$ 通りの組み合わせと，標準設計刺激同士の組み合わせ2組を含む，22刺激対がランダムな順に提示された。各被験者は，22刺激対への評価を2回行った。また，各被験者は評価に先立って練習試行を十分に行い，刺激の聴取に慣れた上で実験に参加した。

各被験者の2回の評価について，同一の刺激対についての評価値の差が2点以上の場合は，いずれかの評価が信頼できないものであったと判断して，分析から除外した。除外された評価刺激対数は，全刺激対数の11.2％であった。非計量的多次元尺度構成法（ALSCAL）によって，類似度を距離の尺度とした各刺激の空間布置を求め，2次元解（Young's S-stress：0.13）を得た。この2次元平面上の各刺激の布置を図3に示す。この平面布置は刺激間の類似度を距離として相対的に示しているに過ぎず，各次元は無意味な次元であるが，相対的な位置関係には意味がある。取り付け隙間L1（刺激IDの中央部の数値に表される）が大きくなると図中右方向に印象が変化し，取り付け隙間L2（刺激IDの右部の数値）が大きくなると図中下方向に印象が変化するという傾向が読み取れる。各刺激のA特性音圧レベルと第1次元の座標値がよく対応していることも観察された。

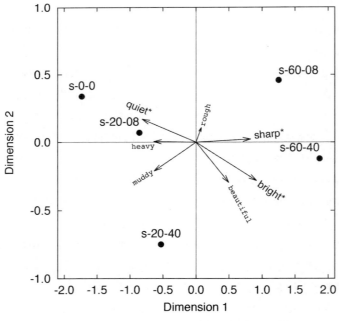

図3　MDSによるドアミラー風切音の印象空間の分析例

第3章　自動車における騒音制御

聴取印象の違いを質的に理解するために，形容詞を用いた尺度評定を併用することも可能である。この実験でも，一対比較の実験と同様に，被験者にヘッドホンから刺激を提示し，14対の形容詞対尺度への評価を求めた。各評価尺度値を目的変数，MDSの2次元解の座標値を説明変数として重回帰分析を行い，原点を始点とし偏回帰係数を終点の座標値としたベクトルとして表現した。これによって，MDSの第1次元が「鋭い」「軽い」印象と対応すること，第2次元が「明るい」「騒々しい」などの印象に対応することが解釈できる。

③　**評定尺度法**

図4のようなカテゴリ尺度を用いて判断を求めるのが評定尺度法である。日常使う言葉を用いるので，被験者によって判断は容易である。図のように「やや」「かなり」などの副詞を添える場合もあるが，それを省略する場合も少なくない。また，図の例は7段階尺度を構成しているが，5段階や9段階，11段階などを利用する場合もある。さらに，カテゴリ間を細分化して51段階（5段階尺度をカテゴリごとに10段階に細分化）などの尺度を用いる事例も見られる。ただし，いずれにしても，得点化して得られる尺度は順序尺度であり，等間隔性の保証はない。そのため，平均値などを求めるには，系列範疇法などによって間隔尺度に変化する必要がある。系列範疇法（系列カテゴリ法）の手順については，文献9)を参照されたい。

④　**SD法**

音色の印象空間など，単一の次元ではなくもとより多次元的な性質を持つ事象の測定には，多次元的な測定法が求められる。その代表的な手法として，前述の多次元尺度構成法やSD法（semantic differential）がある。SD法は，元来，対象の情緒的意味を測定する方法として出発したものであり，音・音色に限るものではない。

SD法の基本概念は以下のようにまとめられる。ある言葉を聞いた時の反応と，その言葉が指示する対象に実際に接した時の反応は，少なくとも部分的には共通すると考えられる。音に置き換えるなら，ある音を聞いた時の印象と，その音を表現する文章や言葉によって得る印象が部分的に共通するということである。そこで，未知の次元のユークリッド空間として意味空間を仮定し，両極の形容詞尺度（明るい－暗い，強い－弱い，など）がこの空間の原点を通る直線関数を表すと仮定する。この尺度の数を増やすと，中には似通ったものが観察され，それらを集約していくことで，意味空間を有限の次元で説明できると考えられる。音色を表現する言葉は多種多様であるが，中には似通ったものがある。これは，心の中に音色の印象を感じ取るモトがいくつか

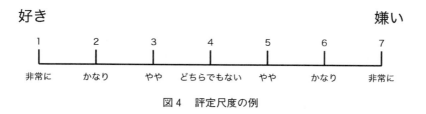

図4　評定尺度の例

あって，それを言葉で表現しているからと解釈することができる。多数の形容詞対尺度間の相関関係を，少数の因子によって説明するというのがSD法のモデルである。音色・音質に関しては，これまでの数多くの研究から3因子ないしは4因子の普遍的な因子が提案されており[8]，これに対応する音色表現語が提案されている。

2.5　次世代自動車のサウンドデザイン課題

本節の最後に，自動車のサウンドデザインの中でも，特に次世代自動車に焦点を当て，その新しいデザイン課題を紹介したい。

本節の冒頭でも触れたように，次世代の電動駆動車両では，駆動系由来の音は，従来の内燃機関自動車よりずっと静かである。次世代自動車の音デザインを考える上で，このような静粛性は多様な意味を持ち，新しい課題が浮かび上がってきている。

2.5.1　車両接近通報音のデザイン

このような静粛性は，道路交通騒音対策の観点では歓迎されるものであり，それを活かす環境デザインが期待される。一方で，その静粛性ゆえに歩行者が車両の接近に気づきにくく危険であるとの指摘もある。国土交通省や国連欧州経済委員会自動車基準調和世界フォーラム（UNECE/WP29）では，静音自動車の静粛性は歩行者の安全を脅かす問題であると捉え，車両に「車両接近通報装置（Acoustic Vehicle Alerting System：AVAS）」を設置し，スピーカから音を発生させることで車両の接近などを知らせる対策が検討されてきた[17]。

ただし，その対策による効果は限定的であり，根本的な解決にはさらなる議論が必要であることを指摘しておきたい。詳細は既報[18~20]を参照されたいが，EV/HEVが低速度域でより静かであることが問題を顕著にしている側面はあるものの，少なくとも，従来車と同様の音を同程度の音量で再現することで解決される状況は極めて限定的であると結論づけられる。この問題の本質を考えると，接近音の利用は，理想的な解決ではなく，ひとつの現実的な短中期的対策であるべきと言えよう。

その上で，接近通報音を利用するのであればどのような音デザインが適切かを考えることも有用である。接近通報音には，従来と同様の音（＝従来のエンジン音）を同程度の音量で再現すれば良いという単純なものではない。例えば，著者らによるドイツと日本で実施したアンケート調査[21]では，HEVを運転している回答者が2名だけだったにも関わらず，運転者の過半数が「歩行者が自車の接近に気付かなかったために危険や不満を感じた経験がある」と回答している。つまり，エンジン音は環境音下で車両の存在や挙動を認知するために最適な音ではない。

接近通報音をデザインするために検討すべき要件のうち，もっとも基礎的かつ重要な側面として，環境音下での検知容易性が挙げられる。接近通報音の音響的属性と環境騒音下での検知レベルや車両の検知距離の関係が検討されており[13, 22~24]，国際基準[25]の制度設計にも活用されている。

第3章　自動車における騒音制御

2.5.2　走行音の積極的なデザイン

　駆動系の走行音は，運転者にとっても重要な意味を持つ。静かなことだけではない商品価値の訴求が求められる場合も少なくない。つまり，駆動系から発生する音が小さいということは，創造的に車内音環境を設計できるということでもある。

　敢えてエンジン音をリアルに再現するというニーズも少なくないが，従来の自動車音の模倣ではない新たな走行音デザインの要求は多い。走行音デザインにおいて，「EV らしい」と感じられる音を付加することは，従来の自動車との差別化を明確にして商品価値を高めるなど，非常に重要である。接近通報音の設計においても，接近を認識しやすい音の特性を持つことと同時に，その音が「自動車である」「EV である」と想起される音であることも求められる。

　しかし，「EV らしい音」とはどのような音であるのか，それを十分に説明できる知見は未だ存在しない。著者らは，未知なる音である「EV らしい音」の特徴を理解するプロセスに焦点を当て，非音響的事象を利用したイメージ記述法の検討を行っている[26]。これは，「EV が似合う」もしくは「EV を運転してみたい」と評価される景色の印象を明らかにし，これと共鳴する印象を持つ音の特徴を理解することで「EV らしい」と評価され得る音のデザインを明らかにしようとするものである。

　また，走行音は車両の速度や加減速状況などの車両挙動を理解するためにも重要である。著者らは，走行音の周波数変化と加速感印象の対応関係に注目して，基礎的な検討を実施している[27]。この中では，ドライビングシミュレータによって走行音が運転操作に及ぼす影響の検討も行っている。接近通報音に関する基準[25]でも車速に応じた音量や周波数の変化が求められており，今後，このような課題の必要性が増大してくると予想される。

2.5.3　車室内音環境のデザイン

　次世代自動車では，駆動系のみならず，タイヤ路面系の騒音も低減される可能性がある。燃費向上の目的での狭幅タイヤの利用普及や，近年の道路騒音対策の国際的動向としてタイヤ路面騒音の規制強化などがその背景にある。次世代自動車では，燃費向上やタイヤ騒音規制のためにタイヤが細くなる傾向も予想され，タイヤ路面騒音の大幅な低減も考えられる。この結果，これまで駆動系・タイヤ路面系の走行騒音によってマスクされていた音，例えば空調系や冷却系の稼働音などが顕在化し，不快感を誘発するという弊害も指摘されている。適切な走行音を車室内に提供することで不要な音をマスクし，不快感の低減や快適な室内音環境を実現する設計が期待されている。

　車室内音環境の構成要素として，情報提供のためのサイン音[28]も挙げられる。運転時に必要な情報の多くは視覚を介して得ており，車両側から運転者に情報を提示するチャネルとして聴覚を用いることは，運転行動を阻害しないという点において有利である。聴覚情報として合成音声によるテキスト読み上げが利用されている事例も見られるが，より短時間で，言語に依らずに意味を伝達するには，サイン音の利用が望ましい。しかし，サイン音を目的に応じて，正しく情報を伝達するためには，①確実に聴き取ることができ，かつ大き過ぎず快適に聴こえること，②緊

129

急性や重大性など，その意味が適切に理解されること，③付加的性能として，美しさや感性的質感が感じられることなど，配慮すべき点が多く，適切なデザインが必要である。

　先進運転支援システム（Advanced Driver Assistance System：ADAS）や自動運転技術の発展に伴い，運転者に提供される情報量は増加し，その一部を音で知らせるサイン音の利用も増加していくと考えられる。情報提示の手段としては，センターコンソールのディスプレイやヘッドアップディスプレイ，またドアミラー付近からの光による警告機能など，新しい提示方法も現実のものとなりつつある。ただし，その多くは視覚を介した情報提示であり，聴覚による情報デザインについての検討は十分に進んでいない。適切なサイン音デザインのための知見蓄積も，今後重要性を増してくるであろう。

文　　献

1) P. Ralph and Y. Wand, in "Design Requirements Engineering: A Ten-Year Perspective", K. Lyytinen, P. Loucopoulos, J. Mylopoulos and B. Robinson eds., pp.103-136, Springer (2009)
2) JIS Z8106：2000，音響用語
3) ISO532-1：2017, Acoustics – Methods for calculating loudness – Part 1：Zwicker method
4) ISO532-2：2017, Acoustics – Methods for calculating loudness – Part 2：Moore-Glasberg method
5) ISO226：2003, Acoustics -- Normal equal-loudness-level contours
6) JIS Z8731：1999，環境騒音の表示・測定方法
7) 日本音響学会編，音響キーワードブック，pp.54-55，コロナ社（2016）
8) 岩宮眞一郎 編著，音色の感性学，コロナ社（2010）
9) 難波精一郎，桑野園子，音の評価のための心理学的測定法，pp.14-16，コロナ社（1998）
10) 森敏昭，吉田寿夫 編，心理学のためのデータ解析テクニカルブック，北大路書房（1990）
11) 山田剛史，杉澤武俊，村井潤一郎，Rによるやさしい統計学，オーム社（2008）
12) 村瀬洋一，高田洋，廣瀬毅士，SPSSによる多変量解析，オーム社（2007）
13) K. Yamauchi, D. Menzel, M. Takada, K. Nagahata, S. Iwamiya and H. Fastl, *Acoustical Science and Technology*, **36**, 120-125（2015）
14) 難波精一郎，桑野園子，音響学会誌，**38**，774-785（1982）
15) 佐藤信，統計的官能検査法，pp.225-298，日科技連出版（1985）
16) K. Yamauchi, S. Sasaki, S. Yamashita and M. Takeshita, Proc. 22 nd Int'l Congress on Sound and Vibration, 8 pages（2015）
17) 山内勝也，音響学会誌，**68**，31-36（2012）
18) K. Nagahata, Proc. Inter-noise 2011, 4 pages（2011）
19) 山内勝也，騒音・振動研究会資料，N-2013-48，pp.1-8（2012）
20) K. Yamauchi, Proc. Forum Acusticum, Pj06-8, 8 pages（2014）

21) 山内勝也, 高田正幸, 岩宮眞一郎, 音響学会 2015 年秋季講演論文集, pp.843-846 (2015)

22) E. Altinsoy, Proc. Inter-noise 2013, 5 pages (2013)

23) E. Parizet, W. Ellermeier, R. Robart, *Applied Acoustics*, **86**, 50-58 (2014)

24) P. Poveda-Martinez, R. Peral-Orts, N. Campillo-Davo, J. Nescolarde-Selva, M. Lloret-Climent and J. Ramis-Soriano, *Applied Acoustics*, **116**, 317-328 (2017)

25) UN Regulation No.138, Uniform provisions concerning the approval of Quiet Road Transport Vehicles with regard to their reduced audibility (2016)

26) 山内勝也, 山縣勝矢, 劉沙紀, 野村拓也, 立花祐一, 音響学会 2017 年春季講演論文集, pp.1345-1348 (2017)

27) K. Yamauchi, T. Shiizu, F. Tamura and Y. Takeda, Proc. Inter-noise 2013, 6 pages (2013)

28) 岩宮眞一郎, サイン音の科学, コロナ社 (2012)

3 薄膜を利用した騒音対策手法

西村正治[*]

3.1 はじめに

　自動車に使用する騒音対策は，軽量，コンパクトでかつ高性能であることが望まれる。通常の吸音材を用いて低周波まで高い吸音率を得るには，どうしても分厚い吸音構造が必要になり，低周波においても高い遮音性能を実現するには，重い材料が必要になってくる。本節では，発想の転換を図り，筆者らが提案している，「不要なところに音を逃がし，目的とするところの騒音を低減する音響透過壁」と「薄膜と空気圧を利用して，低周波の遮音性能を向上させる軽量遮音構造」について紹介する。これらはいずれも薄膜を利用しており，軽量でコンパクトな騒音対策を実現する技術である。

3.2 音響透過壁

3.2.1 音響透過壁の基本コンセプト

　「騒音対策の目的は人の居住空間の低騒音化であり，人がいない空間の音は多少増加してもかまわない」と考えたのが，本騒音対策の発想である。例えば，図1に示す天井換気扇を例にとると，ファンから室内に放射される音には，ファン自体から直接室内に放射される音（直接音）と，ケーシング内で反射し，ビルドアップして放射される音（間接音）の両方を含んでおり，後者が支配的な場合が多い。この間接音を対策するのに吸音ケーシングなどを採用するが，低周波音成分まで吸音するためには，分厚い吸音材が必要になり，実現が難しくなる。そこで，ファンケーシング，筐体を音響透過壁で作成し，間接音を天井裏に逃がして室内に放射しないようにしようというのが，本騒音対策の基本コンセプトである。天井裏は少々騒音が増加しても，天井板で遮音され，実質的に室内音に悪影響を及ぼさないと考えている。

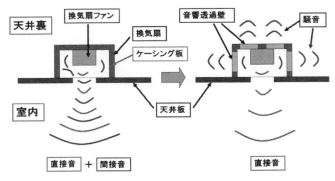

図1　音響透過壁の基本コンセプト（天井換気扇への適用）

＊　Masaharu Nishimura　鳥取大学　大学院工学研究科　特任教授；Nラボ　代表

第3章　自動車における騒音制御

　ここで音響透過壁は，音は通すが風は通さない（圧力境界とする）必要があり，ここでは薄膜を使用した。具体的な構成例を図2に示す。多孔板または金網で構造を形成し，フィルムで圧力境界を形成している。またフィルムが多孔板や金網に密着して振動しにくくなるのを防ぐため，クッション材を挟んでいる。また，気流によるフィルムのバタつきや二次発生音を防止するため，布や多孔材でカバーするなど，場合に応じた対策がなされている。

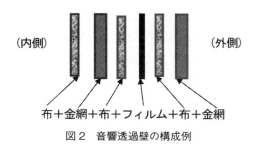

図2　音響透過壁の構成例

　図3は天井換気扇のケーシングと筐体を音響透過壁で作成した場合の，室内側斜め45°1m地点での騒音スペクトルを示している。音響透過壁を採用することにより，形状を維持したままで高周波のみならず低周波音域まで騒音が低減していることが確認できる。騒音レベルとしては3.3 dBの減音効果が得られた[1]。

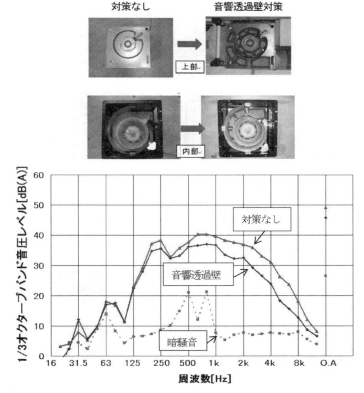

図3　音響透過壁を用いた天井換気扇の騒音対策効果（45°1 m地点）

133

3.2.2 ダクトへの音響透過壁の適用

カーエアコンダクトへの音響透過壁の適用を念頭に置き，単純な直ダクトや曲りダクトに音響透過壁を適用した場合，どの程度の減音効果が得られるか，基礎試験で確認した[2,3]。試験装置を図4，5に示す。図4では供試体の透過損失を2マイクロホン法で測定し，図5では，ダクト端に設置したマイクロホンによって，音響透過壁設置有無における挿入損失を測定している。供試体を図6に，音響透過壁の材料構成を図7に示す。また音響透過壁に使用した材料データを表1に示す。供試体は内径150 mmの塩ビ製の円形直ダクトと直角曲りダクトである。直ダクトでは長さ180 mmの区間が，開口率33％の多孔板になっている。直角曲りダクトでは曲り部背面と曲り部直後の直ダクトが多孔板となっている。多孔板の外側にフィルタで挟み込んだフィルムを設置し，音響透過壁としている。

計測した音響透過損失を図8に，剛壁ダクトとの対比で計測した挿入損失を図9に示す。またそれぞれには，別途計測した音響透過壁の音響インピーダンスを境界条件に与え，市販の音場解析ソフト（SYSNOISE）の3次元境界要素法で計算した透過損失，挿入損失も併記している。図からわかるように，どちらの供試体も全周波数帯域にわたって10 dB以上の減音効果があり，特に200 Hz以下の低周波では20 dB近い減音効果があることがわかる。またダクトの遮断周波数付近（この場合は1300 Hz）で大きな減音効果が得られている。さらに，計算結果もある程度実

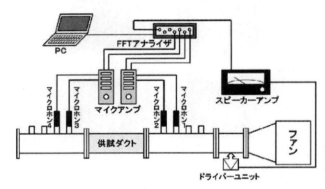

図4　透過損失測定装置

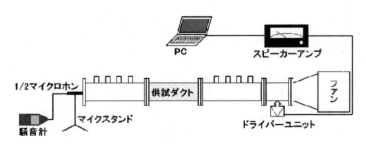

図5　挿入損失測定装置

第 3 章　自動車における騒音制御

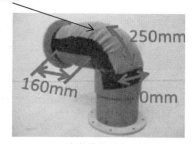

直ダクト　　　　　　　　　直角曲りダクト

図 6　供試体（音響透過壁付きダクト）

図 7　音響透過壁の材料構成

表 1　音響透過壁の構成材料の詳細

材料名	詳細
穴あきダクト	・穴径×ピッチ×厚さ：$\phi 10 \times p15 \times t5.5$ 　（塩ビの供試ダクト自体に穴をあける） ・開口率：約 33% ・役　割：音響透過壁の強度を高める。
フィルター	・名　称：軟質ウレタンフォーム ・製品名：イノアック産業用発泡品 ECT ・厚　さ：約 3 [mm]，密度：18 ± 2 [kg/m^3] ・役　割：クッション材や吸音材のような働き。
フィルム	・名　称：ストレッチフィルム ・材　質：ポリエチレン（PE） ・厚　さ：約 0.018 [mm] ・役　割：流れを通さない。 　　　　　振動することで音を透過させる。

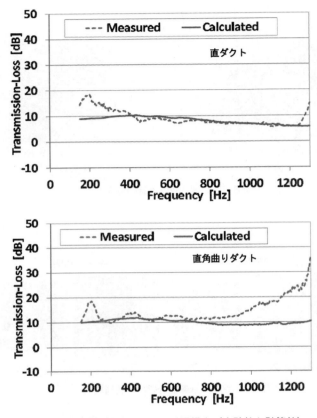

図8 供試音響透過壁ダクトの透過損失（実験値と計算値）

測値を予測できていることがわかった。

3.2.3 カーエアコンダクトへの応用

実際のカーエアコンダクトへ音響透過壁を適用した結果を以下に紹介する[2]。通常カーエアコン本体は，フロントインパネ下部に設置され，インパネ内に設置された図10のような樹脂製ダクトで，中央部吹き出し口，窓側吹き出し口に導かれ車内に放出される。エアコンファンで発生する音も同様にダクトを通って吹き出し口から放射される。そこで吹き出し口からの放射音を低減するには，ダクトに消音器を設置する必要があるが，スペースがなく十分な消音器を設置することはできない。そこで，ダクトを音響透過壁で作成し，音をインパネ内に放射し，吹き出し口からの放射音を低減することを試みた。

試作した音響透過壁を設置した対策ダクトを図11に示す。音響透過壁の構成は図7と同じである。穴あきダクトに関しては，ダクトに直接穴を開けたことは共通しているが，材質が樹脂のため，開口率は約24％に抑えている。エアコンの運転条件は暖房モードで風量レベルは最強の4，横風とし，吹き出し口斜め45°50 mmのところに設置したマイクロホンで放射音を測定し

第 3 章　自動車における騒音制御

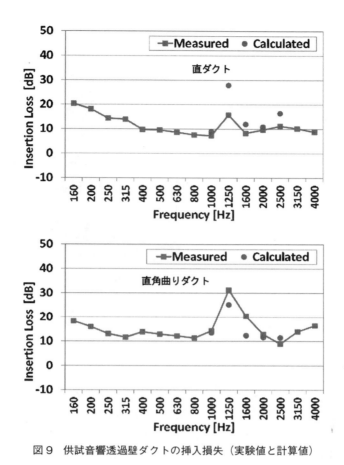

図 9　供試音響透過壁ダクトの挿入損失（実験値と計算値）

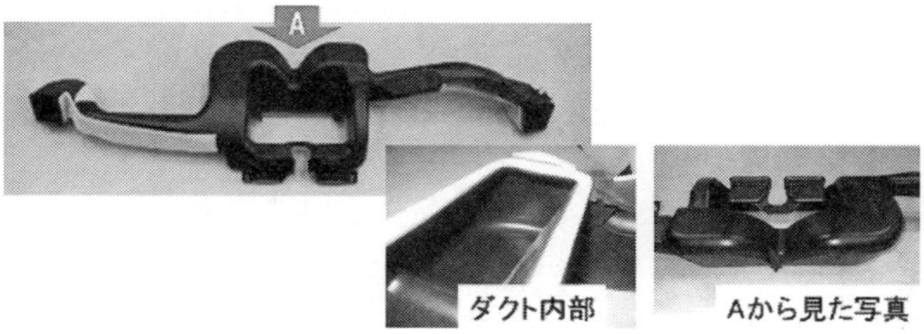

図 10　従来のカーエアコンダクト

た。試験条件は従来ダクトを設置した場合と対策ダクトを設置した場合の 2 条件である。

　代表的な結果として，運転席窓側吹き出し口，中央運転席側吹き出し口で計測された騒音のスペクトル（A 特性補正済み）をそれぞれ図 12，13 に示す。対策ダクトでは，200 Hz 以上の広帯域周波数で 5～10 dB の減音効果が得られており，オーバーオールの騒音レベルは 5 dB 程度低減

できている。また，音響透過壁ダクトが長い窓側吹き出し口の方が若干減音効果が大きいことがわかる。インパネ内に放射された音がパネルを透過してくることが懸念されたが，音響透過壁の有無で，インパネ内の音，パネル表面放射音ともに変化しないことが確認されている。

以上，音響透過壁はカーエアコンダクトに有効であることが確認された。今後，量産化に向けた構造検討，製造方法の検討が必要である。

3.3 薄膜軽量遮音構造

上記音響透過壁の開発において，薄膜の音響透過性能を調査しているとき，金網に密着した薄膜に空気による圧力がかかると音響透過性能が極端に悪くなること（遮音性能が良くなること）を経験した[4]。またその遮音性能は，薄膜にかける圧力によって徐々に変化することがわかった。この現象は特に低周波成分で顕著であり，膜・網の張力変化による剛性の変化に起因しているものと推定された。薄膜は非常に軽量であり，かつ低周波成分の遮音性能が向上することから，軽量で遮音性能の優れた遮音構造の実現が期待できる。また本現象のもう一つの特徴として，圧力を変化させることで遮音性能を自由にコントロールできる点であり，これは遮音性能を変化したい窓口や仕切り壁などの分野への応用も期待できる。そこで，その現象を利用した軽量な遮音構造の開発を試みた。

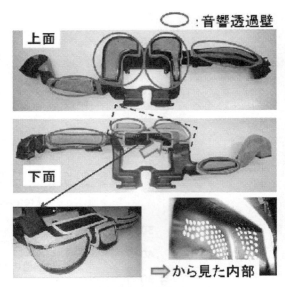

図11　音響透過壁対策カーエアコンダクト

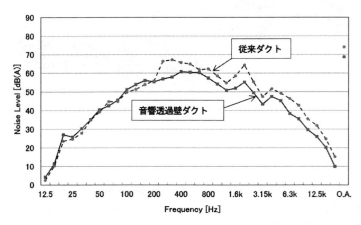

図12　音響透過壁カーエアコンダクトの効果（運転席窓側吹き出し口）

第3章　自動車における騒音制御

　具体的には，金網で挟み込んだ薄膜の袋を試作し，それに空気圧を加えることにより，遮音量が増加することを確認した。またその遮音量の周波数特性は加圧量に依存し，加圧量により遮音量をチューニングすることが可能である。これは，加圧により，膜と網にかかる張力が増加し，軽い膜＋網の剛性が増加することにより，図14に示す一次共振周波数を高くでき，剛性則による遮音効果を拡大できるためと推察される。さらに，中周波領域においては，網と膜の相互作用によって膜の反共振を実現でき，高い遮音効果が得られることもわかってきた。本稿では，上記構造を薄膜軽量遮音構造（Membrane Sound Insulator：MSI）と呼び，その効果について解説を加えたい [6~9]。

3.3.1　MSI の基本構造

　MSI の代表的な構造を図15に示す。袋状の薄膜を網で挟み込んだ形状をしており，内圧をか

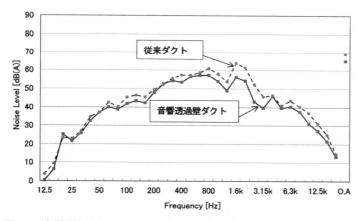

図13　音響透過壁カーエアコンダクトの効果（中央運転席側吹き出し口）

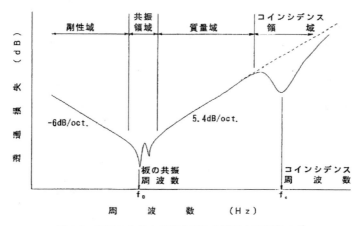

図14　有限な大きさの遮音板の典型的な透過損失 [5]

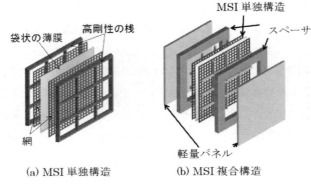

(a) MSI 単独構造　　(b) MSI 複合構造

図15　MSI の基本構造

けることにより膜や網の張力を上げ，剛性を増すようにしている．桟は膜が過剰に膨らむのを防止するためと，網の固有振動数をある程度高く保つために設置している．本構造は，高周波の遮音量を確保するため通常の二重構造の遮音壁の間に挟み込んで使用することも可能である．ここでは，前者を MSI 単独構造と呼び，後者を MSI 複合構造と呼ぶこととする．本稿では主に MSI 単独構造について解説する．

3.3.2　遮音量計測実験

図16 に示す寸法の供試パネルを図17 に示す小型残響チャンバーの開口窓に装着し，供試体有無における挿入損失を計測した．供試体の材料は下記のとおりである．

- 薄膜：低密度ポリエチレン，厚み 0.03 mm，面密度 0.0514 kg/m^2
- 網：
    - (A)：亜鉛メッキ鉄線，線径 0.6 mm，線間隔 3 mm，面密度 2.36 kg/m^2
    - (B)：ポリプロピレン，線径 0.25 mm，線間隔 1 mm，面密度 0.177 kg/m^2
    - (C)：ナイロン，線径 1.0 mm，線間隔 3 mm，面密度 0.907 kg/m^2
    - (D)：高密度ポリエチレン，線径 0.9 mm，線間隔 2 mm，面密度 0.774 kg/m^2
- 桟：アルミ，厚み 2 mm，高さ 12 mm，桟間隔 150 mm，面密度 1.23 kg/m^2

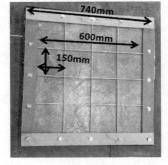

図16　MSI 単独構造供試パネル

MSI 単独構造(A)の桟無の条件に対して，内圧を変化させて求めた挿入損失を図18 に示す．装置の測定限界の参考にするため，鉄板 4.5 mm 厚の挿入損失も同時に示してある．また取り付け枠を除く供試壁全体（この場合は膜＋網）の質量を面積で割った面密度に対する質量則も参考に示しておく．内圧を高くしていくと，低周波，高周波領域における遮音量が増加し，遮音量のピークが高周波側にずれていくのがわかる．加圧による中周波の落ち込みも高周波側にずれてい

第3章　自動車における騒音制御

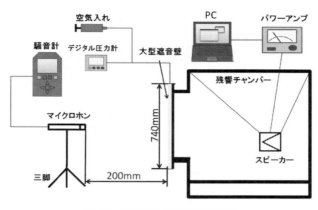

図17　挿入損失計測用実験装置

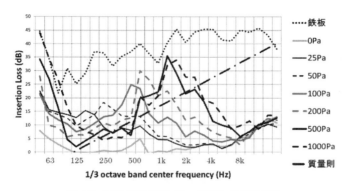

図18　MSI単独構造（A，桟無）の挿入損失

くが，幅広く現れ，中周波の遮音効果はむしろ低圧の方が優れているという結果になっている。別の見方をすれば，内圧の調整により，遮音効果を高めたい周波数のチューニングが可能ということになる。また，ピークとなる周波数以下では質量則と比較してかなり大きな遮音効果が得られていることは魅力的である。ただし，そのピーク以上の高い周波数領域においては遮音効果が大幅に低下する。

　MSI単独構造(A)桟有の結果を図19に示す。桟有の場合，高周波の遮音効果は桟無の場合と変化はないが，中周波から低周波にかけては内圧の影響は比較的少なく，遮音量も大きくなり，桟の効果が大きいことを示している。

　網の種類が異なる供試体(A)～(D)に対して，500 Paの内圧条件における遮音効果を図20（桟無），図21（桟有）に比較する。ここで網の違いは主にその面密度の違いが大きいと考えられる。桟無の場合，網の面密度が小さいものほど遮音量のピークが高周波に移り，中周波から低周波にかけて遮音量が得られない結果になっている。中周波の遮音効果を得るためには，ある程度面密度

自動車用制振・遮音・吸音材料の最新動向

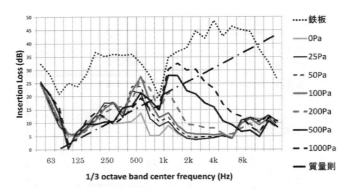

図19　MSI単独構造（A, 桟有）の挿入損失

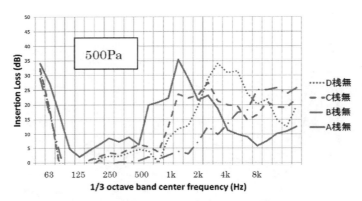

図20　MSI単独構造　網の種類の比較（桟無）

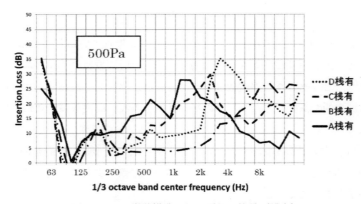

図21　MSI単独構造　網の種類の比較（桟有）

の大きな網を使用することが必要であるといえる。桟有の場合は，高周波領域は桟無と同等であるが，中周波から低周波にかけての遮音量が改善しており，B, C, Dの網では，200 Hz付近に

第3章　自動車における騒音制御

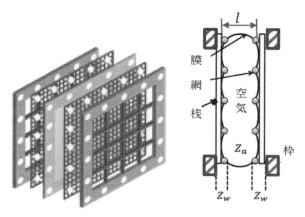

図22　MSI単独構造（桟有）の断面構造

遮音量の山が現れているのが特徴である。

3.3.3 遮音量のシミュレーション

以上の実験結果が示すように，MSIの遮音効果はかなり複雑な様相を示している。そこで，用途に応じた適切なMSI構造を設計するためには，シミュレーションによってある程度遮音性能を予測できるようにするとともに，使用する材料のパラメータがどのように遮音量に影響するかを把握しておく必要がある。そこで，MSI構造をモデル化し，透過損失のシミュレーションを試みた。

MSI単独構造（桟有）は，図22に示すように，枠に桟が固定され，桟の上に網が乗り，網の上に膜が乗った3重構造のパネルが，薄い空気層を挟んで両側にあり，内圧で押されている。枠を剛とし，桟，網，膜をそれぞれ弾性体と仮定して，音波が平面波として入射する場合を仮定すると，図23に示すように，それぞれの部材は3自由度の振動系と仮定できる。ここで，pは作用する音圧，m，k，cはそれぞれ単位面積当たりの質量，バネ定数，減衰係数である。xは変位を表す。また添え字M，N，Lはそれぞれ，膜，網，桟を表す。

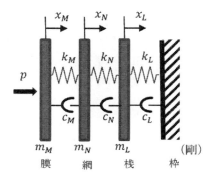

図23　膜，網，桟，枠のモデル化
（3自由度振動系）

ここで，音波の透過に関わる単位面積当たりのインピーダンスz_Wは，膜表面の単位面積音響インピーダンスで代表されるから，

$$z_W = p/\dot{x}_M \tag{1}$$

となる。本振動系の運動方程式は，次のようになる。ここで，音圧により網，桟に直接作用する

力は小さいとして無視している。

$$M\ddot{x} + C\dot{x} + Kx = P \tag{2}$$

ここで，

$$M = \begin{bmatrix} m_L & 0 & 0 \\ 0 & m_N & 0 \\ 0 & 0 & m_M \end{bmatrix} \tag{3}$$

$$C = \begin{bmatrix} c_L + c_N & -c_N & 0 \\ -c_N & c_N + c_M & -c_M \\ 0 & -c_M & c_M \end{bmatrix} \tag{4}$$

$$K = \begin{bmatrix} k_L + k_N & -k_N & 0 \\ -k_N & k_N + k_M & -k_M \\ 0 & -k_M & k_M \end{bmatrix} \tag{5}$$

$$P = [0, 0, p]^t \tag{6}$$

$$x = [x_L, x_N, x_M]^t \tag{7}$$

この方程式をフーリエ変換して解くと，下記が得られる。

$$z_W = \frac{p}{j\omega x_M} = \frac{1}{j\omega}\left\{ -\omega^2 m_M + j\omega c_M + k_M - \frac{(-j\omega c_M - k_M)^2}{-\omega^2 m_N + j\omega(c_N + c_M) + k_N + k_M - \dfrac{(-j\omega c_N - k_N)^2}{-\omega^2 m_L + j\omega(c_L + c_N) + k_L + k_N}} \right\} \tag{8}$$

ここでjは虚数単位である。桟が無い場合は$k_L = \infty$とおいて，2自由度系とみなせばよい。

また，MSI単独構造の単位面積インピーダンスz_Pは，空気層が十分薄いので，集中定数系とみなし，下式で得られる。

$$z_P = z_W + z_a + z_W \tag{9}$$

ここでz_aは空気層の単位面積インピーダンスで，

$$z_a = j\omega\rho_a l \tag{10}$$

で与えられる。なお，ρ_a：空気の密度，l：空気層の厚み，である。

MSI単独構造を一塊のプレートとみなすと，その透過損失は次式で求めることができる。

$$TL = 10\log\left|\frac{z_P}{2\rho c} + 1\right|^2 \tag{11}$$

本手法を用いて供試MSI単独構造（A，桟無）に対する透過損失を予測した結果を図24に示す。ここで，各パラメータは，計測した固有振動数から推測して求めている。図18の挿入損失計測結果と必ずしも定量的にあっていないが，内圧を増していくとともに，遮音効果のピーク周

第 3 章　自動車における騒音制御

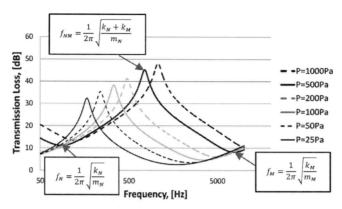

図 24　MSI 単独構造（A，桟無）遮音量シミュレーション

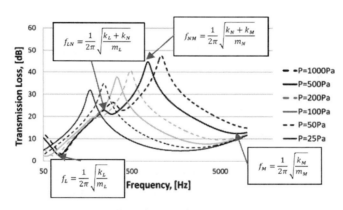

図 25　MSI 単独構造（A，桟有）遮音量シミュレーション

波数が高周波にずれていき，高周波と低周波領域で遮音効果が高まること，中周波領域では，周波数によって，遮音量が高くなる圧力が異なっていることなど，定性的に実験結果と一致している。図 25 は，MSI 単独構造（A，桟有）に対する透過損失のシミュレーション結果である。高周波領域は桟無の結果と差はないが，中低周波域で，桟の影響と考えられるピークとディップが生じており，実験結果と良く対応している。図 26, 27 は種々網を用いた MSI 単独構造に対して，網の面密度の影響を，桟の有無に対してシミュレーションした結果である。シミュレーション結果は，図 20, 21 に示す実験で得られた網の違いをよく表しており，実験で得られた桟による中低周波域の遮音効果の盛り上がりをうまく表現できている。以上から，本シミュレーションの有効性が確認できる。

3.3.4　MSI の遮音メカニズム

上記(8)，(9)，(11)式から，透過損失の大小は概略 z_W の絶対値の大小に依存してくることがわかる。そこで，(8)式で減衰係数をゼロと仮定してオーダー評価をすると，桟の固有振動数 $f_L = 1/2$

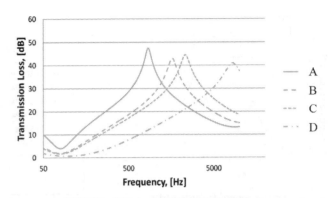

図26　MSI単独構造（桟無）網の種類比較遮音量シミュレーション

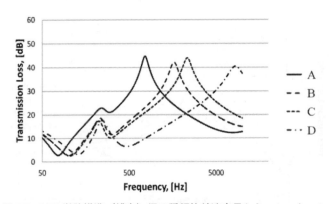

図27　MSI単独構造（桟有）網の種類比較遮音量シミュレーション

$\pi\sqrt{k_L/m_L}$，網の固有振動数 $f_N=1/2\pi\sqrt{k_N/m_N}$，膜の固有振動数 $f_M=1/2\pi\sqrt{k_M/m_M}$ で $|z_W|$ は小さくなり，それぞれ，透過損失の 100 Hz 付近，数百 Hz 付近，数千～数万 Hz の落ち込みに対応するものと考えられる（図24，25）。一方，$f_{NM}=1/2\pi\sqrt{(k_N+k_M)/m_N}$ では $|z_W|$ が極大値になり，これが数百～数千 Hz の透過損失のピークに対応している（図24）。これは，網がチューンドマスダンパ（TMD）のようになり，膜が振動しにくくなるためと推察される。$f_{LN}=1/2\pi\sqrt{(k_L+k_N)/m_L}$ も桟が TMD のようになり網の振動を抑える働きをすると考えられ，低い周波数のピークに対応すると考えられる（図25）。以上から，膜，網，桟の物性値と内圧を調整し，各振動固有周波数をチューニングすることにより，狙いの周波数で高い透過損失を得ることが可能である。

図28に MSI 単独構造（桟無）の遮音効果を模式的にまとめる。ここで f_N は，膜と一体化した網の一次共振周波数で，それ以下の周波数では剛性則に従って遮音量が増加する。面密度が小さいため，加圧により容易に f_N を高めることができ，低周波の遮音効果が高くなる。f_N 以上の周波数では，基本的に網+膜の質量則に従う。f_{NM} は網を質量とし，網と膜の剛性を並列のばね

第 3 章　自動車における騒音制御

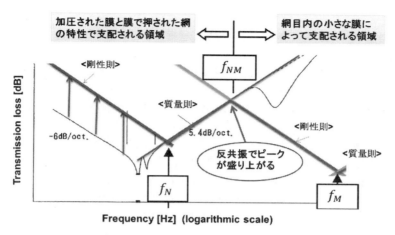

$f_N = (1/2\pi)\sqrt{k_N/m_N}$, $f_M = (1/2\pi)\sqrt{k_M/m_M}$, $f_{NM} = (1/2\pi)\sqrt{(k_M + k_N)/m_N}$

図 28　MSI 単独構造（桟無）遮音効果の模式表現

定数とした共振周波数で，網が膜に対して振動して結果的に膜の振動を抑える膜にとって反共振の周波数と考えられる。つまり，網は一種の TMD 効果を発生し，遮音量のピークは図 28 に示したものよりずっと高くなる。図 18, 20, 24, 26 を参照されたい。このピークに引きずられて $f_N \sim f_{NM}$ の周波数領域の遮音量も実質的には質量則より高くなる（図 18）。f_{NM} 以上の周波数域は網の目に囲まれた小さな膜で支配される。その膜の一次共振周波数が f_M で，それ以下の周波数域が剛性則で，それ以上の周波数域が質量則で支配される。膜は非常に軽く，遮音効果は一般に小さい。

桟有の場合はここに示していないが，桟の固有振動数 f_L，桟の振動による網の反共振周波数 f_{LN} らが，類似の作用をし，低周波でのピーク，ディップを発生したと推察される（図 19, 21, 25, 27）。

以上，袋状の薄膜を網で挟み込み内圧をかけることにより遮音効果を得ることができる，薄膜と空気圧を利用した遮音量可変型軽量遮音構造（MSI）の有効性を紹介した。ここでは紙面の都合で MSI 複合構造については紹介できなかったが，MSI 単独構造と通常のパネルとを組み合わせることで，低周波から高周波にわたって高い遮音効果が得られることが確認されている。今後，より実用的な MSI 構造が開発され，実機に適用されることを期待したい[9]。

文　　献

1)　西村正治ほか，日本機械学会第 18 回環境工学総合シンポジウム 2008 CD-ROM 論文集 102

（2008）

2) 山田大智ほか，日本機械学会第 21 回環境工学総合シンポジウム 2011 CD-ROM 論文集 106 （2011）

3) 山田大智ほか，日本機械学会第 22 回環境工学総合シンポジウム 2012 CD-ROM 論文集 107 （2012）

4) 松田知倫ほか，日本機械学会第 19 回環境工学総合シンポジウム 2009 講演論文集，pp.31-34（2009）

5) 白木万博監著，騒音防止設計とシミュレーション，p.98，応用技術出版（1987）

6) 西村正治ほか，JSME ノート（B），No.2011-JBN-0804（2012）

7) M. Nishimura *et al.*, Proc. of internoise 2012, CD-ROM（2012）

8) M. Nishimura *et al.*, Proc. of internoise 2016, CD-ROM（2016）

9) 西村正治，日本音響学会誌，**71**(10)，546-553（2015）

4　トポロジー最適化による減衰材料の最適配置

竹澤晃弘[*]

4.1　はじめに

振動抑制は自動車の乗り心地向上のために極めて重要である。減衰材料の使用は有効な解決策の一つであり，特に共振が避けられない場合，応答のピークを低減する唯一の手段である。例えば外部負荷に対する応答を低減するために，車体に防振ゴムがしばしば設置される。しかし，減衰材料の量を増やすことは，コストの上昇に繋がる上に，車体重量を著しく増加させる。昨今の高い燃費要求を考慮すると，これは致命的であり，防振材料の利用は効果的な位置に最低限とすることが望ましい。したがって，減衰材料のレイアウトを最適化する技術が極めて重要である。

減衰材料の最適化に関して様々な方法が提案されている。初期の研究の一つとして，PlunkettとLeeによる板と梁の材料レイアウトの理論的及び実験的研究が挙げられる[1]。その後有限要素法（FEM）が数値解析手法として用いられ，正確な解析と詳細な最適化が可能になった。例えば，ChenとHuangはTopographical Global Optimizationと呼ばれる大域的探索手法を用いて減衰材料の位置と厚さの最適化を行った[2]。また，ZhengとTanは同様に遺伝的アルゴリズムを用いた最適化手法を開発し[3]，円柱上の減衰材料レイアウトの最適化にも拡張した[4]。

以上の研究は減衰材料の形状は固定し，位置と厚さのみを最適化したのみだったが，真の最適解を探求するには，減衰材料が許容された空間に任意の数と形状でレイアウトされるのが望ましい。これを可能にするのが，構造最適化法の一種であるトポロジー最適化である[5]。トポロジー最適化の基本的な考え方は，対象構造の形状を変化させるのではなく，対象構造を含む広い空間を設定し，その中における材料分布を最適化するというものである。この考え方は，基礎となる構造，例えば車体に対し，減衰材料を付加的に配置していくような問題と極めて相性が良い。

トポロジー最適化が構造物の振動問題に対して用いられた例としては，周波数応答問題や固有値解析問題に基づく固有振動数の最適化が主であった。近年になり，減衰材料の最適化が試みられ，基材の上での減衰材料レイアウトの最適化が研究された。まず，Lingらが固有値解析に基づいてモーダル損失係数を最大化するための手法を開発した[6]。そして，Kangらは，周波数応答解析に基づく最適化手法を提案し[7]，彼らはまた，減衰材料と基材の同時最適化にも手法を拡張した[8]。また，これらの最適化の実験的検証も報告されている[9]。また，固有値解析及び周波数応答解析のいずれの場合においても近年，山本ら[10,11]，著者ら[12]による新しい手法が提案されている。

そこで本稿ではトポロジー最適化による減衰材料の最適配置法について解説する。以下，4.2項ではトポロジー最適化について説明し，4.3項では固有値解析に基づく最適化法について述べる。4.4項では周波数応答解析に基づく最適化法について述べ，4.5項に結言を述べる。

＊　Akihiro Takezawa　広島大学　大学院工学研究科　輸送・環境システム専攻　准教授

149

4.2 トポロジー最適化

本項では，図1のように基礎となる構造があり，その上に減衰材料をトポロジー最適化でレイアウトする場合を考える。トポロジー最適化の基本的な考え方は，固定設計領域と次式に示す特性関数 X_Ω の導入である。すなわち，最適構造 Ω_d を含む固定設計領域 D を最初に設け，その固定設計領域と特性関数 X_Ω を用いて，最適化問題を材料分布問題に置き換える。

$$X_\Omega(\mathbf{x}) = \begin{cases} 1 & \text{if} \quad \mathbf{x} \in \Omega_d \\ 0 & \text{if} \quad \mathbf{x} \in D \cdot \Omega_d \end{cases} \tag{1}$$

上式の X_Ω を用いれば固定設計領域 D 内の座標 $\mathbf{x}$ における X_Ω の 0-1 問題として，最適構造を決定することができる。しかし，この式に基づいて最適化を行う場合には，固定設計領域 D 内の全ての座標 $\mathbf{x}$ において，不連続関数 X_Ω を評価するという，無限個の設計変数について不連続値を扱う問題になり，数学的に最適解が存在しないことが証明されている。

この問題は，特性関数に関する最適化問題を，大域的な意味で連続な密度関数の最適化問題に置き換えることで解決され，その緩和法としては SIMP 法[5]が代表的である。これらの方法では，緩和された最適化問題は，空孔を模した非常に弱い材料と母材とで構成される複合材料における，母材の体積含有率の最適化問題と解釈できる。このような最適化問題においては，構造か空孔か判断が困難なグレーの領域がしばしば生じるが，SIMP 法はこの複合材料における体積含有率を示す密度関数と物性値との関係の非線形性をパラメータにより調整でき，明確な構造を得易いという利点があるため，多くの研究で用いられている。そのため，多くの減衰材料のトポロジー最適化でも SIMP 法が用いられ，関連する物性値である質量密度とヤング率，損失係数を以下の式で表す。

$$\rho_{\text{eff}}(\phi) = \phi^{P_\rho} \rho_0 \tag{2}$$

$$E_{\text{eff}}(\phi) = \phi^{P_E} E_0 \tag{3}$$

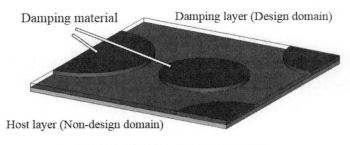

図1　減衰材料のトポロジー最適化概略

第3章　自動車における騒音制御

$$\eta_{\text{eff}}(\phi) = \phi^{p_\eta} \eta_0 \tag{4}$$

ただし，

$$0 \leq \phi(\mathbf{x}) \leq 1, \quad \mathbf{x} \in D \tag{5}$$

ここで，ϕは連続関数で近似した特性関数であり，仮想的な材料密度と解釈できる．また，添字のeffは最適構造における物性値を示し，添字の0は原材料の物性値を示す．

各pは仮想密度関数ϕと最適構造における物性値の関係をコントロールするためのパラメータであり，その設定には注意が必要である．静的な問題の場合は，ヤング率のみが関連する物性値となり，$p_E=3$が汎用的に有効な値とされている．しかし，動的な問題の場合は，ヤング率と質量密度の相互影響を考慮する必要があるため，最適化問題に応じて有効な設定が異なる．この説明のため，図2に示す一自由度系の質量とばね定数に密度関数を設定し，それぞれ$m(\phi)=\phi^{p_\rho}m_0$と$k(\phi)=\phi^{p_E}k_0$とで表される状態を考える．ただし，現時点では減衰は無視する．このとき，この系の固有角振動数は$\omega_n = \sqrt{\frac{k_0}{m_0}\rho^{p_E-p_\rho}}$と表され，$m_0=k_0=1$とし$\phi$を0から1まで変化させたときの$\omega_n$の変化は図3のように表される．ただし，$p_m$と$p_E$について$(p_m, p_E)=(1,1)$，$(1,3)$，$(3,1)$の三通りの値を考えた．$(p_m, p_E)=(1,3)$の場合は，$\phi$が上がるにつれて固有角振動数も上がり，固有角振動数の最大化に適した設定となる．それに対し，$(p_m, p_E)=(1,1)$の場合は，材料の配置が固有角振動数に影響しない設定になり，後述の複素動的コンプライアンスに基づく周波数応答解析での減衰材料配置問題のように，固有角振動数とは別の値を目標にして最適化をするのに適した設定となる．なお，$(p_m, p_E)=(3,1)$の場合はϕが上がるにつれて固有角振動数が下がるという，材料の配置が振動特性を悪化させる問題となり，一般的には適さない設定である．

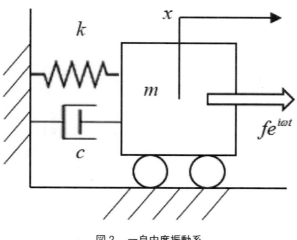

図2　一自由度振動系

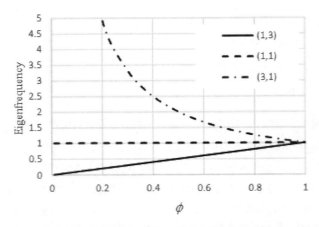

図3 トポロジー最適化の仮想密度関数と固有角振動数との関係

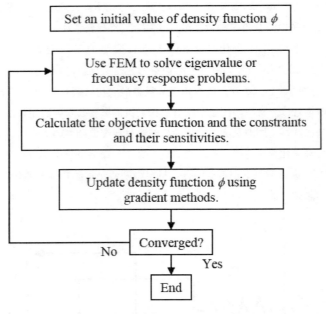

図4 最適化フローチャート

　図4に最適化のフローチャートを示す。仮想密度関数φが設計変数となり，目的関数及び制約条件のφに関する感度を導出し，勾配法で設計変数を更新する。中でも特にMethod of Moving Asymptote（MMA）[13]が効果的とされている。

4.3　固有振動数解析に基づく最適化
　まず，固有振動数解析に基づく減衰材料の最適化について述べる。ある弾性体の振動問題にお

152

第3章　自動車における騒音制御

いて，有限要素法で離散化された系の剛性マトリクスを $\mathbf{K}$，質量マトリクスを $\mathbf{M}$，i 次の複素固有値及び固有モードを λ_i と Φ_i とすると，次式が成り立つ。

$$\lambda_i \mathbf{M} \Phi_i = \mathbf{K} \Phi_i \tag{6}$$

i 次のモーダル減衰率 $\eta_i = \mathrm{Im}(\lambda_i)/\mathrm{Re}(\lambda_i)$ を用いて書き直すと

$$\mathrm{Re}(\lambda_i)(1+j\eta_i)\mathbf{M}\Phi_i = \{\mathrm{Re}(\mathbf{K}) + j\,\mathrm{Im}(\mathbf{K})\}\Phi_i \tag{7}$$

ここで j は虚数単位である。上式に左から共役転置固有ベクトル Φ_i^* をかけ，$\mathbf{M}$ と $\mathbf{K}$ が正定であることを利用し（行列の任意のベクトルに対する二次形式が正の実数になる），さらに固有ベクトルが $\Phi_i^* \mathbf{M} \Phi_i = 1$ と正規化されているとすると，実部と虚部を比較することで，モーダル減衰率は以下のようにも表される。

$$\eta_i = \frac{\Phi_i^* \mathrm{Im}\{\mathbf{K}\} \Phi_i}{\Phi_i^* \mathrm{Re}\{\mathbf{K}\} \Phi_i} \tag{8}$$

この式は，モーダル減衰率がモーダルひずみエネルギーの実部と虚部の比で表されることを示し，減衰材はひずみエネルギーが大きくなる場所にレイアウトされるべきという一般的な設計論の根拠になっている。Ling らはこの値を直接最適化したが [6]，山本らは汎用 FEM ソルバーが複素固有値問題を扱えない場合を想定し，(8)式に対し，制振材の剛性が基礎となる構造に対して十分に小さい場合は，以下の近似が成り立つことを導出した [10, 11]。

$$\eta_i \approx \sum_{k=1}^{n_d} \eta_k \left(1 - \frac{\lambda_i^P}{\lambda_{ki}^d}\right) \tag{9}$$

ここで，n_d は減衰材の数，λ_i^P は減衰材を無視した場合の i 次の実固有値，λ_{ki}^P は k 番目の減衰材の質量を無視し，剛性のみを考慮した場合の実固有値である。

　図5に目的関数を(8)式の厳密なモーダル減衰率及び(9)式の近似モーダル減衰率の最大化とし，減衰材料の体積制約の下，全周固定した平板の面外振動に対して得られた減衰材の最適レイアウトを示す。一次，二次ともに，モーダルひずみエネルギーの高い場所に減衰材が配置され，また，(9)式の近似でも直接の最適化に遜色のない結果が得られていることがわかる。

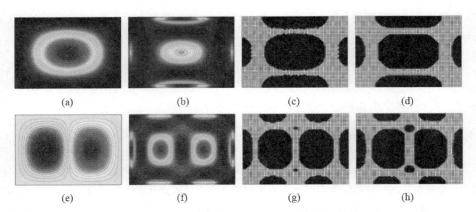

図5　モーダル減衰率を最大化した最適解[10, 11]
(a), (e)は固有モード, (b), (f)はモーダルひずみエネルギー, (c), (g)は(8)式の厳密なモーダル減衰率で求めた解, (d), (h)は(9)式の近似モーダル減衰率で求めた解である。(a)〜(d)は一次モード, (e)〜(h)は二次モードに対応する。

4.4　周波数応答解析での最適化

続いて，周波数応答解析に基づく減衰材料のトポロジー最適化について述べる。有限要素法で離散化されたある弾性体に，角振動数ωの周期荷重$\mathbf{F} = \mathbf{f}\cos\omega t$が作用したとき，応答変位も同様の周期性を持つと仮定した場合の振動方程式は以下のように表される。

$$-\omega^2 \mathbf{Mu} + i\omega \mathbf{Cu} + \mathrm{Re}(\mathbf{K}) = \mathbf{f} \tag{10}$$

ただし，$\mathbf{u}$は複素振幅ベクトルであり，また，ここでの粘性減衰係数は$\mathbf{C} = \mathrm{im}(K)/\omega$とし，減衰材料の損失を表すものとする。このとき，考えられる目的関数としては，(10)式から得られる振幅を直接最小化することが考えられる[7, 8]。

しかし，減衰材料のレイアウト問題を考えたときに，ある周波数の入力に対し，応答振幅の減少が起きる要因は必ずしも減衰効果によるものではない。減衰材料の質量や剛性によって系の固有振動数が変化すれば，その影響も受ける。すなわち，減衰材料のレイアウト問題において，応答振幅を最小化することは，入力周波数によっては本質的な減衰効果の増加にならない可能性がある。

この問題に対し，著者らは振幅の最小化ではない新たな目的関数を提案した[12]。まず，(10)式の系において，一サイクルの振動で減衰により損失するエネルギーは以下のように表される。

$$W_d = \pi\omega \mathbf{u}^*\mathbf{Cu} \tag{11}$$

そして，(10)式に左から変位ベクトルの共役転置をかけて

$$-\omega^2 \mathbf{u}^*\mathbf{Mu} + i\omega \mathbf{u}^*\mathbf{Cu} + \mathbf{u}^*\mathrm{Re}(\mathbf{K})\mathbf{u} = \mathbf{u}^*\mathbf{f} \tag{12}$$

が得られる.ここで,**M**と**C**,**K**がいずれも正定であることを利用すると,(11)式の W_d は(12)式の虚部 $\mathrm{Im}(\mathbf{u}^*\mathbf{f})$ で表される.すなわち,この値を目的関数として最適化することで,系の本質的な減衰を向上させるための最適化が実施できる.なお,非減衰問題において,振幅ベクトルと荷重ベクトルの内積が動的コンプライアンスと呼ばれ,最適化の目的関数にしばしば用いられるが,(12)式の実部 $\mathrm{Re}(\mathbf{u}^*\mathbf{f})$ がそれに相当することになる.著者らは以上の考え方は動的コンプライアンスを複素数に拡張したものと考え,複素動的コンプライアンスと名付けた.

ここで,4.2項で説明したSIMP法におけるパラメータを検討する.図2に示す一自由度系において,質量及びばね定数に加え,等価粘性減衰 c が以下のように仮想密度関数 ϕ の関数であるとする.

$$c = \phi^{P_\eta}\frac{\eta_0 k}{\omega} = \phi^{P_k+P_\eta}\frac{\eta_0 k_0}{\omega} \tag{13}$$

$m_0 = k_0 = f = 1$ 及び $\eta_0 = 0.3$,$(p_m, p_E) = (3, 3)$ とし,入力角振動数は $0.5\omega_n$ としたときの複素動的コンプライアンス虚部に相当する $\mathrm{Im}(u^*f)$ を図6にプロットした.ただし,P_η は1,3,6の三通りとする.ϕ が0のとき,減衰が存在しないため,$\mathrm{Im}(u^*f)$ は0になる.しかし,$P_\eta < 3$ のときは $\phi \to 0$ で $\mathrm{Im}(u^*f)$ は発散し,$P_\eta = 3$ のときは $\mathrm{Im}(u^*f)$ は ϕ によらず一定値をとることになる.即ち,$\mathrm{Im}(u^*f)$ に $\phi = 0$ での不連続性が生じてしまう.この問題を解決するためには,$P_\eta < 3$ とする必要があり,収束性を高めるには $P_\eta = 6$ 程度が適切である.

図7に(12)式の複素動的コンプライアンス虚部の最大化を目的関数とし,減衰材料の総体積を制

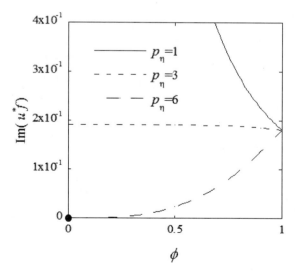

図6 一自由度系における複素動的コンプライアンス虚部と仮想密度関数との関係

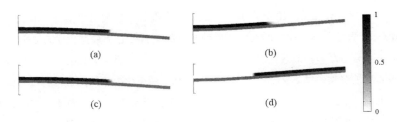

図7 片持はりに対する複素動的コンプライアンス虚部を用いた減衰材レイアウト最適解

約条件に，全長 150 mm，幅 10 mm，基礎材料層と減衰材料層の厚さがそれぞれ 2 mm の片持はりを自由端で加振した際の減衰材料分布を体積制約 60 % で最適化した例を示す。なお，基礎構造の材料はヤング率 70 GPa，ポアソン比 0.3，質量密度 2.7×10^3 kg/m^3 のアルミニウムとし，減衰材料はヤング率 1 GPa，ポアソン比 0.4，質量密度 1.0×10^3 kg/m^3 の硬質ゴム材料とした。入力周波数は，基礎構造の固有振動数を参考に，予想される最適解の一次固有振動数よりも小さな値である 2 Hz 及び，大きな値である 8 Hz で設定した。なお，比較のため，加振点である自由端の振幅を最小化した最適解も示す。2 Hz の入力に対しては，いずれの目的関数も正しく固定端近くに減衰材料を配置しているが，8 Hz の入力に対しては，加振点の振幅最適化は減衰材料を自由端側に配置してしまっている。これは明らかに入力周波数に対して，減衰材料の質量により系の固有振動数を下げ，下逃げを図った結果であり，入力周波数に対しては振幅低減の効果があるかもしれないが，低周波振動に対する減衰材料のレイアウトとしては明らかに不適切である。それに対し，複素動的コンプライアンス虚部を目的関数にした場合は，入力周波数によらず近い解が得られている。

このような，系の固有振動数と入力周波数の相互影響によらず，安定して解が得られるという手法のロバスト性を活用すれば，入力周波数を二つの固有振動数間の適切な値に設定することで，二つの固有モードに対し有効な減衰を示す最適レイアウトを得ることもできる。図8に示す，二次元平板に減衰材料を体積制約 50 % でレイアウトする最適化問題を考える。材料は先の片持はりの問題と同一とし，仮に基礎構造の前面を厚さ 1 mm，即ち体積制約の上限値と同体積の減衰材料で覆った場合は図9のような周波数応答を示す。ここで，三次と四次の固有振動数間の 38 Hz を入力周波数として得た吸音材の最適レイアウトを図10に示す。また，図11にこの解に対する周波数応答を示す。1 mm の減衰材料で覆った場合と比較し，三次モードと四次モードのいずれにおいても応答が低減できていることがわかる。

第3章　自動車における騒音制御

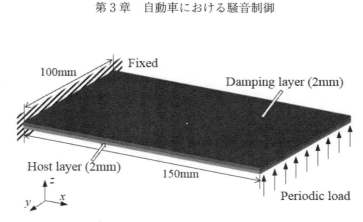

図8　片持ち平板に対する減衰材レイアウト最適化問題の条件

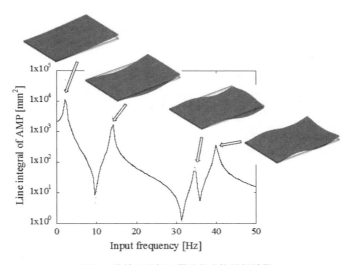

図9　片持ち平板の周波数応答解析結果

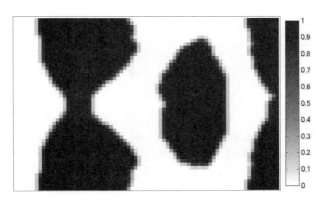

図10　片持ち平板に対する減衰材レイアウト最適解

157

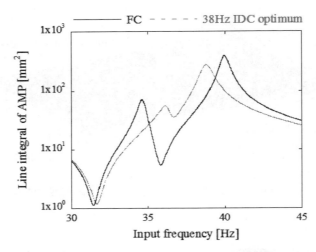

図11 最適減衰材レイアウトを有する片持ち平板の周波数応答解析結果

4.5 まとめ

本節では，固有振動数解析に基づきモーダル減衰率を最大化する問題と，周波数応答解析に基づき複素動的コンプライアンスの虚部を最大化し系の減衰能を向上させる問題を取り上げ，減衰材料のトポロジー最適化について解説した。静荷重に対するトポロジー最適化機能は多数の商用ソフトに搭載され，自動車を中心とした製品開発の中で活用されている。しかし，動的問題に対するトポロジー最適化は，静荷重と同様に初期から研究されてきたものの，その難易度の高さからか，商用ソフトでの対応は限られるのが現状である。その中でも減衰材料の最適レイアウトは意外にも近年の話題であり，一般的に活用されるにはまだ少し時間を有する可能性が高い。しかし，山本らの研究[10,11]のように専用の商用ソフトを待たずとも，既存のソフトウェアでの工夫により実行できる手法も存在する。制振性能は日本の自動車の競争力を支える重要な機能であり，今回紹介した手法が少しでもその向上に貢献できることを期待する。

文　献

1) R. Plunkett and C. T. Lee, *J. Acoust. Soc. Am.*, **48**, 150-161 (1970)
2) Y. C. Chen and S. C. Huang, *Int. J. Mech. Sci.*, **44**, 1801-1821 (2002)
3) H. Zheng et al., *Comput. Struct.*, **82**(29), 2493-2507 (2004)
4) H. Zheng et al., *J. Sound Vib.*, **279**(3), 739-756 (2005)
5) M. P. Bendsøe and O. Sigmund, "Topology Optimization : Theory, Methods, and Applications", Springer-Verlag, Berlin (2003)

第3章　自動車における騒音制御

6)　Z. Ling *et al., Shock Vib.,* **18**(1-2), 221-244（2011）

7)　Z. Kang *et al., Struct. Multidisc. Optim.,* **46**(1), 51-67（2012）

8)　X. Zhang *et al., J. Vib. Contr.,* **22**(1), 60-76（2014）

9)　S. Y. Kim *et al., J. Sound Vib.,* **332**(12), 2873-2883（2013）

10)　山本崇史ほか，日本機械学会論文集，**80**(809), DR0016（2014）

11)　T. Yamamoto *et al., J. Sound Vib.,* **358**, 84-96（2015）

12)　A. Takezawa *et al., J. Sound Vib.,* **365**, 230-243（2016）

13)　K. Svanberg, *Int. J. Numer. Methods Eng.,* **24**, 359-373（1987）

5 極細繊維材の吸音率予測手法の開発

黒沢良夫[*]

5.1 はじめに

　自動車には高周波車内騒音低減のため，フェルトやPET（ポリエステル）やグラスウール等を材料とする繊維材が内装（トリム）裏に多く用いられている（図1）。近年では，繊維径が1/数～数 μm のナノ繊維も使用され始めている。図2に，平均繊維径が 2.0 μm のナノ繊維を SEM（走査型電子顕微鏡）で撮影した画像を示す。一般的に同じ重量であれば繊維径が細いほど吸音性能が良いことが知られている。図3に厚さ 10 mm，300 g/m^2 の繊維径の異なる4つの繊維材の垂直入射吸音率の計測結果を示す。同じ厚さ，同じ目付であれば繊維径が細いほど吸音率が高いことがわかる。繊維材の吸音率は周波数によって特性が異なるため，狙いの周波数域で狙いの吸音性能を持つ製品を製作するのは困難である。また，繊維が細すぎると弾力が小さくなり潰れてしまい，製品として用いるためには骨格（バインダー）となる別の繊維を追加したり，複数層

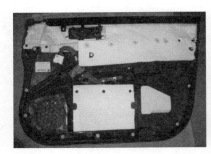

図1　自動車のトリム裏吸音材

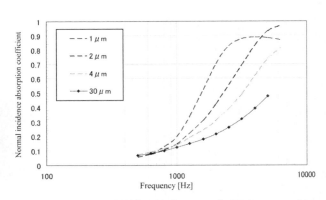

図2　極細繊維材　　　図3　垂直入射吸音率の比較（300 g/m^2，厚さ：10 mm）

---

*　Yoshio Kurosawa　帝京大学　理工学部　機械・精密システム工学科　准教授

第 3 章　自動車における騒音制御

に積層する場合もあるが，その配合割合により吸音性能も変化してしまう。周波数ごとの最適な繊維径・配合割合を実験計測的に求めようとすると膨大なサンプル作製や計測数になってしまうため，計算により吸音率の周波数特性を求める方法を紹介する。

　従来，繊維材の吸音性能である垂直入射吸音率（以下，吸音率はすべて垂直入射吸音率を示す）は音響管を用いた複素の特性インピーダンスと伝搬定数の計測結果から求められていた[1, 2]。加藤は，音響管の計測を必要としない，繊維径・繊維密度・サンプル厚さ・サンプル密度から吸音率を計算する手法（Kato モデル）を提案した[3, 4]。論文中では繊維径の小さいものは等価繊維径 15.7 μm まで検証されているが，繊維径が 1～4 μm のナノ繊維では適用できないことが筆者により確認された[5]。そのため，本節ではナノ繊維でも吸音率が予測可能な計算手法を紹介する。

　また，実際に自動車の吸音材として用いる際は，表面を保護する薄い不織布や，厚みを確保するために従来から使用されている繊維材等と積層する場合がある。そのためナノ繊維を含む積層吸音材の吸音率予測手法を検討した。具体的には，2×2 の伝達マトリックス法[6, 7] に適用させた。計算手法と実験との比較結果について紹介する。

5.2　ナノ繊維単体の計算手法

　ナノ繊維の吸音率の計算は，R. Panneton により提案された Limp frame モデル[8] が有効であることを加藤らが確認している[9]。これは，骨格が柔らかい繊維材に対して適用され，振動する骨格内を流れる空気のエネルギーロスを導くモデルである。以下に複素体積弾性率，複素密度の計算式を示す。

$$K_{eq} \cong \frac{\gamma P_0}{\gamma - (\gamma-1)\left[1 + \dfrac{8\mu}{j\Lambda'^2 B^2 \omega \rho_0}\sqrt{1 + j\rho_0 \dfrac{\omega B^2 \Lambda'^2}{16\mu}}\right]^{-1}} \tag{1}$$

$$\tilde{\rho}'_{eq} \approx \frac{\tilde{\rho}_{eq}M - \rho_0^2}{M + \tilde{\rho}_{eq} - 2\rho_0} \tag{2}$$

$$\tilde{\rho}'_{eq} \cong \frac{a_\infty \rho_0}{\phi}\left[1 - j\frac{\sigma\phi}{a_\infty \rho_0 \omega}\sqrt{1 + j\frac{4a_\infty^2 \mu \rho_0}{\sigma^2 \phi^2 \Lambda^2}\omega}\right], \quad M = \rho + \phi\rho_0, \quad \phi = 1 - \frac{\rho}{\rho_s} \tag{3}$$

　K_{eq}：繊維中の空気の換算体積弾性率，γ：空気の比熱比（＝1.4），P_0：標準大気圧（＝1013 hPa），μ：空気の損失係数（＝1.81×10^{-5} Ns/m^2），Λ'：熱的特性長（Thermal characteristic length），B^2：空気の Prandtl 数（＝0.708），ω：周波数，ρ_0：空気の密度（＝1.2 kg/m^3），$\tilde{\rho}'_{eq}$：繊維中の空気の換算密度，a_∞：迷路度（Tortuosity），ϕ：多孔度（Porosity），σ：流れ抵抗（Flow resistivity），Λ：粘性特性長（Viscous characteristic length），ρ：サンプル密度，ρ_s：繊維密度である。

　今回，①PP（ポリプロピレン）平均繊維径：1.0572 μm，目付け：300 g/m^2，厚さ：20 mm，②PP 平均繊維径：4.2458 μm，目付け：300 g/m^2，厚さ：10 mm の 2 種類について，吸音率の

161

実験結果と Miki モデル [10]，Rigid frame モデル [11]，Limp frame モデル [12] の計算結果の比較を行った（図4）。なお，ナノ繊維では骨格の弾性率の影響はなく Biot モデル [11] を用いる必要はないことは確認済みである [5]。どのモデルも上記材料パラメータは音響管の計測結果から ESI 社の Biot パラメータ逆推定ソフトウェア Foam-X を用いて算出した結果を代入して計算した。実験結果と比較すると①②どちらの仕様も Limp frame モデルが最も良い予測精度を示していた。ただし，迷路度，熱的特性長，粘性特性長，流れ抵抗を求めるには専用の計測装置，または前述の音響管計測結果からの逆推定が必要 [10] となり，サンプル作製が必要となってしまう。そのため，本項では，これらの材料パラメータ（計測結果や音響管計測結果から逆推定した値）と繊維径・繊維密度・サンプル厚さ・サンプル密度について実験関係式を求めた結果を紹介する。

図5に流れ抵抗の計測結果とサンプル密度の関係を示す。流れ抵抗はカトーテック㈱製の通気性試験機 KES-F8-AP1 を用いて計測した。今回は PP からなる繊維径の異なる3つのサンプルを作製し，厚さを変えることでそれぞれの繊維径で9種類のサンプル密度にして流れ抵抗を計測した。図中1μm は平均繊維径 1.0572μm，2μm は平均繊維径 2.0216μm，4μm は平均繊維径 4.2458μm である。本図より，繊維径ごとにサンプル密度と流れ抵抗の近似曲線を求めると累乗の関数の形 $\sigma = a\rho^b$ が最も相関係数が大きくなった。それぞれ繊維径1μm で $\sigma = 67.46502 \rho^{2.23697}$，2μm で $\sigma = 169.38608 \rho^{1.72092}$，4μm で $\sigma = 103.85667 \rho^{1.5674}$ である。a と b が各繊維径で成り立つように近似曲線を求めると累乗の関数の形が最も相関係数が大きくなったので，流れ抵抗を(4)式の関係式とした。

$$\sigma = \{85.733 \times (D \times 10^6)^{0.2871}\} \times \rho^{2.1922 \times (D \times 10^6)^{-0.2527}} \tag{4}$$

D：平均繊維径である。

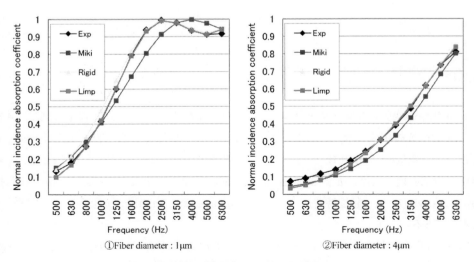

図4　実験結果と各計算モデルの吸音率の比較

第3章　自動車における騒音制御

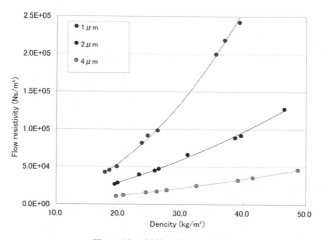

図5　流れ抵抗と密度の関係

迷路度は繊維材ではほぼ1.0に近い値になることが多く[9]，繊維径によらず一定値1.0とした。
図6に音響管の吸音率計測結果からESI社のBiotパラメータ逆推定ソフトウェアFoam-Xを用いて算出した熱的特性長と繊維径の関係をサンプル密度ごとに示す。同じ繊維径で2つのプロットがあるのは$\phi 63.5$と$\phi 29$の音響管からの算出結果が若干異なったからである。両方の音響管からの算出結果から回帰曲線を求め(5)式のような関係式を導いた。

$$\Lambda' = 955.92\, \rho^{-0.816} \log\,(D \times 10^6) + 511.99\, \rho^{-0.939} \tag{5}$$

粘性特性長は繊維材で一般的に成り立つ以下の関係式を用いた[9]。

$$\Lambda = \frac{\Lambda'}{2} \tag{6}$$

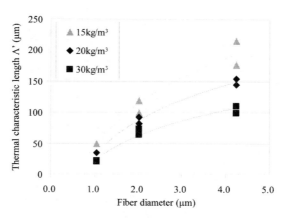

図6　繊維径と熱的特性長の関係

以上をLimp frameモデルに適用し，吸音率を計算し計測結果と比較した結果を図7〜9に示す。1 m²あたりの重さは300 gで，厚さは図7が20 mm，図8が15 mm，図9は10 mmである。図中実線はφ63.5の音響管（中管）の計測結果，破線はφ29の音響管（細管）の計測結果，プロットは計算結果である。なお，図7〜9で吸音率を計測したサンプルは，(4)式と(5)式の導入に使用したサンプルとは別のサンプルである。ナノ繊維の繊維径ごとに示した。若干高周波域で計算精度の悪い結果もあるが，細管の音響管計測における計測誤差等を考慮すれば十分な予測精度といえる。

5.3 ナノ繊維を含む積層吸音材の計算結果

次に，前項で示したナノ繊維を他の繊維材と複数層積層した場合の予測結果を紹介する。具体的には前項で示した多孔体内部空気の複素密度・複素弾性率から伝播定数・特性インピーダンス

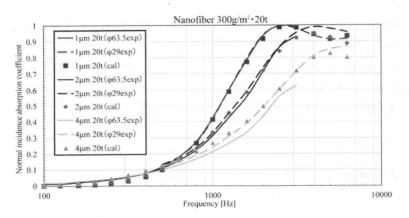

図7　実験結果と計算結果の比較（厚さ：20 mm）

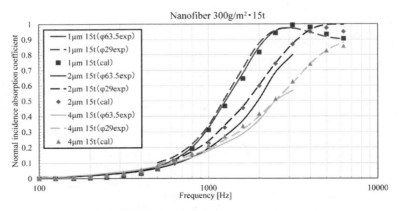

図8　実験結果と計算結果の比較（厚さ：15 mm）

第3章　自動車における騒音制御

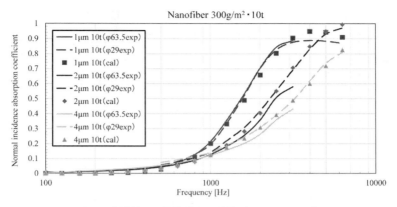

図9　実験結果と計算結果の比較（厚さ：10 mm）

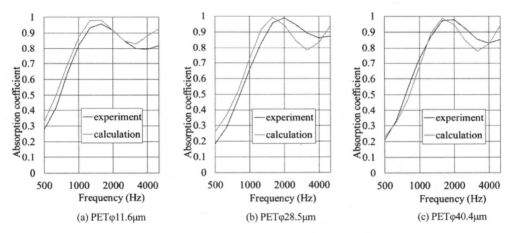

図10　実験結果と計算結果の比較（積層タイプ）

を算出し，2×2の伝達マトリックス法に適用した。繊維径0.8 μmのナノ繊維（厚さ2 mm）とPET材（厚さ4.5 mm）を4枚ずつ交互に積層させて上下を厚さ0.25 mmの薄い不織布で覆った積層吸音材について，音響管を用いた吸音率の計測結果と本手法による計算結果の比較を図10に示す。図10(a)は平均繊維径11.6 μmのPET材，図10(b)は平均繊維径28.5 μmのPET材，図10(c)は平均繊維径40.4 μmのPET材を用いた。計算結果と計測結果を比較すると2000 Hz以上の高周波域では若干差異があるが，おおよそ実験結果を予測できたといえる。

5.4　まとめ

繊維径が1～4 μmのナノ繊維について，繊維径・繊維密度・サンプル厚さ・サンプル密度から吸音率を予測する手法を開発した。流れ抵抗と熱的特性長について計測結果から実験関係式を

導き，Limp frame モデルに適用することで，音響管を用いた吸音率計測結果と比較しておおむね良い一致を示した。さらに，2×2の伝達マトリックス法を適用して，ナノ繊維に不織布やPET材を複数積層させた吸音材の吸音率を予測する手法を紹介した。これにより，サンプル作製前に吸音率の予測が可能になり，狙いの吸音率の製品の作製も可能となった。

文　　献

1) 西村正治，深津智，泉山和雄，長谷川素由，日本機械学会論文集 C 編，**54**(504)，1740-1745（1988）

2) 黒沢良夫，山口誉夫，制振工学研究会 2007 技術交流会資料集，SDT07016，pp.107-112（2007）

3) 加藤大輔，日本音響学会誌，**63**，635-645（2007）

4) 加藤大輔，日本音響学会誌，**66**，339-347（2008）

5) 黒沢良夫，日本機械学会論文集，**82**(837)，DOI:10.1299 /transjsme.15-00665（2016）

6) 西村正治，深津智，泉山和雄，長谷川素由，日本機械学会論文集 C 編，**54**(504)，1740-1745（1988）

7) Utsuno, H., Tanaka, T., and Fujikawa, T., *The Journal of the Acoustical Society of America*, **86**(2)(1989)

8) Panneton, R., *Journal of the Acoustical Society of America*, **122**, Issue 6, EL217（2007）

9) 加藤高久，赤坂修一，松本英俊，浅井茂雄，制振工学研究会 2013 技術交流会資料集，SDT13003，pp.1-4（2013）

10) Miki, Y., *Journal of Acoustic Society of Japan* (*E*), **11**(1), 19-24（1990）

11) Allard, J. F. and Atalla, N., "Propagation of Sound in Porous Media", John Wiley & Sons, Inc.（2009）

12) Courtois, T., Falk, T. and Bertolini, C., SAPEM 2005, Lyon, France, pp.109-115（2005）

第4章　遮音・吸音材料の評価と自動車への応用

1　モード歪みエネルギー法による制振防音性能の予測

山口誉夫*

　制振・防音効果を得るために自動車フロアパネルには図1のような制振材を積層した鋼製パネルと樹脂シートで多孔質材を挟み込んだ吸音二重壁が用いられる[1]。この構造は，制振材によりパネルの共振を減衰して抑制し，さらに多孔質材により二壁間の振動を遮断することで，パネルの振動からの放射音が車室内に流入するのを防止する。これで制振と遮音性能を狙っている。一方，制振と吸音を狙い二重壁の樹脂シートを通気がある多孔質材シートとする構造も用いられる。

　制振防音性能と軽量化の両立を検討するツールとして数値計算が利用される。

　自動車用の防音部品は内装部品や車体構造などと組み合わせて用いられる。そのために積層構造となる。その積層体の高周波数域の吸音遮音性能[33]の解析が伝達行列法[2,3]を用いて行われている[4,5]。シート状の比較的硬い繊維材やフォーム材にはBiotの弾性多孔質材モデル[6,7,27,28,32]が伝達行列[3]に用いられる。さらにSEA法と組み合わせて防音材の配置が検討されている[8]。

　低中周波数域を扱う場合は異なるアプローチが必要となる。伝達行列法では，板に無限平板の仮定を用いるが，これは板振動の波長が板の辺の長さに比べて充分に短くなければ成立しない。

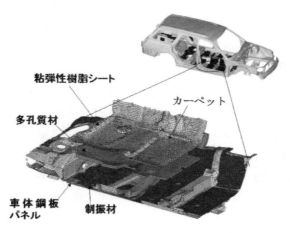

図1　自動車車体の制振防音構造の例[1]

＊　Takao Yamaguchi　群馬大学　大学院理工学府　知能機械創製部門　教授

自動車用制振・遮音・吸音材料の最新動向

しかし近年の自動車は衝突安全対策でフロア面を補強するフレームが多数設置され，車体のフロアまわりを構成する鋼板パネルの最低次共振周波数は 100 Hz から 600 Hz 程度となるので，この周波数以下では無限板の仮定は基本的には成立しない。また，フロア面は面剛性を高くするためにビードと呼ばれる凹凸加工や曲面加工をするので，平板とする扱いは低中周波数域ではできない。さらにパネルには粘弾性制振材が積層されているが，その減衰効果もパネル剛性すなわちパネル形状の影響を受ける。よって板の形状や境界条件を厳密に考慮する必要がある。そのために数値解析法として任意形状が扱える有限要素法が用いられる[11~14]。

　本節では主に，この中周波数域の自動車の制振防音問題の数値計算法として，有限要素法が援用できるモード歪みエネルギー法を取り上げる。

　制振材料は，金属製の車体構造などの固体を伝搬する波動，振動のエネルギーを熱エネルギーに変換する。これより，波動や振動の振幅を低減する機能を持つ。制振材料として，高分子系の粘弾性材料が最も用いられる。制振性能は損失係数 η_D で評価されることが多く，この値が大きいほど制振効果が大きい。損失係数 η_D は，粘弾性分野の $\tan\delta$ に等しく，振動工学で用いられる減衰比 ζ の約 2 倍の値である。制振材の材料特性は，この損失係数を用いた複素弾性率 E_D^* で表現されることが多い。E_D^* の実数部 $E_D{}'$ は貯蔵弾性率と呼ばれ，ばね効果を表し，弾性体のヤング率と同じパラメータである。E_D^* の虚数部 $E_D{}''$ は損失弾性率と呼ばれエネルギー吸収のパラメータである。損失係数 η_D とは $\eta_D = E_D{}''/E_D{}'$ の関係がある。損失係数 η_D が大きい制振材では，力（応力）に対して変形（歪み）が時間遅れする現象が現れ，周期加振条件のもとでは履歴曲線（ヒステリシスカーブ）を描く。その閉曲線内の面積が振動エネルギーの損失量と比例する。金属や硬質の樹脂では，材料の損失係数 η_D が小さいので，ヒステリシスが少なく，応力と歪みの関係は直線となる。

　制振材料を金属製の構造に用いると，系の損失係数 η_D が大きくなり，制振処理がない場合に比べて，時間波形の振幅は早く小さくなる。一方，構造物は，運動に関連する質量 M とばね特性 K で決まる固有振動数 f_n，$(f_n = \omega_n/(2\pi)$，$\omega_n = (K/M)^{1/2})$ で揺れやすい。この固有振動数と外力に含まれる振動数 f，$(f = \omega/(2\pi))$ が一致（$f_n/f = 1$，$\omega_n/\omega = 1$）すると共振現象により振幅が著しく増大する。これより，破壊や不安定な挙動，異音・騒音発生など製品の品質を損なう。制振材を用いると，減衰効果により系の損失係数 η_D が大きくなり共振のピーク近傍の振幅を減らす（η_D が非常に大きくない場合は η_D に反比例）ことができる。

　高分子系の粘弾性制振材は，材料の損失係数 η_D が最大となるガラス転移温度近傍が，使用温度となるように材料設計がなされることが多い。そのガラス転移温度では貯蔵弾性率 $E_D{}'$ が数桁，急減する材料が多い。したがって，制振材は，単独で構造として用いられることは少なく，通常は金属製の構造に積層して用いられる。積層構造で得られる減衰 η は，制振材料の損失係数 η_D とは異なることに注意を要する。η は積層構造を構成する材料の中で，最も大きな損失係数 η_{max} と最も小さな損失係数 η_{min} の中間の値になる。

　金属製パネル，はりへの制振材の積層方法として，二層型（非拘束型）とサンドイッチ型（拘

第4章　遮音・吸音材料の評価と自動車への応用

束型）がよく用いられる。二層型は金属はり（あるいはパネル）層と粘弾性制振材層の二層からなり積層構造が曲げ変形した時に，粘弾性制振材層は伸縮変形をし，その時のヒステリシスで減衰効果を得る。この積層構造で得られる減衰については，Oberst により理論解析がなされている[9]。粘弾性材層と金属層の厚み比 $n = h_D/h_1$ と弾性率比 $e = E_D'/E_1$ があまり大きくない条件では近似式 $\eta \propto e n^2 \eta_D = (E_D/E_1)(h_D/h_1)^2 \eta_D$ が成り立つ。E_D' は貯蔵弾性率，E_1 はヤング率である。制振効果を大きくするためには制振材層の材料損失係数 η_D と板厚 h_D と弾性率 E_D' を大きくする。逆に金属層の板厚 h_1 と弾性率 E_1 を大きくすると制振効果は小さくなる。

　一方，サンドイッチ型は金属はり（あるいはパネル）層と拘束層と呼ばれる硬い層（金属や硬質な樹脂）で粘弾性制振材層をサンドイッチした構造である。この積層構造が曲げ変形した時に，粘弾性制振材層はせん断変形をし，その時のヒステリシスで減衰効果を得る。この積層構造で得られる減衰については，Unger，Kerwin，Ditaranto，Mead，岡崎らなど多くの研究者により理論解析がなされている。Unger，Kerwin は粘弾性制振材層が比較的柔軟で，積層構造が曲げられた時に，粘弾性層がせん断変形すると仮定して積層構造の減衰の理論式[10] を得ている。自動車で制振効果が主に期待されるのは 100〜500 Hz であるが，このような周波数で制振効果を得るためには，粘弾性材料のせん断弾性率を低く柔らかくし板厚を厚くする必要がある。拘束層の伸び剛性 $E_3 h_3$ と金属層の伸び剛性 $E_1 h_1$ が近いほど，制振効果が大きくなる。

　これらの Oberst の式や Unger，Kerwin の式は平板あるいは真直はりのみに適用される。

　自動車の車体構造を構成するパネルでは平板ではなく曲面やビードと呼ばれる凹凸を含んでいる。この場合，Oberst の式や Unger，Kerwin の式で見積もられる結果とずれが生じる。粘弾性体を自動車用構造物に適用した時に，どの程度，系として減衰が得られるかは，系が共振した時の粘弾性体の変形量に依存する。粘弾性体の減衰作用は，外力が作用した時の応力と変形に関連する歪みの間のヒステリシスに起因するためである。よって粘弾性体が変形しないような振動モードでは，ヒステリシスに起因する減衰は得られない。対策を考えている共振で，粘弾性体がどの程度変形するかを，設計段階で調べることが望まれる。そのために CAE を援用することが有効な手段となる。CAE で構造物の制振問題をシミュレーションするためには，粘弾性体と弾性体とが混在する系を取り扱う必要がある。有限要素法（Finite Element Method，FEM）は，粘弾性体と弾性体が混在した任意形状の構造物の動的問題が解け，このような内容の数値解析に有効である[1]。

1.1　自動車用制振・防音構造のモード歪みエネルギー法による解析 [1, 11, 12]

　自動車車体の金属パネルや金属フレームに対応する固体の振動場は，微小振幅を仮定し通常の線形有限要素で離散化[34, 35]される。要素の運動エネルギー，歪みエネルギー，ポテンシャルエネルギーを求めラグランジュの方程式を用いると次式を得る。

169

自動車用制振・遮音・吸音材料の最新動向

$$[M]_{se}\{\ddot{u}\}_{se} + [K]_{se}\{u\}_{se} = \{f\}_{se}, \qquad [K]_{se} = [K_R]_{se}(1+j\eta_e)$$

$$[M]_{se} = \iiint_e \rho_{se}[N]^T[N]dxdydz, \qquad [K]_{se} = \iiint_e[B]^T[D][B]dxdydz \tag{1}$$

ここで，ドットは時間微分を表す。$[B]$ と $[D]$ はそれぞれ B マトリックスと D マトリックスである。$[N]$ は形状関数行列である。ρ_{se} は要素 e の質量密度，$\iiint_e dxdydz$ は要素領域内での積分を表す。$[M]_{se}$，$[K]_{se}$，$\{u\}_{se}$，$\{f\}_{se}$ はそれぞれ要素質量行列，要素剛性行列，要素内の節点変位ベクトル，要素内の節点力ベクトルである。(1)式の $[D]$ の中の弾性率 E_e を，複素弾性率 $E_e(1+j\eta_e)$，(j：虚数単位)，とすることで，粘弾性材要素になる[11~22]。この時，$E_e = E_D'$ は粘弾性材の貯蔵弾性率，$\eta_e = \eta_D$ は，粘弾性材の材料損失係数に相当する。その結果，粘弾性材要素の $[D]$ は複素行列となる。

多孔質材については内部空気の三次元音場を有限要素で離散化する。周期的に加振される非粘性圧縮性完全流体の運動方程式と圧力と体積歪みの関係は次式で表す。

$$grad\ s = \rho\{\ddot{u}\}_f, \qquad s = E_f div\{u\}_f, \qquad s = -p \tag{2}$$

$\{u\}_f$ は気体の粒子変位ベクトル，p は圧力，E_f は体積弾性率，ρ_f は実効密度である。粒子変位を未知数としラグランジュの方程式を用いると次式を得る。

$$[M]_{fe}\{\ddot{u}\}_{fe} + [K]_{fe}\{u\}_{fe} = \{f\}_{fe} \tag{3}$$

$\{f\}_{fe}$ と $\{u\}_{fe}$ は，それぞれ気体要素の節点力ベクトルと節点粒子変位ベクトル，$[M]_{fe} = \rho_{fe}[\breve{M}]_{fe}$ は要素質量行列，$[K]_{fe} = E_{fe}[\breve{K}]_{fe}$ は要素剛性行列である。E_{fe} と ρ_{fe} は要素 e の体積弾性率と実効密度である。多孔質材内部の音場を表すために次式の複素実効密度 ρ_{fe}^*，複素体積弾性率 E_{fe}^* を用いる[23]。

$$\rho_{fe} \Rightarrow \rho_{fe}^* = \rho_{feR} + j\rho_{feI}, \quad E_{fe} \Rightarrow E_{fe}^* = E_{feR} + jE_{feI} \tag{4}$$

ρ_{feR} と ρ_{feI} は複素実効密度の実部と虚部，E_{feR} と E_{feI} は複素体積弾性率の実部と虚部である。以上から，多孔質材内部の音場を表す要素では，$[M]_{fe}$ と $[K]_{fe}$ が共に複素数で表現される。

金属製の車体を弾性体，制振材や樹脂材料を粘弾性体，繊維材やフォーム材を多孔質材で表現し有限要素でモデル化し全要素を重ね合わせる。

その全系の運動方程式で外力項を $\{0\}$ とし次の複素固有値問題の式を得る。

$$\sum_{e=1}^{e_{max}}\left([K_R]_e(1+j\eta_e) - (\omega^{(i)})^2(1+j\eta_{tot}^{(i)})[M_R]_e(1+j\chi_e)\right)\{\phi^{(i)}\} = \{0\} \tag{5}$$

第4章　遮音・吸音材料の評価と自動車への応用

$[M_R]_e$ は全系の質量行列 $[M]_e$ の実部，$[K_R]_e$ は全系の剛性行列 $[K]_e$ の実部である。添え字 (i) は i 次固有モード，$(\omega^{(i)})^2$ は複素固有値の実部，$\{\phi^{(i)}\}$ は複素固有モード，$\eta_{tot}^{(i)}$ はモード損失係数（i 次モードの共振ピークで得られる減衰）である。

材料減衰 χ_e，$\eta_e(e=1, 2, 3, \cdots, e_{max})$ で全要素の中で最大のものを η_{max} とし以下を定義する。

$$\beta_{se}=\eta_e/\eta_{max}, \ |\beta_{se}|\leq 1, \qquad \beta_{ke}=\chi_e/\eta_{max}, \ |\beta_{ke}|\leq 1 \tag{6}$$

$|\eta_{max}|\ll 1$ と仮定し微小量 $\mu=j\eta_{max}$ を導入し(5)式の複素固有値問題の解を漸近展開する。

$$\{\phi^{(i)}\}=\{\phi^{(i)}\}_0+\mu\{\phi^{(i)}\}_1+\mu^2\{\phi^{(i)}\}_2+,\cdots, \quad (\omega^{(i)})^2=(\omega_0^{(i)})^2+\mu^2(\omega_2^{(i)})^2+\mu^4(\omega_4^{(i)})^2+,\cdots,$$

$$j\eta_{tot}^{(i)}=\mu\eta_1^{(i)}+\mu^3\eta_3^{(i)}+\mu^5\eta_5^{(i)}+,\cdots \tag{7}$$

$|\beta_{se}|\leq 1$ および $|\beta_{ke}|\leq 1$ であるので $|\eta_{max}|\ll 1$ ならば，$|\beta_{se}\eta_{max}|\ll 1$ と $|\beta_{ke}\eta_{max}|\ll 1$ が成立し $\mu\beta_{se}$ および $\mu\beta_{ke}$ も μ と同様に微小量となる。$\{\phi^{(i)}\}_0$，$\{\phi^{(i)}\}_1$，$\{\phi^{(i)}\}_2$，$\cdots$ と $(\omega_0^{(i)})^2$，$(\omega_2^{(i)})^2$，$(\omega_4^{(i)})^2$，と $\eta_1^{(i)}$，$\eta_3^{(i)}$，$\eta_5^{(i)}$，$\cdots$ は実数とする。(7)式を(5)式に代入し，μ^0 と μ^1 の量ごとに整理し次式を得る。

$$\eta_{tot}^{(i)}=\eta_{se}^{(i)}-\eta_{ke}^{(i)}, \quad \eta_{se}^{(i)}=\sum_{e=1}^{e_{max}}\left(\eta_e S_{se}^{(i)}\right), \quad \eta_{ke}^{(i)}=\sum_{e=1}^{e_{max}}\left(\chi_e S_{ke}^{(i)}\right) \tag{8}$$

$\eta_{tot}^{(i)}$ はモード損失係数，$S_{se}^{(i)}$ は歪みエネルギー分担率，$S_{ke}^{(i)}$ は運動エネルギー分担率である。この式より，モード損失係数 $\eta_{tot}^{(i)}$ は弾性率に関連する材料減衰 η_e と歪みエネルギー分担率との積の全要素にわたる和 $\eta_{se}^{(i)}$，および実効密度に関する材料減衰 χ_e と運動エネルギー分担率との積の全要素にわたる和 $\eta_{ke}^{(i)}$ から近似計算できる。本手法を MSKE 法（Modal Strain and Kinetic Energy Method）[1, 15~20] と呼んでいる。これは Johnson により提案されたモード歪みエネルギー法（MSE 法：Modal Strain Energy Method）[11~14, 21, 22] を拡張した手法である。制振材の減衰は(8)式の $\eta_{se}^{(i)}$ 項のみとなる。多孔質材の減衰は $\eta_{se}^{(i)}$ と $\eta_{ke}^{(i)}$ の両方の項で表現される。(8)式の $\eta_{se}^{(i)}$ と $\eta_{ke}^{(i)}$ は各要素の減衰の寄与率となり制振要素や吸音要素の配置検討ができる。これらのパラメータを用いて，モーダル法で応答が計算できる [36]。

さらに本手法は制振防音構造が非線形弾性支持（ヒステリシス減衰有）された問題に拡張されている [31]。

厚さ 0.8 mm の鋼製片持ちはりに，厚さを 2 mm，3 mm，5 mm と変化させて制振材を積層した構造のモード損失係数を FEM で計算した [11]。図2に結果を示す。図中の実線は FEM による計算結果，破線は Oberst 式 [9] による理論値である。図中の黒丸は実験値である。三者とも一致しており，計算は妥当といえる。

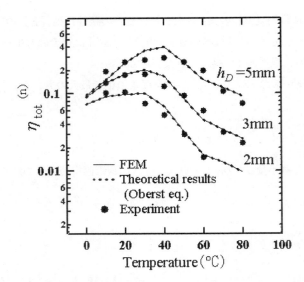

図2　制振材積層片持ちはりの減衰特性[11]

1.2　自動車用制振構造への応用例

　自動車用の車体パネルにはシート状の制振材を塗装ラインの乾燥炉の熱を利用して車体の形状にフィットさせながら熱融着させている。近年は制振塗料をロボットで車体に塗布することが多くなっている[24]。これより，場所によって制振層の板厚を変化することができ，制振性能と軽量化の両立の検討が容易になる。

　車体パネルには剛性の確保などの理由で，曲面やビードと呼ばれる凹凸が入れられる。粘弾性制振層の効果はパネルの剛性によって減衰が異なることが報告されている[11〜14]。図4はビード（図3を参照）の有無で制振材のモード減衰の変化を数値計算したものである[11]。ビードにより減衰値が低下することが予測できている。さらに応答を計算した結果と実験結果を図5に示す[11]。図の鋼板層の加振点 i をインパクトハンマーで加振して，パネル上の観測点 r の加速度 $\hat{A}_r$，($\hat{A}_r = -\omega^2 \hat{U}_r$) を求めた。図の縦軸は加速度／外力の振幅 $|\hat{A}_r/\hat{F}_i|$，横軸は外力の周波数 $\omega/2\pi$ である。三次元構造の共振ピークへの制振効果が計算できている。

　先にも示したが二層型制振材を積層した鋼製はりが，純粋な曲げ変形（パネルでは面外変形に相当）を受ける場合のモード損失係数 η_{out} と材料減衰 η_D との関係 a_{out} は先述の次の Oberst 式となる[9, 12]。

$$\eta_{out} \cong a_{out} \eta_D,$$

$$a_{out} = (\xi \bar{e}/(1+\xi \bar{e}))(3+6\xi+4\xi^2+2\bar{e}\xi^3+\bar{e}^2\xi^4)/(1+2\bar{e}(2\xi+3\xi^2+2\xi^3)+\bar{e}^2\xi^4) \tag{9}$$

ただし，板厚比 $\xi = h_D/h_1$ と，弾性率比 $\bar{e} = E_D'/E_1$ である。

第4章　遮音・吸音材料の評価と自動車への応用

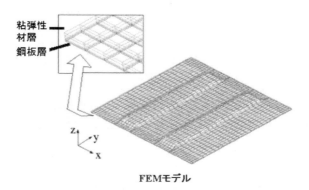

図3　制振材積層ビードパネルの計算モデル

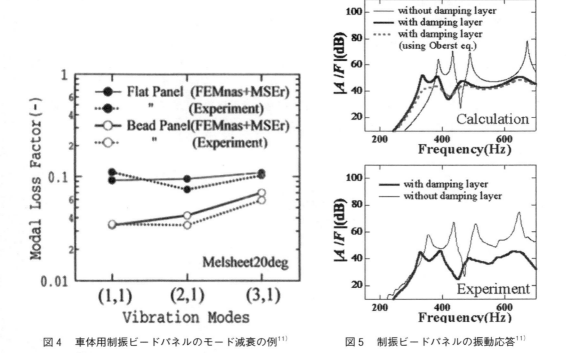

図4　車体用制振ビードパネルのモード減衰の例[11]　　図5　制振ビードパネルの振動応答[11]

一方，二層型制振材を積層した鋼製はりが，軸方向に伸縮変形（パネルでは面内変形に関連）する場合の係数 a_{in} は次式となる。

$$\eta_{in} \cong a_{in}\eta_D, \quad a_{in} = 1/((E_1 h_1 / E_D h_D) + 1) \tag{10}$$

三次元形状のパネル振動は面外変形と面内変形が混在し減衰特性（モード損失係数）は次式と

173

自動車用制振・遮音・吸音材料の最新動向

なる[37]。

$$\eta_{tot}^{(i)} = \gamma \eta_{out} + (1-\gamma) \eta_{in} \tag{11}$$

γ は曲げ変形と面内変形との間の歪みエネルギーの比率である。

自動車の積層構成の一例で考えると，面内変形の損失係数0.0026，面外変形（曲げ変形）の損失係数0.74となる。よって，パネル構造の振動の歪みエネルギーで面内変形成分の比率が大きいと減衰効果は小さくなる。逆に面外変形成分の比率が大きいと減衰効果は大きくなる。したがって粘弾性制振材積層パネルの減衰効果は面内変形（リブ，ビード，曲面部：高剛性）に対しては効果が小さく，曲げ変形（平面部：低剛性）に効果が大きい[11〜13]。パネルの中で減衰が効きやすい平面部と充分高剛性となる高いビード部，深い曲面部に分け，制振材を平面部のみに積層し高剛性と高減衰を両立できるという報告がある[13,25]。

図6は制振層を積層した車体構造の減衰特性の解析結果である[14]。車体骨格が主体に変形する振動モードには制振効果が少なく，車体パネルが主に変形するモードで制振効果が大きい。

MSKE法によりマフラーへの吸音材の充填効果の予測と配置の最適化も検討されている[29,30]。この場合には，多孔質材を粒子変位ではなく音圧を未知数としたモデルにMSKE法を用いている。

図1の車体のフロアパネルに制振材を積層し吸音二重壁構造とした系の加速度応答の数値計算と実験結果[1]を図7に示す。両者は定性的に一致している。

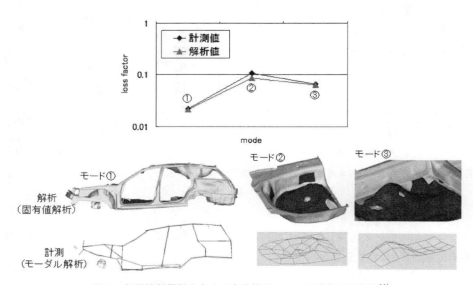

図6　粘弾性制振材を有する車体構造のモード減衰の計算例[11]

第4章 遮音・吸音材料の評価と自動車への応用

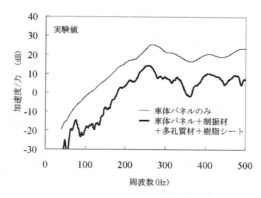
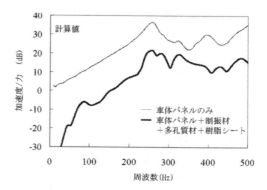

図7　自動車車体の制振防音構造の加速度応答の計算結果[1]

文　　献

1) 黒沢, 山口, 松村, 日本機械学会論文集（C編）, **77**(776), 1191-1200 (2011)
2) 太田, 岩重, 日本音響学会誌, **34**(1), 3-20 (1978)
3) J. F. Allard, "Propagation of Sound in Porous Media", Elsevier Applied Science, London and New York (1993)
4) 山口, スバル技報, **25**, 135-144 (1998)
5) 黒沢, 中泉, 高橋, 山口, 制振工学研究会2014技術交流会, SDT14015 (2014)
6) M. A. Biot, *Journal of Acoustical Society of America*, **28**(2), 168-178 (1955)
7) M. A. Biot, *Journal of Acoustical Society of America*, **28**(2), 179-191 (1955)
8) 野口, 土居, 多田, 見坐地, HONDA R&D TECHNICAL REVIEW, **16**(1), 149-153 (2006)
9) H. Oberst, Akustische Beihefte, Heft4, 181-194 (1952)
10) D. I. G. Jones, *Journal of Sound and Vibration*, **33**(4), 451-470 (1974)
11) 山口, 黒沢, 松村, 野村, 日本機械学会論文集（C編）, **69**(678), 297-303 (2003)
12) 山口, 黒沢, 松村, 村上, 澤田, 日本機械学会論文集（C編）, **69**(678), 304-311 (2003)
13) 山口, 竹前, 黒沢, 松村, 日本機械学会論文集（C編）, **70**(699), 3062-3069 (2004)
14) 黒沢, 山口, 榎本, 松村, 日本機械学会論文集（C編）, **69**(687), 2983-2990 (2003)
15) 山口, 日本機械学会論文集（C編）, **66**(648), 2563-2569 (2000)
16) 山口, 日本機械学会論文集（C編）, **66**(646), 1842-1848 (2000)
17) 山口, 黒沢, 松村, 日本機械学会論文集（C編）, **68**(665), 1-7 (2002)
18) T. Yamaguchi, Y. Kurosawa and S. Matsumura, *Mechanical Systems and Signal Processing*, **21**, 535-552 (2007)
19) T. Yamaguchi, H. Nakamoto, Y. Kurosawa and S. Matsumura, *Journal of Environmental and Engineering*, **2**(2), 315-326 (2007)
20) T. Yamaguchi, Y. Kurosawa and H. Enomoto, *Journal of Sound and Vibration*, **325**, 436-450 (2009)
21) C. D. Johnson and D. A. Kienholz, *AIAA Journal*, **20**(9), 1284-1290 (1982)

22) B. A. Ma and J. F. He, *Journal of Sound and Vibration*, **152**(1), 107-123 (1992)

23) H. Utsuno, T. W. Wu, A. F. Seybert and T. Tanaka, *AIAA Journal*, **28**(11), 1870-1875 (1990)

24) 高橋, 河瀬, 高橋, マツダ技報, **30**, 254-259 (2012)

25) 宇都宮, 中川, 村瀬, 小平, 加村, マツダ技報, **25**, 161-165 (2007)

26) Y. J. Kang and S. Bolton, *Journal of Acoustical Society of America*, **99**, 2755-2765 (1996)

27) N. Attala, R. Panneton and P. Debergue, *Journal of the Acoustical Society of America*, **104**(3), 1444-1452 (1998)

28) T. Yamaguchi, T. Fukushima, T. Yamamoto, M. Fujimoto and I. Shirota, *Journal of Technology and Social Science*, **1**(3), 75-82 (2017)

29) 榎本, 黒沢, 山口, 制振工学研究会 2006 技術交流会資料集 SDT06002, 5-10 (2006)

30) 山口, 津川, 黒沢, 榎本, 制振工学研究会 2007 技術交流会資料集 SDT07021, 137-141 (2007)

31) T. Yamaguchi, H.Hozumi, Y. Hirano, T. Kazuhiro and Y. Kurosawa, *Mechanical Systems and Signal Processing*, **42**, 115-128 (2014)

32) 黒沢, 山口, 中泉, 高橋, 日本機械学会論文集, **82**(837), 1-11 (2016)

33) 酒井, 上玉利, 井上, 早野, 騒音対策用材料の特性試験, 昭和 60 年度自工会受託研究報告書, 1-64 (1986)

34) O. C. Zienkiewicz 著, 吉識雅夫ほか訳, マトリックス有限要素法, 培風館 (1970)

35) 鷲津, 宮本, 山田, 山本, 川井, 有限要素法ハンドブック I 基礎編, 1-427, 培風館 (1981)

36) 長松, モード解析, 培風館 (1985)

37) 井上, 岡田, 上田, 日本機械学会論文集, **66**(644), 1089-1096 (2000)

2　ハイブリッド統計的エネルギー解析手法を用いた防音仕様の検討

見坐地一人*

2.1　はじめに

　船舶や宇宙ロケット等の大型構造物に対する高周波領域の振動騒音解析手法として統計的エネルギー解析手法（Statistical Energy Analysis；SEA）がある。しかし，自動車のような複雑な構造物に対しては，解析精度が低いことから従来のSEA法は適用しにくい。ここではまず従来の統計的エネルギー解析手法とハイブリッドSEA法について解説し，高精度な音響解析を実現するために，解析精度向上を目指したハイブリッドSEA法を用いた防音材仕様検討の方法について述べる。

2.2　統計的エネルギー解析手法（SEA法）

2.2.1　基本的な考え方

　従来のSEA法は，系の振動と音響をともに物理系に共通なエネルギーを用いて記述する。そして解析対象を複数の要素（サブシステム）に分割し，要素毎の入力パワー，内部損失パワー及び伝達パワーの平衡つり合い関係から，各要素の音響振動エネルギー状態を表す。すなわち統計的な考え方を導入することにより，任意の周波数帯域内では固有モードは一様に分布し，同程度に励起されていると仮定している。従って，各要素は複数の固有モードが同程度励起されたエネルギー状態にあり，各要素内部での散逸パワーは要素のエネルギーレベルに比例し，伝達パワーは要素間のエネルギーレベル差に比例するといった扱いが可能となる。

　ここで，結合された2枚の平板で構成されている2要素系で説明する。2要素系モデルを図1に示す。定常状態における要素1と要素2の平衡つり合い式を式(1)，式(2)に示す。

$$要素1：P_1 - P_{12} + P_{21} - P_{d1} = 0 \tag{1}$$

$$要素2：P_2 + P_{12} - P_{21} - P_{d2} = 0 \tag{2}$$

ここで，P_iは要素iの入力パワー，P_{di}は内部損失パワー，P_{ij}は要素iから要素jへの伝達パワーを表す。内部損失パワーP_{di}は，角振動数をω，要素iのエネルギーをE_i，内部損失率（Damping Loss Factor：DLF）をη_iとすると式(3)で表される。

$$P_{di} = \omega \eta_{di} E_i \tag{3}$$

伝達パワーP_{ij}は，結合損失率（Coupling Loss Factor：CLF）をη_{ij}とすると式(4)で表される。

$$P_{ij} = \omega \eta_{ij} E_i \tag{4}$$

＊　Kazuhito Misaji　日本大学　生産工学部　数理情報工学科　教授

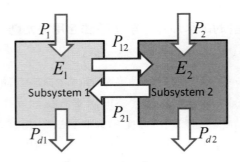

図1　2要素系サブシステム

式(3)，式(4)を，それぞれ式(1)，式(2)に代入すると式(5)が求まる。

要素1：$P_1 - \omega \eta_{12} E_1 + \omega \eta_{21} E_2 - \omega \eta_1 E_1 = 0$

要素2：$P_2 + \omega \eta_{12} E_1 - \omega \eta_{21} E_2 - \omega \eta_2 E_2 = 0$

$$\begin{pmatrix} P_1 \\ P_2 \end{pmatrix} = \omega \begin{pmatrix} \eta_1 + \eta_{12} & -\eta_{21} \\ -\eta_{12} & \eta_2 + \eta_{21} \end{pmatrix} \begin{pmatrix} E_1 \\ E_2 \end{pmatrix} \tag{5}$$

これが2要素系のSEA基本式である。

式(5)にSEAパラメータ（η_{ij}，η_i）を与えれば，各要素のエネルギー状態や要素間の伝達パワー等を容易に求めることができる。

2.3　ハイブリッドSEA法

ハイブリッドSEA法は，次の2.3.1項から2.3.3項の手順に従ってSEAモデルを作成する手法である。これにより作成されたモデルをハイブリッドSEAモデルと呼ぶ。

2.3.1　解析SEAモデル作成に必要な情報収集

解析SEAモデルを作成するため，事前に解析対象の材質（密度，ヤング率）や板厚，形状に関する情報が必要である。形状に関する情報として，主にCAD図面やNASTRANデータ（図

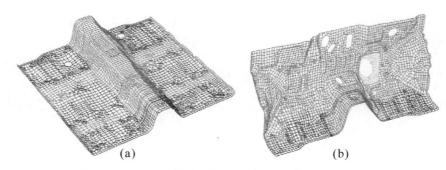

図2　CAD図またはFEMデータ
(a)フロアーパネル，(b)ダッシュパネル

第4章 遮音・吸音材料の評価と自動車への応用

図3 構造系サブシステム

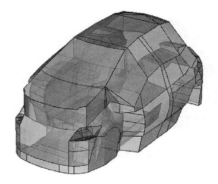

図4 音響系サブシステム

2(a), 図2(b))が必要である。また，取り付けられている防音材の面積，配置，厚み，材質，積層状態を正確に把握する必要がある。

2.3.2 解析 SEA モデル作成

解析 SEA モデルは，まず解析対象を要素分割する。そして分割したサブシステム毎に防音材を定義し SEA パラメータを算出する。作成されたモデルを図3と図4に示す。

ここで，各サブシステムの名称を図5から図12にかけて示す。ここでは，ハッチバック車を

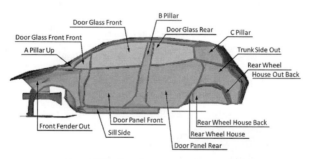

図5 構造系サブシステム（Left View）

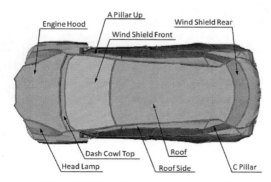

図6 構造系サブシステム（Top View）

179

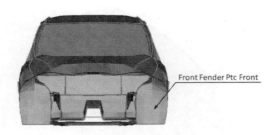

図7 構造系サブシステム (Front View)

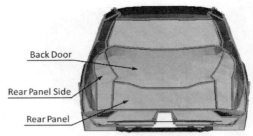

図8 構造系サブシステム (Back View)

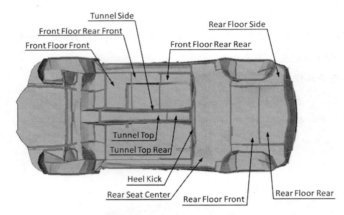

図9 構造系サブシステム (Bottom View)

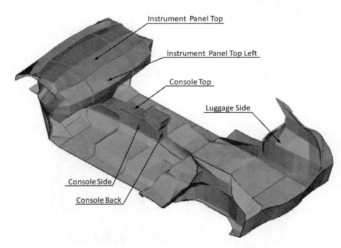

図10 構造系サブシステム (車室内)

第 4 章　遮音・吸音材料の評価と自動車への応用

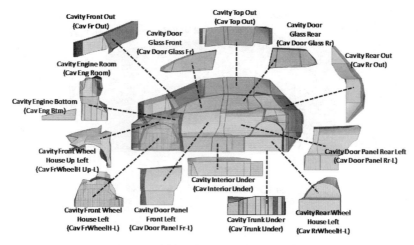

図 11　音響サブシステム（外部音場）

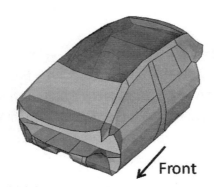

図 12　音響サブシステム（Cavity Interior：Cav Interior）

用いて各サブシステムの名称を示す。

2.3.3　入力サブシステムの定義

　入力サブシステムとはパワーを入力するサブシステムのことをいう。例えば，ロードノイズはタイヤからサスペンションを通って，車体へ振動が伝わる。そのためサスペンションと繋がっている車体側の部位，Damper Housing Upper や Sub Frame Front，Sub Frame Rear 等がロードノイズにおける入力サブシステムとなる。構造系の入力サブシステムの位置を図 13 に示す。音場に関しては，外部音場すべてのサブシステムが入力サブシステムとなる（図 11）。

2.3.4　伝達経路ネットワーク図作成

　伝達経路ネットワークとは，音や振動を，入力サブシステムから各応答サブシステムを経由して車室内音場（Cav Interior）へ伝達する経路である。この音や振動の伝達経路を視覚的に捉えることができる図がネットワーク図である。一例として，Damper Housing Upper Left（Dpr

181

自動車用制振・遮音・吸音材料の最新動向

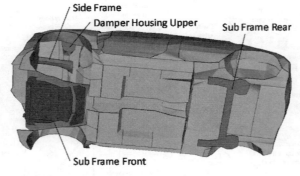

図13　構造系入力サブシステム

Housing Up-L) と，Cavity Front Wheel House Left（Cav FrWheelH-L）を入力サブシステムとしたネットワーク図を図14，図15に示す。定義したすべての入力サブシステムから，それぞれネットワーク図を作成する。

2.3.5　構造・音響加振実験

ここでは，実車に加速度センサやマイクを取り付けて，各要素の内部損失率や要素間の結合損失率，入力サブシステムから各応答サブシステムのエネルギー伝達率を測定する方法について解説する。インパルスハンマを用いてパネルの振動速度を測定し，各要素の内部損失率と，要素間の結合損失率を求める。音響加振実験ではスピーカーによる音響加振により，音圧レベルを測定し，各要素の内部損失率と，要素間の結合損失率を求める。

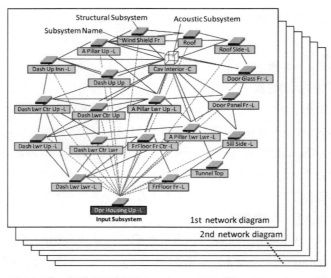

図14　音・振動の伝達経路ネットワーク図（Dpr Housing Up-L）

第4章　遮音・吸音材料の評価と自動車への応用

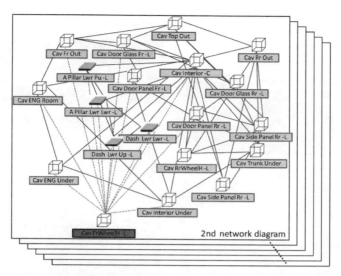

図15　音・振動の伝達経路ネットワーク図（Cav FrWheelH-L）

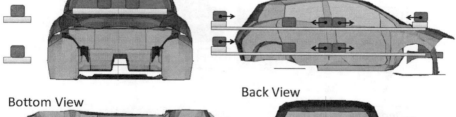

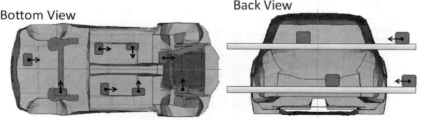

図16　スピーカーの設置位置

　次にセンサーの配置と個数について解説する。自動車（ハッチバック車）に対する加速度センサの配置やマイクの設置位置，スピーカーの設置位置を図16，図17，図18に示す。加速度センサやマイクはそれぞれ，1つのサブシステムに対し，2個から4個程度設置する。

自動車用制振・遮音・吸音材料の最新動向

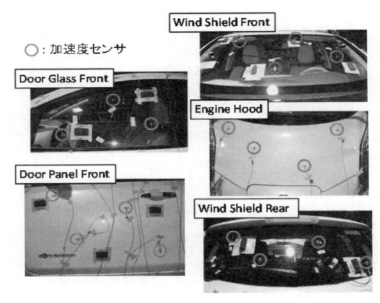

図17　加速度センサの設置位置

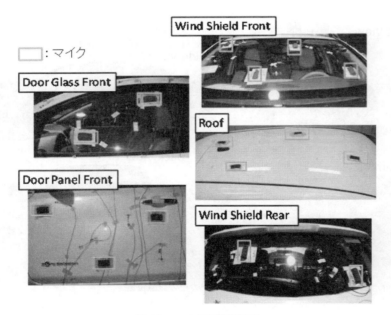

図18　マイクの設置位置

2.3.6　ハイブリッド化

　ハイブリッドSEAモデルのSEAパラメータは，作成した解析SEAモデルと測定したSEAパラメータを用いて決定される。ハイブリッドSEA法では，測定した入力サブシステムから各

第4章 遮音・吸音材料の評価と自動車への応用

応答サブシステムのエネルギー伝達率を基準としてSEAパラメータを逆算する。その際に，単純に結合損失率や内部損失率を調整するのではなく，測定した内部損失率を拘束条件，結合損失率を上限値，下限値として設定し，ハイブリッドSEAモデルの結合損失率と内部損失率を決定する。

要素 i の内部損失率を η_{it} とおく。この η_{it} は，本質的な内部損失率 η_{ii} と結合損失率 η_{ij} の総和として仮定する。本質的な内部損失率 η_{ii} とは要素 i の純粋な内部損失率を表しており，そして，結合損失率 η_{ij} は，要素 i に隣接する要素 j への結合損失率を表している。内部損失率は式(6)で定義される。

$$\eta_{it} = \sum_{k=1}^{N+1} \eta_{ik} \tag{6}$$

ここで，N はサブシステム i に隣接するサブシステムの総数である。一例として，RoofのサブシステムとRoofのサブシステムに隣接するその他のサブシステムを図19に示す。$i=1$(Roof)，$N=8$（A Pillar Up L, Roof Side L, C Pillar L, Wind Shield Fr, Wind Shield Rr, A Pillar Up R, Roof Side R, C Pillar R）。式(6)から，ルーフの内部損失率 η_{1t} は式(7)から定義される。

$$\eta_{1t} = \eta_{11} + \eta_{12} \cdots + \eta_{19} \tag{7}$$

求めた内部損失率 η_{1t} は本質的な内部損失率 η_{11} と結合損失率（$\eta_{12}, \eta_{13}, \cdots \eta_{19}$）の合計の拘束

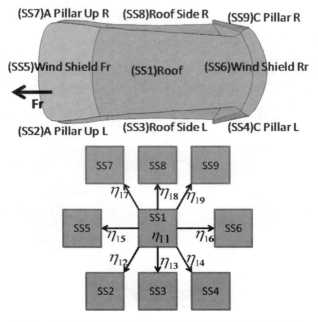

図19 RoofのサブシステムとRoofに隣接するサブシステム

条件となる．結合損失率 η_{ij} と内部損失率 η_{it}，本質的内部損失率 η_{ii} を式(8)で定義する．

$$\eta_{ii} = \eta_{it} - \sum_{k=1}^{N+1} \eta_{ik} \quad (k \neq i) \tag{8}$$

この本質的な内部損失率 η_{ii} とエネルギー伝達率 E_{ji}/E_{ii} を用いて，結合損失率 η_{ij} は式(9)から決定される．

$$\eta_{ij} = \eta_{jj} \frac{E_{ji}}{E_{ii}} \tag{9}$$

以上の方法により，すべてのサブシステムの内部損失率 η_{it} と各サブシステム間の結合損失率 η_{ij} の上限値と下限値を決定する．

測定した入力サブシステムから各応答サブシステムへのエネルギー伝達率と上記で定義したSEAパラメータを用いて，以下の手順によってハイブリッドSEAモデルを作成する．

① 測定したSEAパラメータをSEAモデルに代入し，実験SEAモデルを作成する．
② 実験SEAモデルを用いて入力サブシステムから各応答サブシステム間のエネルギー伝達率を計算する．計算されたエネルギー伝達率は，各サブシステムに対する測定されたエネルギー伝達率と比較され，そして，実測値と解析値の間のdB表記の差分を，すべてのサブシステムで求める．その差分を図20に示す．ネットワーク図上の各サブシステム名の下に表記されている左側の数値は，dB表記の実測値で，そして右側の数値は，実測値と解析値の差分である．

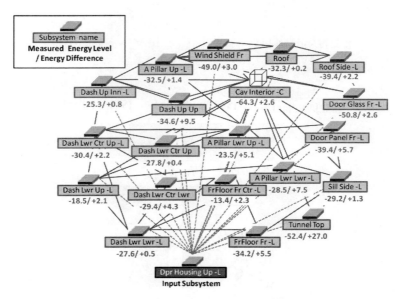

図20 ネットワーク図（結合損失率調整前）

第4章 遮音・吸音材料の評価と自動車への応用

③ 実測値と解析値の差分を±3[dB]以内にするために要素間の結合損失率を調整する。このとき，測定した内部損失率は拘束条件として，結合損失率は上限値と下限値として設定し，これを超えない範囲で結合損失率を調整する。各入力サブシステムからすべての応答サブシステム間のエネルギー伝達率が±3[dB]以内になるまでこの調整を行う。調整後のネットワーク図を図21に示す。

以上の手順によって作成されたSEAモデルがハイブリッドSEAモデルとなる。

2.4 防音材仕様検討

防音材の仕様変更に対しハイブリッドSEAモデルの変更が容易な，Design Modification（DM）モデル化手法について解説する。この手法を用いて防音材の仕様変更前と仕様変更後の車室内音圧レベル差分を求め，実測値と比較することにより防音材仕様検討に本手法が有効であることを示す。

2.4.1 Design Modification（DM）モデル化手法

防音材の仕様変更に対する車室内音響解析を行うための，簡易的で精度が高いハイブリッドSEAモデル化手法である。DMモデル化手法のポイントは，防音材の仕様変更後のハイブリッドSEAモデルを構築するために，すでに構築されている現行車両（防音仕様変更前）のハイブリッドSEAモデルの結合損失率と，防音材の仕様変更前と仕様変更後の理論的に求めた結合損失率の比率を用いる点である。一例として，フロアカーペットを用いて説明する。フロアカーペットは，取り付けられている状態を仕様変更前（*Base*）とし，取り外された状態を仕様変更

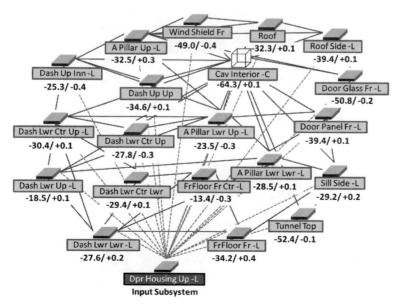

図21 ネットワーク図（結合損失率調整後）

後 (*Modification*：*Mod*) とする．ここで，フロアカーペットの仕様変更前と仕様変更後の外観図を図22に示し，フロアカーペットの設置位置を図23に示す．フロアカーペットの仕様変更により仕様変更前と仕様変更後のハイブリッドSEAモデルのフロアー下音場間と車室内音場間の結合損失率 *HSEA* (*Base*), *HSEA* (*Mod*) とし，仕様変更前と仕様変更後のSEAパラメータを理論値を用いて作成した *ASEA* (*Base*), *ASEA* (*Mod*) とする．ここでは，特にフロアカー

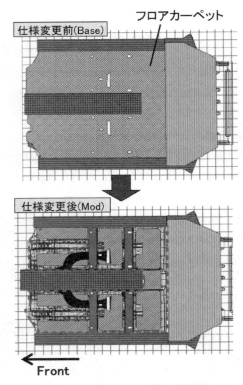

図22　フロアカーペット（仕様変更前後）

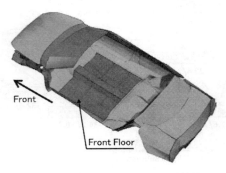

図23　フロアカーペットの設置位置

第 4 章　遮音・吸音材料の評価と自動車への応用

ペットの影響を受けやすい車室下（Cavity Interior Under）から車室内（Cavity Interior）の結合損失率 η を用いて説明する。各モデルの結合損失率 η をそれぞれ，$\eta_{(Base)}^{HSEA}$，$\eta_{(Mod)}^{HSEA}$，$\eta_{(Base)}^{ASEA}$，$\eta_{(Mod)}^{ASEA}$ とする。これらの結合損失率を，理論値（解析 SEA）とハイブリッド SEA で，それぞれ比較する。図 24 は，Cavity Interior Under から Cavity Interior への結合損失率の理論値 $\eta_{(Base)}^{ASEA}$ と $\eta_{(Mod)}^{ASEA}$ を示し，図 25 は Cavity Interior Under から Cavity Interior へのハイブリッド SEA モデルの結合損失率 $\eta_{(Base)}^{HSEA}$ と $\eta_{(Mod)}^{HSEA}$ を示す。そして，図 26 に理論的に求めた仕様変更前と仕様変更後の結合損失率の比率 $\eta_{(Mod)}^{ASEA}/\eta_{(Base)}^{ASEA}$ と，ハイブリッド SEA モデルによる仕様変更前と仕様変更後の結合損失率の比率 $\eta_{(Mod)}^{HSEA}/\eta_{(Base)}^{HSEA}$ を比較した結果を示す。この結果から，フロアカーペットの仕様

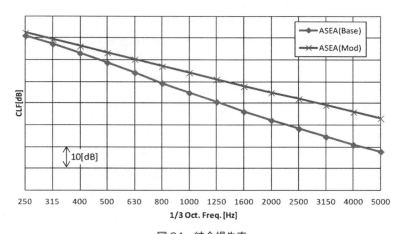

図 24　結合損失率
（理論値，Cavity Interior Under ⇒ Cavity Interior）

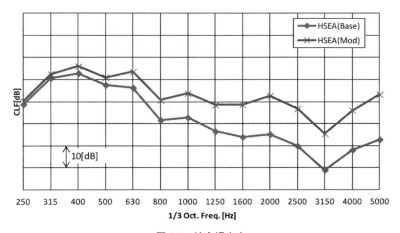

図 25　結合損失率
（ハイブリッド SEA モデル，Cavity Interior Under ⇒ Cavity Interior）

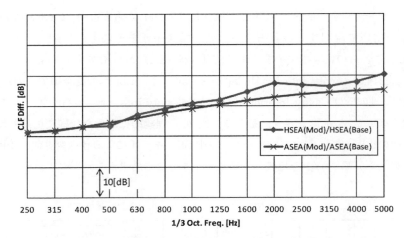

図26 仕様変更前と仕様変更後の結合損失率の差分
(Cavity Interior Under ⇒ Cavity Interior)

変更前と仕様変更後の結合損失率の比率は，ハイブリッドSEAモデルと解析SEAモデルで概ね一致していることがわかる。

　以上のことから，結合損失率の理論値とハイブリッドSEAモデルの結合損失率は，定量的に一致はしないが，それぞれの仕様変更前後の比率は，同様な傾向を示すといえる。つまり，防音仕様変更前のハイブリッドSEAモデルの結合損失率 $\eta^{HSEA}_{(Base)}$ と防音仕様変更後のハイブリッドSEAモデルの結合損失率 $\eta^{HSEA}_{(Mod)}$ の比率と，防音仕様変更前の結合損失率の理論値 $\eta^{ASEA}_{(Base)}$ と防音仕様変更後の結合損失率の理論値 $\eta^{ASEA}_{(Mod)}$ の比率は概ね等しいといえ，以下の式が成り立つと仮定できる。

$$\frac{\eta^{HSEA}_{(Mod)}}{\eta^{HSEA}_{(Base)}} \fallingdotseq \frac{\eta^{ASEA}_{(Mod)}}{\eta^{ASEA}_{(Base)}} \tag{10}$$

式(10)を用いて，仕様変更後の結合損失率 $\eta^{HSEA}_{(Mod)}$ を求めると式(11)となる。

$$\eta^{HSEA}_{(Mod)} \fallingdotseq \frac{\eta^{ASEA}_{(Mod)}}{\eta^{ASEA}_{(Base)}} \eta^{HSEA}_{(Base)} \tag{11}$$

式(11)により，$\eta^{HSEA}_{(Base)}$，$\eta^{ASEA}_{(Base)}$，$\eta^{ASEA}_{(Mod)}$ のデータを用いることより，防音材の仕様変更後の $\eta^{HSEA}_{(Mod)}$ を求めることができる。

3 多孔質材料の吸・遮音メカニズムと評価手法

山口道征[*]

3.1 はじめに

多孔質材料とは，細かい気孔が無数にあいている材料で，多孔質を構成する素材は硬い物から軟らかい物まで多岐にわたり，構造も連通性から非連通性のものまで種々の材料があることから，その吸・遮音メカニズムは複雑にならざるを得ない。

そこで，本稿では，実際の多孔質材料について，基本的な音響特性である吸音性・遮音性に着目し，解説を行う。

3.2 多孔質材料のいろいろ，吸音要素

多孔質材料の形態例を写真1～4および図1に示した。これら多孔質材料中の吸音要素は音波が細孔中を伝搬する際の粘性減衰，言わば，材料中の空気伝搬路における減衰，多孔質構造体の動的弾性挙動による振動減衰，言わば，固体伝搬路における減衰，空気音と固体音の相互作用，他に熱伝導，熱交換などに起因する減衰により音波は熱として消散され消滅する。これら吸音要素については，Biotパラメータとして表1のようにまとめられており，詳細については成書[1]にて論じられている。

3.3 吸音性を表す量

前述したように，写真1～4に示したような通常の多孔質構造体においては，構造体自体も弾性体であるため，吸音性を表す量としては，固体振動要素を加味する必要があるが，吸音のメカニズムが複雑になるため，ここでは，構造体は剛であると仮定し，連通性の空気伝搬路における減衰にのみ着目し説明を行う。

多孔質材料に音波が入射するとその表面で音波は入射方向に反射する波と材料中に浸入する波に分かれる。材料中に浸入した音波は減衰しつつ伝搬して行くもので，伝搬定数 γ および特性インピーダンス Z_c が材料中での音波の挙動を規定する基礎量となる。本稿では以下，論理的・実証的に扱いやすい条件である平面音波が材料に垂直に入射する場合を想定し話を進めることとする。

γ および Z_c は下式で表すことができる。

$$\gamma = \alpha + j \cdot \beta \tag{1}$$

α ：減衰定数（nepers/m）

（1 neper = 8.686 dB）

β ：位相定数 $= \omega / C$（radian/m）

（ω：角周波数（radian/s），C：位相速度（m/s））

---

* Michiyuki Yamaguchi　エム・ワイ・アクーステク　代表

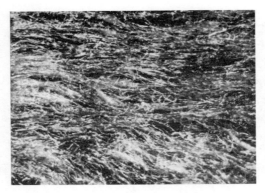
写真1　粗毛フェルト（WF）

写真2　嵩密度64 kg/m³ グラスウール（GW）

写真3　嵩密度38 kg/m³ 軟質ポリウレタンフォーム（FPUF），VOフォーム

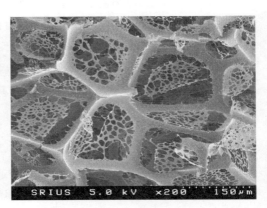
写真4　嵩密度23 kg/m³ フェノールフォーム（PRF）

$$Z_c = \rho_e \cdot C_e \tag{2}$$

ρ_e：実効（等価）複素密度（kg/m³）
C_e：実効（等価）複素位相速度（m/s）

3.3.1 材料に関わる音波の音圧挙動の定式化

図2に示したように隣り合う無限の空気と連通性の多孔質材料において空気側から材料に向けて，1 Paの平面波が材料表面に対して垂直に放射されたと仮定すると，材料への入射音波，材料表面での反射音波，材料内への浸入音波は，それぞれ以下のように記述できる。

第4章　遮音・吸音材料の評価と自動車への応用

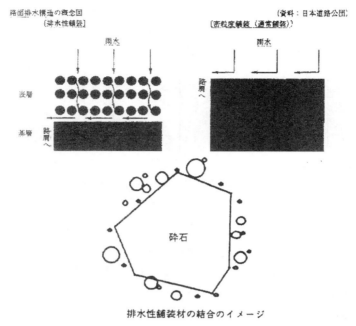

図1　排水性アスファルトの概念図

表1　多孔質材料中の吸音要素・Biot パラメータ

Parameters	吸音に関わるパラメータ
Bulk density ρ (kg/m^3)	嵩密度
Thickness l (m)	試料厚
Airflow resistivity σ (Pa·s/m^2)	1 m 当たりの単位面積空気流れ抵抗
Porosity ϕ	多孔度
Tortuosity a_∞	迷路度
Viscous characteristic dimension Λ (m)	粘性特性長
Thermal characteristic dimension Λ' (m)	熱的特性長
Shear modulus N (Pa)	せん断弾性率
Real part N' : Storage shear modules	実数部：貯蔵せん断弾性率
Imaginary part N" : Loss shear modules	虚数部：損失せん断弾性率
Poisson coefficient v	ポアソン比

材料への入射音波

$$p_i = 1\,\varepsilon^{-jkx} \qquad (3)$$

$$v_i = \frac{1}{Z_0}\,\varepsilon^{-jkx} \qquad (4)$$

材料表面での反射音波

$$p_r = P_r\,\varepsilon^{jkx} \qquad (5)$$

$$v_r = \frac{P_r}{Z_0}\,\varepsilon^{jkx} \qquad (6)$$

材料内への浸入音波

$$p_t = P_t\,\varepsilon^{-\gamma x} \qquad (7)$$

$$v_t = \frac{P_t}{Z_c}\,\varepsilon^{-\gamma x} \qquad (8)$$

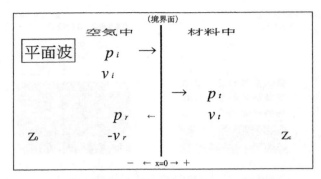

図2　連通性多孔質材料に関わる音波の挙動模式図
P, v：音圧，粒子速度

1, P_r, P_t：入射，反射，浸入音圧の振幅（Pa）

$1/Z_0$, P_r/Z_0, P_t/Z_c：入射，反射，浸入音波の粒子速度の振幅（m/s）

Z_0, Z_c：空気の固有音響抵抗，材料の特性インピーダンス（N・s/m^3）

x：材料表面からの距離（m）（音波の進行方向を+とする）

k：空気中の波長定数（$=2\pi f/C_0$）（radian/m）

　f：周波数（Hz），C_0：空気中の音速（m/s）

　γ：材料中の伝搬定数

ところで，x=0では音圧も粒子速度もそれぞれ材料の前後で等しくなければならないため，(3)〜(8)式の振幅は

$$1+P_r=P_t \tag{9}$$

$$\frac{1}{Z_0}-\frac{P_r}{Z_0}=\frac{P_t}{Z_c} \tag{10}$$

となり，(10)式を変形し，次式を得る。

$$1-P_r=\frac{Z_0}{Z_c}P_t \tag{11}$$

さらに，(9)式±(11)式より次式を得ることができる。

$$P_t=\frac{2Z_c}{Z_c+Z_0} \tag{12}$$

$$P_r=\frac{Z_c-Z_0}{Z_c+Z_0} \tag{13}$$

よって，入射音圧，反射音圧，浸入音圧は以下の式で表すことができる。

$$p_i=\varepsilon^{-jkx} \tag{14}$$

第4章　遮音・吸音材料の評価と自動車への応用

$$p_r = \frac{Z_c - Z_0}{Z_c + Z_0} \varepsilon^{jkx} \tag{15}$$

$$p_t = \frac{2Z_c}{Z_c + Z_0} \varepsilon^{-\gamma x} \tag{16}$$

　(14)～(16)式において空気の固有音響抵抗 Z_0 は，空気の密度と音速の積で既知であるので，未知数である γ および Z_c が解れば材料中の音波の音圧挙動を知ることができる。この γ および Z_c は音響管を用いた伝達関数法と称する計測方法[2]で容易に測定することができるので，GW の γ および Z_c の測定値に基づき(14)～(16)式から，試料に関わる音波の音圧挙動を図3に示した。試料に浸入した音波の減衰，および，波長が短くなっている様子，すなわち，音速の低下の様子が図示されていることが解る。

　これらを定量化し図示した測定結果の例を図4～7に示した。減衰定数 a は材料中での1cm当たりの音波の減衰量，位相速度 C は材料中での音波の伝搬速度であり，特性インピーダンスは音波伝搬に対する抵抗性で，空気の固有音響抵抗 Z_0（≒414 N・s/m^3 @20℃，1気圧）により基準化した値を示してある。これらの材料の内では MCF5 が最も抵抗性が高く，抵抗性の高い材料中では音波の減衰が大きく，伝搬速度が遅くなることが解る。

　多孔質材料が弾性変形せず剛（リジッド）であると仮定した場合，そのような連通性多孔質体に平面音波が垂直入射した場合，材料に関わる音波の音圧挙動は図8のようになり，厚さ L の多孔質体に左側から入射した音波（p_i）は空気と材料との2つの境界面間を減衰しつつ伝搬し，都度，境界面から空気中に音波を放出するもので，その都度の放出音波の音圧の定式化は同図に示すとおりとなる。材料に関わる音波の挙動は，図4～7に示した複素量により決定されるもので，材料に関わるエネルギベースでの評価値は，図9に示したとおりに表すことができ，図4～

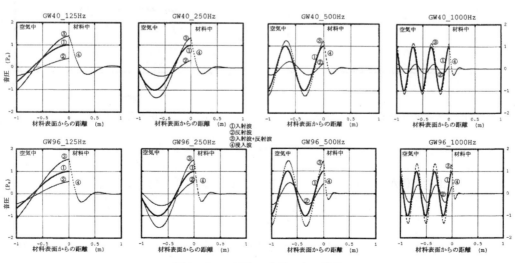

図3　GW に関わる音波の音圧挙動

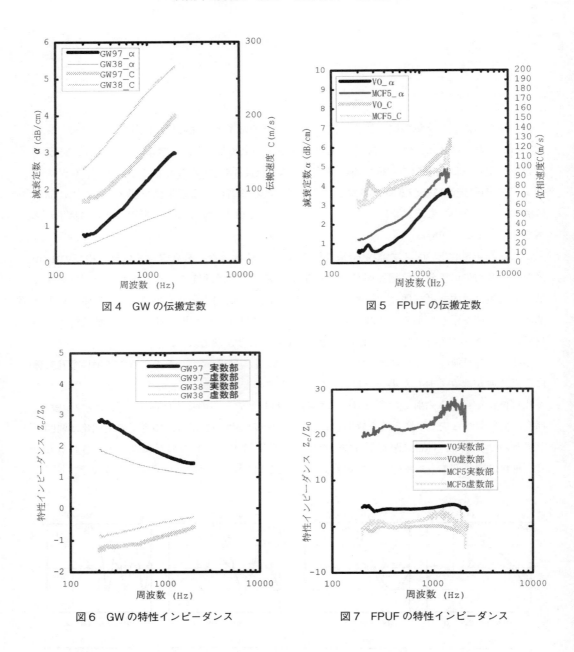

図4 GWの伝搬定数

図5 FPUFの伝搬定数

図6 GWの特性インピーダンス

図7 FPUFの特性インピーダンス

7に示した複素計測値から計算できるエネルギ評価値は下式に示す結果となる。

吸音率 $\quad a_{calc} = 1 - |p_r + \Sigma p_r^N|^2 \quad$ (17)

吸収率 $\quad a_{calc} = $ 吸音率 a_{calc} − 透過率 $\tau_{calc} \quad$ (18)

第 4 章　遮音・吸音材料の評価と自動車への応用

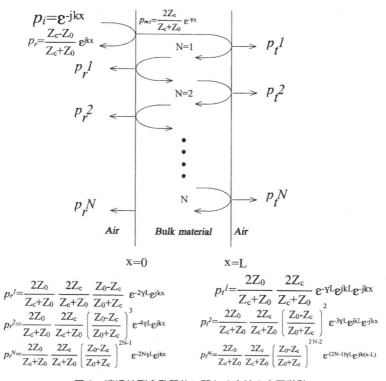

図 8　連通性剛多孔質体に関わる音波の音圧挙動

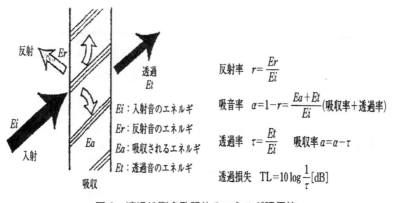

図 9　連通性剛多孔質体のエネルギ評価値

透過率　　　　　$\tau_{calc} = \left| \sum p_t^N \right|^2$ 　　　　　　　　　　　　　　　　(19)

音響透過損失　　$\mathrm{TL}_{calc} = 10 \log \dfrac{1}{\tau_{calc}}$ （dB）　　　　　　　　　　(20)

197

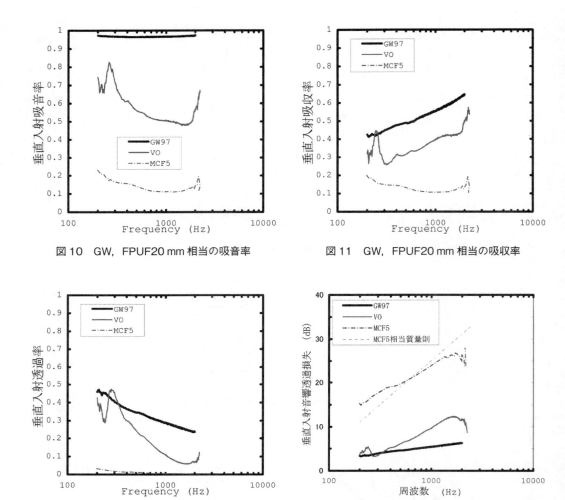

図10　GW, FPUF20 mm 相当の吸音率
図11　GW, FPUF20 mm 相当の吸収率
図12　GW, FPUF20 mm 相当の透過率
図13　GW, FPUF20 mm 相当の音響透過損失

　各試料の 20 mm 厚相当のエネルギ評価値の計算結果を図10～13に示した。図13には MCF5 に関して，同材料の嵩密度（126.6 kg/m³）から計算できる見掛けの質量則（=20 log（0.1266・20・f）-43（dB），f；周波数（Hz））を合わせて示した。実測値から求めた遮音量と見掛けの質量則は同程度の遮音量を示しており，この遮音量は合板 4 mm 厚程度の質量則に相当するものであるが，この遮音の発現機構は質量則とは全く異なっており，GW97 では発現しない遮音量で，FPUF の減衰性発現機構の不思議さではなかろうか。

3.4　おわりに
　多孔質材料の吸・遮音機構に関する本稿の内容が読者の参考になることを期待するものである。

第4章　遮音・吸音材料の評価と自動車への応用

文　　献

1) J.F. Allard and N. Atalla, "(Second Edition) Propagation of Sound in Porous Media Modelling Sound Absorbing Materials", John Wiley & Sons（2009）
2) H. Utsuno, T. Tanaka and T. Fujikawa, *J. Acoust. Soc. Am.*, **86**, 637-643（1989）

4 11.5 kHz まで測定可能な高周波域吸音率／透過損失測定用音響管の開発

木村正輝[*]

4.1 はじめに

　自動車業界では，オートマティック車の無段変速機（CVT）の普及や，電気自動車（EV）やハイブリッド車（HV）などのモータ駆動車両の普及に伴い，CVTベルトやインバータ音などに含まれる，5 kHz より高い周波数にピークを持つ騒音源に対する騒音対策の必要性が高まっている。これらの騒音対策として吸遮音性能を有する音響材料（吸遮音材料）を用いる場合，対策したい周波数域までの吸遮音性能（吸音率，透過損失）が既知であることが，設計という視点からも望ましい。

　吸遮音材料の性能評価方法として，実験室を用いた方法と音響管を用いた方法がある。

　実験室を用いた吸遮音性能評価手法（残響室を用いた残響室法吸音率測定，残響室 — 残響室または残響室 — 無響室を用いた透過損失測定）は，一般的に 10 kHz までの評価が可能であるが，原反など大きな試料が必要になることから頻繁に試験することが難しい。

　一方，音響管を用いた方法では，垂直入射条件での評価に限定されるが，実験室法に比べ十分に小さな試料を用いて評価試験を行う方法であるため，短時間で大量の試料の吸遮音評価が可能である。しかし，既存の音響管ではその内径やマイクロホンの間隔により測定可能な上限周波数が 6.4 kHz までに制限されてしまうため，実験室と同様に 10 kHz までの測定が可能な音響管の開発が望まれていた。

　このような状況から，ブリュエル・ケアーは 11.5 kHz（1/3 オクターブ帯域の中心周波数で 10 kHz）までの測定が可能な音響管の開発[1]を行った。

　本稿では，音響管による吸遮音性能の測定方法について概観したうえで，吸遮音性能を（より高い周波数に拡張する意味での）高周波域まで測定するための音響管の仕様を検討，従来の音響管との比較により高周波域の吸遮音評価が可能であることを示す。

4.2　音響管による吸遮音性能評価方法

　ここでは，高周波域での吸遮音性能評価方法を検討する前に，音響管を用いた吸遮音性能評価方法（垂直入射吸音率および垂直入射透過損失の測定方法）を統一的な視点で議論する。なお，音響管による吸遮音性能評価では，音響管の内部で音波が平面波伝搬することを前提としているため，得られる評価値は垂直入射条件での吸音率および透過損失となる。よって，以後は垂直入射条件であることを省略し，吸音率および透過損失と表記する。

4.2.1　吸音率測定方法

　音響管による吸音率測定では，試料の背後に位置する音響管終端（剛壁）において音が完全反射する条件で測定を行う。この条件では，試料の音響透過成分を考慮する必要がなく，試料の吸

---

　*　Masateru Kimura　ブリュエル・ケアー・ジャパン

第4章 遮音・吸音材料の評価と自動車への応用

音率 a は，試料表面への入射波 A に対する試料表面からの反射波 B の比である音圧反射率 r（複素量）

$$r = \frac{B}{A} \tag{1}$$

を用い，

$$a = 1 - |r|^2 \tag{2}$$

によって求める。

ここで，r の測定方法として，定在波法[2]や伝達関数法[3～5]があるが，ここでは現在広く用いられている2マイクロホン伝達関数法の概要を記す。

2マイクロホン伝達関数法では，図1に示すような音響管を用いて2本のマイクロホン位置における音圧 p_1，p_2 から得られる周波数応答関数 $H_{21} = p_2/p_1$ を測定，H_{21} から以下の式により r を求める。

$$r = \frac{H_{21} - e^{-jk_0 s}}{e^{jk_0 s} - H_{21}} e^{2jk_0(l+s)} \tag{3}$$

ここに，s はマイクロホン1からマイクロホン2までの距離，l はマイクロホン2から試料表面までの距離である。また，k_0 は空気の波長定数で，音響減衰がない場合は空気中の音速 c_0 および角周波数 ω（あるいは周波数 f）より

$$k_0 = \frac{\omega}{c_0} = \frac{2\pi f}{c_0} \tag{4}$$

となる。

ここで，以下に(3)式の導出方法を示す。p_1，p_2 は試料表面への入射波 A および試料表面からの反射波 B を用いて

$$p_1 = A e^{jk_0(l+s)} + B e^{-jk_0(l+s)} \tag{5}$$

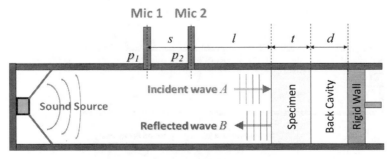

図1 吸音率測定用音響管のイメージ図

$$p_2 = Ae^{jk_0 l} + Be^{-jk_0 l} \tag{6}$$

で表される。ここで B は(1)式より

$$B = rA \tag{7}$$

で表されるため，(5)，(6)式は

$$p_1 = A(e^{jk_0(l+s)} + re^{-jk_0(l+s)}) \tag{8}$$

$$p_2 = A(e^{jk_0 l} + re^{-jk_0 l}) \tag{9}$$

になる。これらの関係から H_{21} は

$$H_{21} = \frac{p_2}{p_1} = \frac{e^{jk_0 l} + re^{-jk_0 l}}{e^{jk_0(l+s)} + re^{-jk_0(l+s)}} \tag{10}$$

となり，この(10)式を r について変形することで(3)式が導出される。

4.2.2 垂直入射透過損失測定

音響管による垂直入射透過損失測定では，試料表側だけでなく試料裏側にもマイクロホンを設置することで，試料の音圧透過率 τ（複素量）を測定，τ から透過損失 TL_n を求める。

τ は，音響管の終端から試料裏面に入射する音波がない条件において，試料表面への入射波 A に対する試料裏面から透過した透過波 C の比：

$$\tau = \frac{C}{A} \tag{11}$$

で定義され，この結果から

$$TL_n = 10 \log \frac{1}{|\tau|^2} \tag{12}$$

が得られる。しかし，図2に示す透過損失測定用音響管を用いた測定の場合，音響管の終端条件

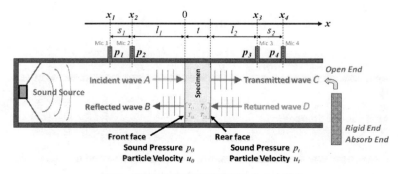

図2 透過損失測定用音響管のイメージ図

第4章　遮音・吸音材料の評価と自動車への応用

によって生じる反射波や音響管外部から入ってくる音波などにより，試料裏面への入射波 D が 0 にならないことから，測定で得られる A，C から直接 τ を得ることはできない。

そこで，$D \neq 0$ の場合でも τ が算出できる方法が必要となるが，この算出方法として，波の伝搬（$A \sim D$）の関係を表すマトリクスから算出する方法，試料両面の音圧および粒子速度の関係を表す 2×2 の伝達マトリクス $\mathbf{T}$

$$\mathbf{T} = \begin{bmatrix} T_{11} & T_{12} \\ T_{21} & T_{22} \end{bmatrix} \tag{13}$$

から算出する伝達マトリクス法など，様々な手法が考案されている。ここでは現在多く用いられている，ASTM E2611 [6] 記載の伝達マトリクス法による τ の算出方法の概要を示す。

試料表面の音圧 p_0 および粒子速度 u_0 と試料裏面の音圧 p_t および粒子速度 u_t の関係は，$\mathbf{T}$ を用いて以下のように表現できる。

$$\begin{bmatrix} p_0 \\ u_0 \end{bmatrix} = \begin{bmatrix} T_{11} & T_{12} \\ T_{21} & T_{22} \end{bmatrix} \begin{bmatrix} p_t \\ u_t \end{bmatrix} \tag{14}$$

一方，p_0，u_0，p_t，u_t は，試料表面および裏面の伝搬波（A，B，C，D）から

$$p_0 = A + B \tag{15}$$

$$u_0 = \frac{A - B}{\rho_0 c_0} \tag{16}$$

$$p_t = C + D \tag{17}$$

$$u_t = \frac{C - D}{\rho_0 c_0} \tag{18}$$

で表現できる。この関係より A，B，C および D は

$$A = \frac{p_0 + \rho_0 c_0 u_0}{2} \tag{19}$$

$$B = \frac{p_0 - \rho_0 c_0 u_0}{2} \tag{20}$$

$$C = \frac{p_t + \rho_0 c_0 u_t}{2} \tag{21}$$

$$D = \frac{p_t - \rho_0 c_0 u_t}{2} \tag{22}$$

となる。

ここで，サンプル裏面からの音波の入力がない，つまり $D = 0$ となる条件は，(22)式より

$$p_t = \rho_0 c_0 u_t \tag{23}$$

であり，この条件は試料裏面の比音響インピーダンス p_t/u_t が空気の特性インピーダンス $\rho_0 c_0$ に一致する，つまり理想的な解放終端条件であることを示している。この⒄式を⒁式に代入すると

$$p_0 = \left(T_{11} + \frac{T_{12}}{\rho_0 c_0}\right) p_t \tag{24}$$

$$u_0 = \left(T_{21} + \frac{T_{22}}{\rho_0 c_0}\right) p_t \tag{25}$$

が得られるので，$D=0$ のときの A および C は⒆式および㉑式より

$$A = \frac{T_{11} + \dfrac{T_{12}}{\rho_0 c_0} + \rho_0 c_0 T_{21} + T_{22}}{2} p_t \tag{26}$$

$$C = p_t \tag{27}$$

となる。これらの関係を⑾式に代入することで，

$$\tau = \frac{2}{T_{11} + \dfrac{T_{12}}{\rho_0 c_0} + \rho_0 c_0 T_{21} + T_{22}} \tag{28}$$

が得られ，⑿式より TL_n が得られる。

この TL_n を測定で求めるにあたり，図2に示す各マイクロホン位置の音圧（p_1, p_2, p_3, p_4）から **T** を求める方法は以下の通りである。なお，本稿に記載の式は ASTM E2611 とは異なるが，これは C, D が ASTM E2611 では試料厚さを仮想的に0としたときの波伝搬で議論しているのに対し，本稿では試料厚さを考慮した波伝搬で議論しているためである。

⑴　試料表面および裏面の伝搬波の音圧（*A*, *B*, *C*, *D*）の算出

p_1, p_2, p_3, p_4 と A, B, C, D の関係は以下の通りである。

$$p_1 = Ae^{jk_0(l_1+s_1)} + Be^{-jk_0(l_1+s_1)} \tag{29}$$

$$p_2 = Ae^{jk_0 l_1} + Be^{-jk_0 l_1} \tag{30}$$

$$p_3 = Ce^{-jk_0(l_2-t)} + De^{jk_0(l_2-t)} \tag{31}$$

$$p_4 = Ce^{-jk_0(l_2+s_2-t)} + De^{jk_0(l_2+s_2-t)} \tag{32}$$

ここで，t は試料の厚さ，s_1 はマイクロホン1からマイクロホン2までの距離，l_1 はマイクロホン2から試料表面までの距離，l_2 は試料表面からマイクロホン3までの距離（試料裏面からマイクロホン3までの距離は l_2-t），s_2 はマイクロホン3からマイクロホン4までの距離である。

これらの関係より，A, B, C, D は

第 4 章　遮音・吸音材料の評価と自動車への応用

$$A = j \frac{p_2 \, e^{-jk_0(l_1+s_1)} - p_1 \, e^{-jk_0 l_1}}{2 \sin k_0 \, s_1} \tag{33}$$

$$B = j \frac{p_1 \, e^{jk_0 l_1} - p_2 \, e^{jk_0(l_1+s_1)}}{2 \sin k_0 \, s_1} \tag{34}$$

$$C = j \frac{p_4 \, e^{jk_0 l_2} - p_3 \, e^{jk_0(l_2+s_2)}}{2 \sin k_0 \, s_2} e^{-jk_0 t} \tag{35}$$

$$D = j \frac{p_3 \, e^{-jk_0(l_2+s_2)} - p_4 \, e^{-jk_0 l_2}}{2 \sin k_0 \, s_2} e^{jk_0 t} \tag{36}$$

となる。なお，一般的な FFT 分析器の場合は p_1, p_2, p_3, p_4 の代わりに周波数応答関数 $H_{i1} = p_i/p_1$ を用い，それぞれに $G_{11} = p_1 \, p_1{}^*$ を掛け合わせて A, B, C, D を算出することになる。

⑵　試料両面の音圧，粒子速度（p_0, u_0, p_t, u_t）の算出

p_0, u_0, p_t, u_t は⒂～⒆式を用いて算出する。

⑶　伝達マトリクス T の算出

T を算出するにあたり，⒁式では未知パラメータ 4 個に対し既知パラメータが 2 個のため，一般的には⒁式から **T** を算出することができない。そのため音響管の終端条件が異なる 2 条件で測定，既知パラメータを 4 個にして **T** を算出することになる。

2 条件の終端条件が条件 a，条件 b のとき，条件 a のときの測定結果を p_{0a}, u_{0a}, p_{ta}, u_{ta}，条件 b のときの測定結果を p_{0b}, u_{0b}, p_{tb}, u_{tb} とすると，2 条件の関係をまとめて

$$\begin{bmatrix} p_{0a} & p_{0b} \\ u_{0a} & u_{0b} \end{bmatrix} = \begin{bmatrix} T_{11} & T_{12} \\ T_{21} & T_{22} \end{bmatrix} \begin{bmatrix} p_{ta} & p_{tb} \\ u_{ta} & u_{tb} \end{bmatrix} \tag{37}$$

と表現できる。この式から **T** の各要素は以下の通り得られる。

$$T_{11} = \frac{p_{0a} \, u_{tb} - p_{0b} \, u_{ta}}{p_{ta} \, u_{tb} - p_{tb} \, u_{ta}} \tag{38}$$

$$T_{12} = \frac{p_{0b} \, p_{ta} - p_{0a} \, p_{tb}}{p_{ta} \, u_{tb} - p_{tb} \, u_{ta}} \tag{39}$$

$$T_{21} = \frac{u_{0b} \, u_{ta} - u_{0a} \, u_{tb}}{p_{ta} \, u_{tb} - p_{tb} \, u_{ta}} \tag{40}$$

$$T_{22} = \frac{p_{ta} \, u_{0b} - p_{tb} \, u_{0a}}{p_{ta} \, u_{tb} - p_{tb} \, u_{ta}} \tag{41}$$

4.3　音響管による高周波域測定の対応

音響管を設計する際，測定可能な周波数範囲を決める条件として，音響管内を音が平面波伝搬することと，各マイクロホン位置で音波が分離できることの 2 点を考慮しなければならない。前者は音響管の内径 d_{tube}，後者はペアとなるマイクロホンの間隔 s（吸音率測定の場合，透過損失測定の場合は $s = \min(s_1, s_2)$）およびマイクロホンのダイアフラムの直径 d_{mic} が条件を決める

パラメータとなる。

次に，ISO 10534-2 [3]（および JIS A1405-2 [4]）および ASTM 規格（ASTM E1050 [5]，ASTM E2611 [6]）に準拠した，FFT 分析で 11.5 kHz（1/3 オクターブ分析の中心周波数で 10 kHz）まで評価可能な音響管開発を例に，3 つの検討項目（上限周波数，下限周波数および音響管寸法）について示す。

4.3.1　上限周波数

上限周波数 f_u については，各規格において d_{tube}，s および d_{mic} との関係が表 1 に示す通り定められている。

ここで f_u を 11.5 kHz に設定した場合，音速 c_0 を 343.2 m/s（20℃の音速）とすると，ISO 10534-2 および JIS A1405-2 では d_{tube}＜17.30 mm，s＜13.42 mm，ASTM E1050 および ASTM E2611 では d_{tube}＜17.48 mm，s＜11.93 mm を満たせばよい。よっていずれの規格をも満たせる条件は d_{tube}＜17.30 mm，s＜11.93 mm である。

また，マイクロホンのダイアフラムの直径 d_{mic} については，いずれの規格においても d_{mic}＜5.97 mm を満たせばよいので，多くの音響管で用いられている 1/4 インチマイクロホン（ダイアフラム直径 5.95 mm）がそのまま利用できる。

4.3.2　下限周波数

下限周波数 f_l については，音響管測定装置自体の測定精度およびマイクロホン間隔 s に依存する。前者については使用している装置に依存するため f_l を理論的に定めることはできないが，後者についてはマイクロホン間の音圧差が微小であることが測定誤差要因になるため，s と f_l の関係は ISO 10534-2 および JIS A1405-2 では

$$s > 0.05 \frac{c_0}{f_l} \tag{42}$$

ASTM E1050 および ASTM E2611 では

$$s > 0.01 \frac{c_0}{f_l} \tag{43}$$

と定められている。例えば，s を 11.9 mm（f_u＝11.5 kHz としたとき s の上限値）とした場合，ISO 10534-2 および JIS A1405-2 では f_l＞1442 Hz，ASTM E1050 および ASTM E2611 では

表 1　上限周波数と寸法の関係

	ISO 10534-2, JIS A1405-2	ASTM E1050, ASTM E2611
音響管内径	$d_{tube} < 0.58 \dfrac{c_0}{f_u}$	$d_{tube} < 0.586 \dfrac{c_0}{f_u}$
マイクロホン間隔	$s < 0.45 \dfrac{c_0}{f_u}$	$s < 0.4 \dfrac{c_0}{f_u}$
ダイアフラム直径	$d_{mic} < 0.2 \dfrac{c_0}{f_u}$	$d_{mic} < 0.2 \dfrac{c_0}{f_u}$

第4章　遮音・吸音材料の評価と自動車への応用

$f_l > 289$ Hz となる。

4.3.3　平面波伝搬条件を満たす音響管寸法

音響管を設計する条件として，上限／下限周波数の条件の他に，マイクロホン位置で平面波伝搬条件を満たすための寸法条件が定められている。

音源からの平面波伝搬条件については，音源から音源に最も近いマイクロホン（図1，図2におけるマイクロホン1）までの距離が，d_{tube} の3倍以上にする必要がある。なお，ISO 10534-2および JIS A1405-2 では，この距離を確保するのが難しい場合は d_{tube} の1倍以上離して設置することを推奨している。

また，試料からの平面波伝搬条件については，一般的に試料から試料に最も近いマイクロホンまでの距離 l（図1の場合，図2の場合は $l = \min(l_1, l_2)$）は $l \geq d_{tube}$ にしなければならない。

なお，試料と試料に最も近いマイクロホンの距離 l（図2の場合は $l = \max(l_1, l_2)$）が $l > 3 d_{tube}$ となる場合，音響管内を伝搬する音波の減衰（管内減衰）が無視できなくなるため，管内減衰の補正が必要となる。

管内減衰を補正する場合，空気の波長定数は減衰を考慮しない k_0（(4)式）ではなく，減衰項を含む複素波長定数 $k_0' = k_0 - jk_0''$（k_0'' は減衰定数）を用いる。この k_0' は実測で求めるのが理想であるが，実測値が得られない場合は k_0' の予測値を用いてもよい。k_0' の予測値については，規格では k_0 は(4)式，k_0'' は d_{tube} および f から求められる値が示されており，ISO 10534-2 および JIS A1405-2 では

$$k_0'' = \frac{0.0194 \sqrt{f}}{c_0\, d} \tag{44}$$

ASTM E1050 では

$$k_0'' = \frac{0.02203 \sqrt{f}}{c_0\, d} \tag{45}$$

である。その他，Temkin の予測式[7] や廣澤らの予測式[8] などから k_0' を求める方法もある。

4.3.4　高周波域まで測定できる音響管

上限周波数 f_u を設定し，上記議論に基づき音響管を設計することで，高周波域の吸遮音性能の評価が可能な音響管を作製することができる。例えば，ブリュエル・ケアーの高周波数音響管（吸音率測定用：WA-1599-W042 型（図3），透過損失測定用：WA-1599-W044 型（図4））の仕様は表2の通りである[1]。その他にも，高い周波数帯域まで測定範囲を拡張した音響管の報告例がある[9, 10]。

4.3.5　高周波域対応音響管の課題

高周波域の測定に対応した音響管では，d_{tube} を小さくすること（ブリュエル・ケアーの高周波数音響管では $d_{tube} = 15$ mm）で高周波域の吸遮音性能測定を実現しているが，音響管の内径を小さくしたことにより管内減衰の影響が顕著であるため，$l \leq 3 d_{tube}$ の場合においても管内減衰補正が必要となる[10]。

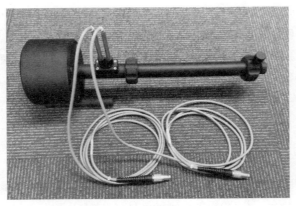

図3 吸音率測定用高周波数音響管
（ブリュエル・ケアーWA-1599-W042型）

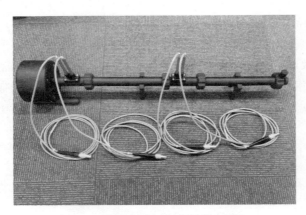

図4 透過損失測定用高周波数音響管
（ブリュエル・ケアーWA-1599-W044型）

表2 高周波数音響管仕様
（ブリュエル・ケアーWA-1599-W042/044型）

	吸音率 WA-1599-W042	透過損失 WA-1599-W044
下限周波数	1.0 kHz（ASTM） 1.5 kHz（ISO, JIS）	1.0 kHz（ASTM） N/A（ISO, JIS）
上限周波数	11.5 kHz（12.8 kHzまで測定）	
内径	15.0 mm	
音源 – Mic.1 距離	50.0 mm	
Mic.1 – Mic.2 距離	11.9 mm	
Mic.2 – 試料表面距離	30.0 mm	$(230.0-d)$ mm
試料表面 – Mic.3 距離	N/A	$(30.0+d)$ mm
Mic.3 – Mic.4 距離	N/A	11.9 mm

第4章 遮音・吸音材料の評価と自動車への応用

例えば,高周波数音響管で空気 50 mm の吸音率を測定した場合,その結果は厚さ 50 mm の空気の比音響インピーダンス比

$$\frac{Z}{\rho_0 c_0} = -j \cot(k_0' t) \tag{46}$$

から得られる吸音率

$$\alpha = 1 - \left| \frac{1 - \dfrac{Z}{\rho_0 c_0}}{1 + \dfrac{Z}{\rho_0 c_0}} \right|^2 \tag{47}$$

と一致しなければならないが,波長定数 k_0' として管内減衰を考慮しない k_0((4)式)を用いた場合は吸音率の測定結果に実際の管内減衰の影響が加味され,測定結果は(47)式の結果よりも大きくなる。一方,波長定数として管内減衰を考慮した k_0'((45)式)を用いた場合,管内減衰を考慮しない場合に比べ(47)式に近い結果が得られた(図5)。

4.4 測定事例

ここでは,上記の検討結果に基づき作製した高周波域対応音響管を用い,厚さ 25 mm の軟質ポリウレタンフォームおよび厚さ 10 mm のリサイクルフェルトの吸音率および透過損失の測定

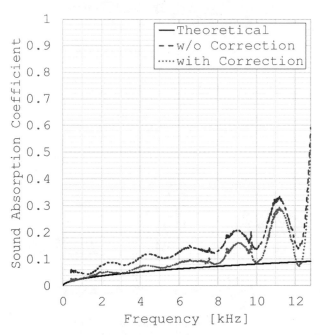

図5 高周波数音響管による吸音率測定(空気 50 mm)における管内減衰効果
(実線:理論値,破線:管内減衰を考慮しなかった場合の測定値,点線:管内減衰を考慮した場合の測定値)

結果を示す。なお，吸音率測定は図6，透過損失測定は図7に示す測定システムを用いた。また，高周波域対応音響管の測定結果との比較のため，4206型音響管および4206-T型透過損失管（ブリュエル・ケアー）の細管セットアップ（内径29 mm，上限周波数6.4 kHz）を用いた測定も行った。

　軟質ポリウレタンフォームの吸音率および透過損失の測定結果を図8および図9，リサイクルフェルトの吸音率および透過損失の測定結果を図10および図11に示す。これらの結果より，試料の違いによる差は見られるものの，それぞれの音響管で重複する周波数範囲（1 kHz～6.4 kHz）ではASTM E1050の再現性判定[5]により音響管の違いによる差がないことが確認された[1]。

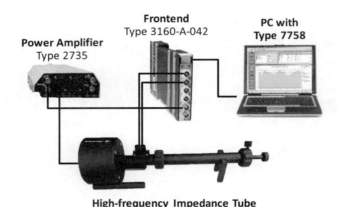

図6　吸音率測定システム例（ブリュエル・ケアー）

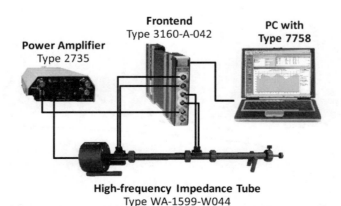

図7　透過損失測定システム例（ブリュエル・ケアー）

第4章 遮音・吸音材料の評価と自動車への応用

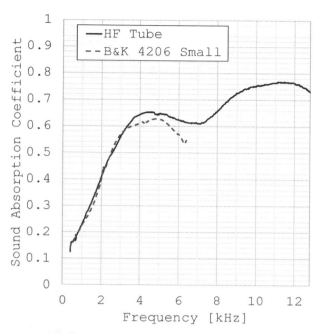

図8 軟質ポリウレタンフォーム（25 mm厚）吸音率測定結果

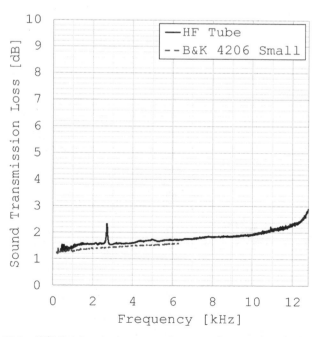

図9 軟質ポリウレタンフォーム（25 mm厚）透過損失測定結果

211

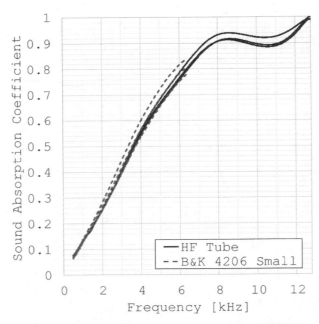

図10 リサイクルフェルト（10mm厚）吸音率測定結果

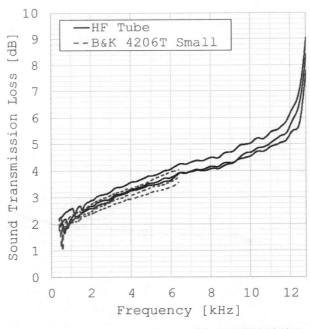

図11 リサイクルフェルト（10mm厚）透過損失測定結果

第 4 章　遮音・吸音材料の評価と自動車への応用

4.5　まとめ

　本稿では，音響管の仕様および制約条件をもとに，11.5 kHz までの高周波域の吸音率および透過損失が可能な音響管を開発，高周波域まで吸音率および透過損失が測定できることを示した。

　これらの高周波域対応の音響管を用いることで，Biot パラメータ[11] に代表される非音響パラメータを用いて予測せざるを得なかった，周波数域の吸遮音性能の実験検証が可能になることが期待される。

　ただし，高周波域の吸遮音特性の測定を実現するために音響管の内径を 15 mm としたことで，従来の音響管に比べ試料の寸法誤差の影響をより受けやすくなることが想定される。寸法誤差の影響を低減する方法としては緩支持法[12] が有効であると考えられるが，試料の径が小さいことで見かけの剛性が大きくなる性質を利用して，試料を音響管内壁で拘束して剛体として扱うことも可能になると思われる。

　一方で，マイクロホン位置に複数のマイクロホンを設置して音響管内の断面方向に生じる音響 1 次モードの影響を打ち消すことでより高周波域の吸遮音性能の測定を実現する方法[13] も提案されている。ただし，この方法を用いてもマイクロホン間隔やダイアフラムの直径で定まる周波数条件は変わらないため，より高周波域の測定を実現するために 1/8 インチマイクロホンの使用も考慮する必要があるが，本稿で示した方法と組み合わせることで，より高周波域（例えば 20 kHz）までの吸遮音評価が可能な音響管の実現が可能になるかもしれない。

文　　　献

1)　M. Kimura *et al.*, Inter-noise 2014, 312（2014）

2)　例えば JIS A1405-1（2007）

3)　ISO 10534-2（1998）

4)　JIS A1405-2（2007）

5)　ASTM E1050（2012）

6)　ASTM E2611（2009）

7)　S. Temkin, "Elements of Acoustics", Section 6.6, Acoustic Society of America（2001）

8)　廣澤ほか，ASJ 2013 年秋，pp.1019-1020（2013）

9)　榊原ほか，JSAE 2012 年春，287-20125332（2012）

10)　中川ほか，ASJ 2014 年秋，pp.1191-1192（2014）

11)　J.F. Allard *et al.*, "Propagation of sound in porous media: modeling sound absorbing materials（2 nd Edition）", John Wiley & Sons（2009）

12)　例えば木村ほか，ASJ 2016 年春，pp.1069-1072（2016）

13)　眞田，ASJ 2016 年秋，pp.893-896（2016）

5 Biot パラメータの実測と予測

廣澤邦一*

5.1 はじめに

　本節では，多孔質材料の音響特性を表現するための代表的な数理モデル，およびそれに用いられるパラメータについて述べる。5.2 項では，非常に多くの数理モデルが提案されている中で，代表的なモデルに絞り，それらのモデルが表現する物理的な意味に触れながら紹介する。5.3 項では紹介したモデルに用いられるパラメータの定義に触れ，5.4 項でそのパラメータの測定方法と典型的な測定結果を紹介する。最後の 5.5 項でパラメータに関する最新の研究成果の紹介として，パラメータの予測方法に関する研究を紹介する。

5.2 多孔質材料の数理モデル

　多孔質材料の音響特性を数理モデルによって表現する試みは，Helmholtz[1] および Kirchhoff[2] により行われた円筒管内を音波が伝搬する際の空気粘性による音波の減衰に関する研究に端を発するといってよい。その後，多孔質材料を微細な円筒管の集合とみなし，Rayleigh[3]，Zwikker と Kosten[4]，Weston[5]，Tijdeman[6]，および Stinson[7] らによって理論的な解明が進み，解析解を得るに至った。

　ところで，一般的な多孔質材料内の空隙の形状は当然のことながら円筒ではない。この空隙形状の一般化において，Johnson ら[8] は空気粘性に起因する音波の減衰を空隙の形という幾何情報を用いて，多孔質材料中の音波が伝搬している空気の実効密度を通して表現した。この実効密度 $\rho(\omega)$ は，対象とする多孔質材料を等方性であるとみなし，静的な自由空間中の空気の密度 ρ_0 [kg/m^3] と動的迷路度（Dynamic tortuosity; $a(\omega)$）の積として次のように表される。

$$\rho(\omega) = \rho_0 \, a(\omega) \tag{1}$$

また，$a(\omega)$ は次式の通りである[9]。

$$a(\omega) = a_\infty \left[1 + \frac{\nu \phi}{j\,\omega\,a_\infty\,q_0} \left\{ 1 + \left(\frac{2\,a_\infty\,q_0}{\phi\,\Lambda} \right)^2 \frac{j\omega}{\nu} \right\}^{\frac{1}{2}} \right] \tag{2}$$

ここに，$j = \sqrt{-1}$，ω は角周波数 [rad/s] である。また，a_∞ は迷路度（Tortuosity），ϕ は多孔度（Porosity），Λ は粘性特性長（Viscous characteristic length）[m] である。ν は $\nu = \eta/\rho_0$ なる関係にある定数で η は空気の粘度 [Pa s]，q_0 は $q_0 = \eta/\sigma$ なる関係にある定数で σ は材料の単位厚さ当たりの流れ抵抗（Flow resistivity [N s/m^4]）である。すなわち Johnson らは，実効密度による表現において，粘性特性長 Λ と迷路度 a_∞ を導入したのであった。一方，多孔質材

　＊　Kunikazu Hirosawa　OPTIS Japan ㈱　音響ビジネス開発マネージャー

（旧：日本音響エンジニアリング㈱）

第4章　遮音・吸音材料の評価と自動車への応用

料を構成する骨格と空隙中の空気との間で音波の微小な振動による熱交換が生じ，この熱的な影響によっても音波は減衰する。この影響に注目したのが Champoux ら[10] であった。彼らは Johnson らの空気粘性による減衰と同じアナロジーで，多孔質材料中の空気の体積弾性率 $K(\omega)$ を用いて熱交換の影響を説明した。この $K(\omega)$ は大気圧 P_0 [Pa] と空気の比熱比 γ および熱的な動的迷路度 $a'(\omega)$ を用いて次のように表される。

$$K(\omega) = \frac{\gamma P_0}{\gamma - (\gamma - 1)/a'(\omega)} \tag{3}$$

また $a'(\omega)$ は，

$$a'(\omega) = 1 + \frac{8 \nu'}{j\omega\Lambda'^2} \left\{ 1 + \left(\frac{\Lambda'}{4}\right)^2 \frac{j\omega}{\nu'} \right\}^{\frac{1}{2}} \tag{4}$$

で与えられる[9]。ここに ν' は $\nu' = \nu/B^2$ なる関係にある定数で，B^2 は Prandtl 数である。また Λ' は熱的特性長（Thermal characteristic length）[m] であり，熱交換の影響を空隙または骨格の形という幾何情報のみによって表現するために Champoux らによって導入されたパラメータである。

　以上のように，多孔質材料中の音波の伝搬性状を空気の実効密度 $\rho(\omega)$ と体積弾性率 $K(\omega)$ によって表現する数理モデルを各パラメータの提唱者の名前を取って Johnson-Champoux-Allard モデル（JCA モデル）という。これらのモデルとパラメータの他に，更なる改善を目指して Pride らは実効密度の低周波数域での補正を目的とした新たなパラメータを提案し[11]，また Lafarge らは熱交換の影響において空気粘性の影響における流れ抵抗と同じ概念を持つ熱的透過度（Thermal permeability）を提案した[12]。しかし，これら二つのパラメータを求めることは一般的に困難であり，現在のところ頻繁に用いられるものではないといえる。

　さて，ここまで述べた数理モデルは，多孔質材料中の空気を伝搬する音波に対するものだけであった。すなわち骨格の振動は一切無視されており，骨格（frame）はまったく振動しない（rigid）という仮定があることから Rigid frame モデルとも呼ばれる。ところが実際の多孔質材料は音波によって多少なりとも加振され骨格に振動が生じ，空隙中の空気伝搬音との間の相互作用が予想される。したがって，本来，多孔質材料の骨格は弾性体として考慮すべきであり，多孔質材料全体も弾性体であると考えるべきである。この概念を基にした数理モデルを Poroelastic（多孔質弾性体）モデルという。この概念を提案したのが Biot[13] であり，音響用途の多孔質弾性材料に適した定式化を行ったのが Allard[9] であることから二人の名前を取って Biot-Allard モデル，または単に Biot モデルとも呼ばれる。Biot は，多孔質弾性材料には3つの波が伝搬すると考えた。すなわち空隙中の空気伝搬波に加えて，弾性波としての縦波（疎密波）と横波（せん断波）であり，これらの波は互いに相互作用を及ぼし合いながら伝搬するというものである。この Poroelastic モデルでは，Biot の思考実験により導出された，次に示す3つの弾性係数 P, Q, R

が用いられる[9]。

$$P = \frac{(1-\phi)\left(1-\phi-\frac{K_b}{K_s}\right)K_s + \phi \frac{K_s}{K_f}K_b}{1-\phi-\frac{K_b}{K_s}+\phi\frac{K_s}{K_f}} + \frac{4}{3}N \tag{5}$$

$$Q = \frac{\left(1-\phi-\frac{K_b}{K_s}\right)\phi K_s}{1-\phi-\frac{K_b}{K_s}+\phi\frac{K_s}{K_f}} \tag{6}$$

$$R = \frac{\phi^2 K_s}{1-\phi-\frac{K_b}{K_s}+\phi\frac{K_s}{K_f}} \tag{7}$$

ここに，N は空気を含んだ多孔質弾性材料全体としてのせん断弾性率である。K_s は空気の影響を除くため多孔質弾性材料を真空中に置いたと仮定した場合の材料全体としての体積弾性率，K_b は空気中での多孔質弾性材料全体の体積弾性率，K_f は空隙中の空気の体積弾性率である。ただし対象とする多孔質弾性材料は等方均質性であるとみなす。この Poroelastic モデルを用いるに至り，繊維系のみならず発泡樹脂系までの広範な多孔質材料を数理モデルで表現することができるようになっている。

5.3 パラメータの定義

前項では多孔質材料の音響特性を表現する数理モデルについて述べたが，本項ではその数理モデルに用いられる各パラメータの定義を説明する。

5.3.1 多孔度

多孔度 ϕ は多孔質材料全体の体積 V_T に対して空隙の体積 V_F の比で定義され，次式のように表される。

$$\phi = V_F / V_T \tag{8}$$

5.3.2 単位厚さ当たりの流れ抵抗

図1に示すように，厚さ d [m] の多孔質材料に流速 U [m/s] で空気を通すことを考える。このとき，空気の流れに対して多孔質材料による圧力損失が生じ，材料両面において圧力差 $\Delta P = P_1 - P_2$ [Pa] が発生する。この圧力差 ΔP を流入速度 U で割り，さらに材料の厚さ d で基準化したものが単位厚さ当たりの流れ抵抗である。これは次式のように書くことができる。

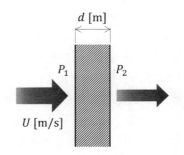

図1 流れ抵抗の定義における概念図

第4章　遮音・吸音材料の評価と自動車への応用

$$\sigma = \Delta P / (Ud) \tag{9}$$

ここで流速 U は十分に遅く，流れが層流とみなせる必要がある。これは，流れの速度を粒子速度と考えた場合に，音響学的にとり得る速度の範囲であることが要請されるからである。一つの目安として国際標準規格の ISO 9053[14] では $U = 0.5\,\mathrm{mm/s}$ を推奨している。$U = 0.5\,\mathrm{mm/s}$ を粒子速度とみなした場合，音圧レベル換算で約 80 dB となる。

5.3.3　迷路度

迷路度 a_∞ は，多孔質材料中の骨格を避けて空隙を通る道のり L_e [m] と自由空間中におけるその道のりと同じ距離 L_0 [m] の比の 2 乗で定義される。すなわち，

$$a_\infty = (L_e / L_0)^2 \tag{10}$$

である。L_0 よりも L_e のほうが必ず長くなるので a_∞ は 1 以上の値をとる。

この a_∞ は(2)式にも用いられているが，これは $a(\omega)$ の周波数を高くしていったときの極限ということであり，$\displaystyle\lim_{\omega \to \infty} a(\omega) = a_\infty$ なる関係にある[8]。

5.3.4　粘性特性長

粘性特性長 Λ は空気をポテンシャル流体，すなわち粘性の影響を排除した理想流体とみなし，空隙の任意の点 r を通る流体の速度 $u_p(r)$ の多孔質材料の単位体積にわたる体積積分と，骨格表面上の任意の点 r_w を通る流体の速度 $u_p(r_w)$ の同じ単位体積に含まれる骨格表面上の面積積分の比として次式のように与えられる[8]。

$$\frac{2}{\Lambda} = \frac{\int |u_p(r_w)|^2\, dA}{\int |u_p(r)|^2\, dV} \tag{11}$$

5.3.5　熱的特性長

熱的特性長 Λ' は空隙の単位体積にわたる積分 $\int dV$ と，同じ単位体積に含まれる骨格表面の面積積分 $\int dA$ の比として次式のように与えられる[10]。

$$\frac{2}{\Lambda'} = \frac{\int dA}{\int dV} \tag{12}$$

5.3.6　弾性率

前項の(5)～(7)式において導入された弾性率 P，Q，R を構成する各体積弾性率 K_b，K_f，K_s を見ると，多孔質材料の骨格をなす一般的な物質においてはその体積弾性率 K_s は K_b と K_f と比べて明らかに大きい，すなわち $K_s \gg K_b$，K_f という関係にあると考えられる。そこで K_s を(5)～(7)式から消去すると次のような関係が得られる。

217

$$P = K_b + \frac{(1-\phi)^2}{\phi} K_f + \frac{4}{3} N \tag{13}$$

$$Q = (1-\phi) K_f \tag{14}$$

$$R = \phi K_f \tag{15}$$

ゆえに，求めるべき弾性率は多孔質材料のせん断弾性率 N と体積弾性率 K_b，および空隙中の空気の体積弾性率 K_f ということになる。ところが等方性弾性体の場合，K_b は N とポアソン比を ν として

$$K_b = \frac{2N(\nu+1)}{3(1-2\nu)} \tag{16}$$

なる関係にあることから，K_b を直接求めるのではなく N と ν を求めればよいことになる。また，ポアソン比 ν は N とヤング率 E との間に

$$N = \frac{E}{2(1+\nu)} \tag{17}$$

という関係にあるので，ポアソン比を直接求めなくともヤング率を求めて間接的に得る方法もある。なお，K_f は(3)と(4)式により求められる。

5.3.7　内部損失係数

ここでいうところの内部損失係数とはいわゆる材料のダンピング性能で，高分子材料における複素弾性率の損失正接と同意である。たとえば，複素ヤング率を $E = E' + jE''$ と書き，その偏角を δ とすると，

$$\tan\delta = \frac{E''}{E'} \tag{18}$$

なる関係が得られ，この $\tan\delta$ を損失正接といい，内部損失係数である。

5.4　パラメータの測定方法

本項では，前項で定義されたパラメータの測定方法を紹介する。

5.4.1　多孔度

多孔度の測定方法は，古くは Beranek が提案した方法[15] 等があるが，ここでは Champoux らによって提案された方法[16] について紹介する。この測定方法は，一定の温度下において気体の体積の変化が圧力の変化に逆比例するという Boyle の法則に基づいている。

いま図2のように密閉されたある一定容積の容器の中に多孔質材料が入っているとする。この多孔質材料の全体の体積 V_T は空隙の体積 V_F と骨格の体積 V_S との和である。この容器の中の

第4章 遮音・吸音材料の評価と自動車への応用

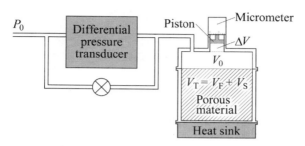

図2　多孔度の測定における概念図

　空気の体積は，多孔質材料以外の体積 V_0 と V_F の和であり，これを $V' = V_0 + V_F$ と書くことにする。ここで，プライム記号は理想的な等温過程下における量であることを示す。図2のようにサンプルホルダに熱を供給する Heat sink を抱かせることによって熱的な外乱の影響が軽減され，等温過程を実現できるものと考えられる。

　さて，サンプルホルダ内の空気の圧力は，初期状態では大気圧 P_0 に等しい。この状態からピストンをゆっくり動かして容積を ΔV だけ変化させると，容積内の圧力は $\Delta P'$ だけ変化する。この状態の変化を理想気体の等温過程とみなすと Boyle の法則から次式が得られる。

$$P_0 V' = (P_0 + \Delta P')(V' + \Delta V) \tag{19}$$

この(19)式における $\Delta P'$ さえ測定できれば，大気圧 P_0 は既知であり，ΔV は図中にあるように Micrometer 等の測定機器によって求めることができるから，V' を次のように求めることができる。

$$V' = \frac{P_0 + \Delta P'}{\Delta P'} \Delta V \tag{20}$$

ゆえに多孔質材料中の空気の体積，すなわち空隙の体積 V_F は，

$$V_F = V' - V_0 \tag{21}$$

で得られるから，多孔度 ϕ を(8)式により求めることができる。

5.4.2　単位厚さ当たりの流れ抵抗

　流れ抵抗の測定方法には直流法（DC法）と交流法（AC法）があるが[14]，ここでは直流法について説明する。図3に示すように，あるサンプルホルダに設置された厚さ d [m] のサンプルに対して流速 U [m/s] の空気を流入させ，その時のサンプル表裏面における圧力 P_1, P_2 を測定する。このとき ISO 9053 で推奨される流速が 0.5 mm/s と非常に遅いため，流入する空気は流量調整器等を用いることが望ましい。また，測定するサンプル表裏面の圧力差も大気圧と比較して非常に小さいため，十分な精度を持つ微差圧計を用いて測定することが望まれる。

図4にサンプルへの流入速度に対する差圧の測定例を示す。サンプルは公称かさ密度32 kg/m³のグラスウールで，測定時のサンプル厚さは25 mmである。この測定では，図中の○で示されるように，流速3.0 mm/sから0.5 mm/sステップずつ遅くし1.0 mm/sまで測定した。これを見ると，流速が非常に遅いために流速と差圧の間に線形関係を見出すことができる。逆に言えば，十分に遅い流速の範囲で測定することが重要で，流速と差圧の間に線形性が成立する範囲で測定することになる。このように得られた結果から，図中の直線で示される回帰直線を引き，流速0.5 mm/sに対する差圧を読み取って本サンプルの差圧とした（図中の□）。このデータを(9)式に代入することで求める単位厚さ当たりの流れ抵抗が得られる。

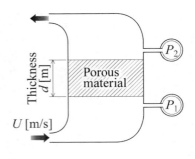

図3　流れ抵抗測定における概念図

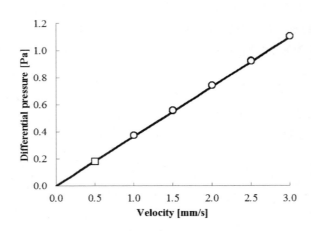

図4　差圧（Differential pressure）の測定例

5.4.3　迷路度

いま，5.2項で述べた多孔質材料中における空気の実効密度と体積弾性率に対して，非常に高い周波数領域の振舞いについて考える。(1)，(2)式に対して，$1/\sqrt{\omega}$における第1次近似をとると実効密度は次のように書くことができる[9, 17]。

$$\tilde{\rho}(\omega) = a_\infty \rho_0 \left[1 + (1-j)\frac{\delta}{\Lambda} \right] \tag{22}$$

同様に(3)，(4)式に対して，$1/\sqrt{\omega}$における第1次近似をとると体積弾性率は次のように書くこ

第4章 遮音・吸音材料の評価と自動車への応用

とができる[9,17]。

$$\tilde{K}(\omega) = \frac{\gamma P_0}{\gamma - (\gamma - 1)\left[1 - (1-j)\frac{\delta}{\Lambda' B}\right]} \quad (23)$$

ただし，δ は粘性境界層の厚さを表し，$\delta = \sqrt{2\eta/\omega\rho_0}$ なる関係にある。この(22)式と(23)式から多孔質材料中の複素音速 $\tilde{c}(\omega)$ を求めると，

$$\tilde{c}(\omega) = \sqrt{\frac{\tilde{K}(\omega)}{\tilde{\rho}(\omega)}} = \frac{c_0}{\sqrt{a_\infty}}\left[1 - \frac{\delta(1-j)}{2}\left\{\frac{\gamma-1}{B\Lambda'} + \frac{1}{\Lambda}\right\}\right] \quad (24)$$

となる。ここに c_0 は自由空間中の音速であり，$c_0 = \sqrt{\gamma P_0/\rho_0}$ なる関係を用いた。$\tilde{c}(\omega)$ の実部がいわゆる音速を表し，c_0 との比の2乗を2乗伝搬指数 (The squared propagation index) として次のように定義する。

$$n^2 = \left(\frac{c_0}{\tilde{c}(\omega)}\right)^2 = a_\infty\left[1 + \delta\left\{\frac{\gamma-1}{B\Lambda'} + \frac{1}{\Lambda}\right\}\right] \quad (25)$$

(25)式を見ると，高周波域の n^2 は $1/\sqrt{\omega}$ の1次式となっており，その切片が a_∞ であることが分かる。したがって，十分に高い周波数であるとみなせる超音波領域において多孔質材料中を伝搬する音速を測定することができれば，その周波数特性を利用して迷路度 a_∞ を求めることができるということである[18,19]。この超音波領域で測定するという意義については，上述の第1次近似が成り立ち，かつ n^2 が1次式で表せるという特徴を活かすことの他に，もともと迷路度が定義される媒質が粘性の影響のないポテンシャル流であることから，できる限り粘性境界層 δ の影響を無視できる状況にするということもある。

図5に迷路度測定のための簡易ブロック図を示す[9,18]。この状況で多孔質材料がある場合とない場合における信号のエミッタからレシーバまでの到達時間を測定して音速を求め，そのフーリ

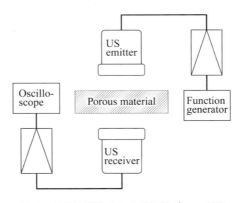

図5　迷路度測定のための簡易ブロック図

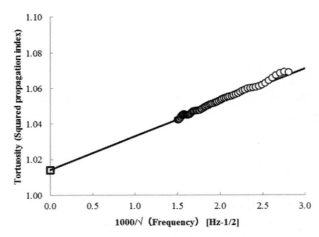

図6 迷路度（2乗伝搬指数）の測定例
○が測定データであり，□が求める迷路度である。

エ変換によって周波数特性が得られれば n^2 の周波数特性を評価することができる。図6に迷路度の測定例を示す。測定サンプルは公称かさ密度 32 kg/m³ のグラスウールである。(25)式でみたように2乗伝搬指数としてプロットすると $1/\sqrt{\omega}$（図6では周波数としている）に対する1次式となっており，その1次近似式（回帰直線）の切片が求める迷路度となることが分かる。

5.4.4 特性長

Johnson らが次式で定義した Quality factor [8, 20] を考える。

$$Q = \frac{1}{2} \frac{\omega}{\xi c} \tag{26}$$

ここに，ω は角周波数 [rad/s]，ξ は減衰定数 [Neper/m]，c は多孔質材料中の音速 [m/s] である。この Q は高周波数の極限において，粘性特性長 Λ と熱的特性長 Λ' を用いて次のように与えられる [20]。

$$\lim_{\omega \to \infty} \frac{1}{Q} = \delta \left(\frac{1}{\Lambda} + \frac{\gamma - 1}{B \Lambda'} \right) \tag{27}$$

ここで，Λ，Λ' に加えて比熱比 γ と Prandtl 数の平方根 B は周波数依存しない定数であることから，(27)式を次のように変形して，

$$\frac{1}{Q \delta} = \frac{1}{\Lambda} + \frac{\gamma - 1}{B \Lambda'} \quad \text{(at the high frequency limit)} \tag{28}$$

とした場合，高い周波数の極限では $Q \delta$ も定数となることが分かる。いま求めるべき未知数は Λ と Λ' との二つであるから，γ と B が既知であるような2種類の気体中で Q をそれぞれ得ることができれば，単純な連立方程式を解くことによって Λ と Λ' を求めることができる。比較的よ

第4章　遮音・吸音材料の評価と自動車への応用

く用いられる気体としては，一つは空気でもう一つにはヘリウムやアルゴンがある。
　図7に特性長を測定するための簡易ブロック図を示す。図5と比較すると分かるが，測定機器は迷路度の測定に用いるものと全く同じであり，空気以外の気体を封入するための密閉容器が必要なだけである。この測定システムにより，超音波領域においてサンプルのある場合とない場合の両方に対して測定を行い，それぞれの気体での減衰定数と音速を求め，それらに対応する(28)式からなる連立方程式を解いてΛとΛ'を求める。図8に公称かさ密度 32 kg/m³ のグラスウールの

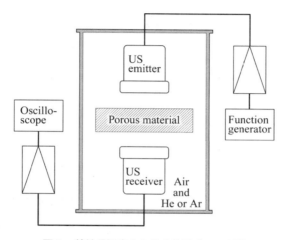

図7　特性長測定のための簡易ブロック図

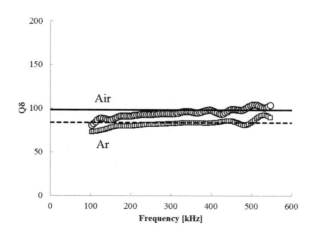

図8　特性長のための $Q\delta$ 測定例
　〇は空気中の $Q\delta$ の測定データであり，実線は測定周波数全範囲にわたる平均値，すなわち定数としての空気中の $Q\delta$ の値を示す。
　また□はアルゴン中における $Q\delta$ の測定データで，破線はその平均値である。

測定例を示す。広い範囲の周波数にわたって空気とアルゴンの $Q\delta$ がほぼ一定となることが分かる。

5.4.5 弾性率

Poroelastic モデルに用いる多孔質材料の弾性率を測定する方法は多く提案されているが[21]，標準といえるような方法はいまだ確定していない。空気を含んだ多孔質材料の弾性率は非常に小さく，一般的な弾性率の測定装置では測定できないことが多い。そこで，ここでは簡単な測定方法の一例を紹介するにとどめる。

(1) ヤング率

図9に多孔質材料のヤング率を測定する方法の一例を示す。図9に示すように，本測定方法は，多孔質材料のサンプルをバネとし，その上に乗せられたプレートをマスとした1自由度振動系とみなしてバネ定数を測定するものである。このとき，ベースプレートとサンプルの上のプレートに設置したピックアップにより得られるそれぞれの加速度 a_1, a_2 の伝達関数 $H(\omega) = a_2/a_1$ を求め，その共振周波数 f_r を次式に代入してヤング率を得る。

$$E = md(2\pi f_r)^2 \qquad (29)$$

ここに，m はプレートの質量，d はサンプルの厚さである。

内部損失については，半値幅法を伝達関数 $H(\omega)$ に適用し，そのピーク周波数である f_r 付近において $H(\omega)$ のピークより 3 dB 低くなる周波数幅より求められる。

(2) せん断弾性率

図10に多孔質材料のせん断弾性率を測定する方法の一例を示す。このように，固定されたベースプレートと加振器からインピーダンスヘッドを介して接続されているプレートの間に多孔質材料のサンプルを挟み，ベースプレートと可動プレートそれぞれにサンプルを固定する。こうしてサンプルを設置することにより，サンプルに対してせん断方向に加振することになる。サンプルが十分に薄いと仮定して，インピーダンスヘッドにおいて

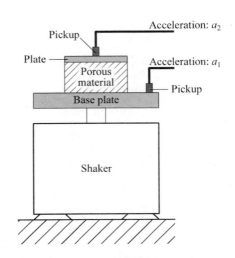

図9　ヤング率の測定方法の一例

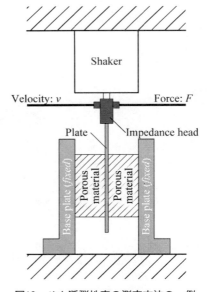

図10　せん断弾性率の測定方法の一例

第4章　遮音・吸音材料の評価と自動車への応用

サンプルに加わる力 F と振動速度 v を測定し次式に代入するとせん断弾性率 N が得られる。

$$N = \frac{md}{2S}(2\pi f_r)^2 \qquad\qquad\qquad (30)$$

ここに m はインピーダンスヘッドの力センサよりも前方部の質量とプレートの質量の和，d はサンプルの厚さ，S はサンプルの面積である。また f_r は，本測定における振動系をサンプルのせん断方向の1自由度振動系とみなし，振動速度 v と力 F の比をとったモビリティ（Mobility）$M(\omega) = v/F$ の共振周波数である。

　内部損失についてはヤング率と同様に，半値幅法をモビリティ $M(\omega)$ に適用し，そのピーク周波数である f_r 付近において $M(\omega)$ のピークより3 dB 低くなる周波数幅より求められる。

（3）　ポアソン比

　ポアソン比 v はその定義から，多孔質材料を等方均質であるとみなせば，ヤング率 E とせん断弾性率 N から(17)式より求まる。

5.5　パラメータの予測法

　これまで紹介してきた多孔質材料の数理モデルに適用される各パラメータは，音響学的，特に可聴域内の周波数を対象とした観点からみると，超音波を用いたり非常に遅い空気流を用いたりと特殊で普段取り扱わないような測定装置を用意する必要があり，気軽に測定できるものではないという問題がある。それに加えてこれらのパラメータは，多孔質材料の状態が潰れたり膨張してしまったりして変化すると，すべてそれらの値が変わってしまい，それぞれの状態に合わせて測定し直す必要がある。そこで，これらのパラメータを測定せずに予測したり，多孔質材料の状態に合わせてパラメータの値の変化を予測したりできるような技術が望まれる。このような要請に対しいくつかの予測式が提案されている[26～28]が，本項では各パラメータの数値流体解析を用いた予測法に関する研究報告について概観し，多孔質材料が圧縮または膨張させられたときのパラメータの値の変化の予測式について，その結果に対する比較検討も合わせて紹介する。

5.5.1　JCA モデルにおけるパラメータの数値流体力学的予測

　JCA モデルは多孔質材料の骨格の振動を無視したモデルであるが，不織布のような繊維系多孔質材料には頻繁に用いられる。これは，繊維同士の接着等の影響が小さく，骨格の振動が伝搬しにくいと考えられるためである。逆に発泡樹脂系の多孔質材料は，その構造上，骨格がすべて繋がっているのでその振動は容易に伝搬するといえる。そこで，ここでは繊維系多孔質材料を念頭に，各パラメータの数値流体力学的な予測に関する研究報告について代表的なものを紹介する。

　Tarnow は，繊維系多孔質材料の繊維が同一方向に配向され，その繊維方向に対して垂直に空気が流れるという2次元的な流れ場を想定して，その多孔質材料の流れ抵抗の予測式を解析的な手法を使って導出した[22]。これは繊維径と多孔度を決めれば比較的簡単に予測することができ

225

る反面，実際の値よりも大きな値を予測してしまう欠点がある。この過大評価については，同様に2次元の流れ場を想定し，空気流を非圧縮性粘性流体として有限要素法を適用して流れ抵抗を予測した Perrot ら[23] および Hirosawa ら[24] によっても指摘されている。

一方で迷路度および粘性特性長の予測に関しては，解析的に導出された予測式はないといってよい。その定義の性質上，解析的な導出は困難であると考えられ，数値解析的な予測が散見される。Perrot ら[23] は有限要素法により，Hirosawa ら[24] は複素変数境界要素法を用いてポテンシャル流れ場を解き，迷路度と粘性特性長を求めている。

ここでは，図11に示す Hirosawa らによって行われた数値流体解析による各パラメータの計算例を紹介する[24]。本計算に用いた繊維径は5, 7, 10 μm であり，実測した多孔質材料は公称かさ密度 32, 48, 64, 80, 96 kg/m^3 のグラスウールである。このグラスウールの繊維径は製造工程においておおよそ6～7 μm となるよう管理されているとのことで，その繊維径に対するパラメータの測定値を数値計算は良い精度で予測できていることが分かる。なお，ここで紹介した数値計算例の他に，3次元的な流れ場に対する研究もあり，Doutres ら[25] はポリウレタンフォームに対して検討を行っている。

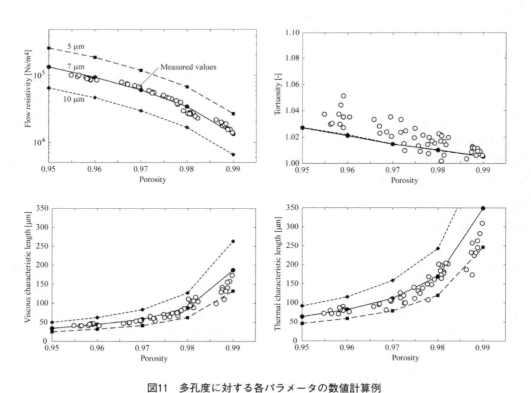

図11　多孔度に対する各パラメータの数値計算例
■，●，◆で示すデータは各繊維径（5, 7, 10 μm）において数値計算によって得られた値であり，○で示すデータは測定値である。

5.5.2 変形による繊維系多孔質材料のパラメータの変化のための予測式

ここでは,図12に示すように繊維系多孔質材料の全体の体積がP倍（$P<1$のとき圧縮,$P>1$のとき膨張）に変形させられた場合を考える。ただし,繊維はすべて同じ方向に配向されているとみなした2次元場として考える。また変形するのは空隙のみであり,繊維は変形しないものとする。したがって変形前の空隙の体積を$V_a^{(1)}$,P倍に変形させられた後の空隙の体積を$V_a^{(P)}$と書くと両者の間には$V_a^{(P)}=PV_a^{(1)}$なる関係が成り立つ。また,変形前の全体の体積を$V_T^{(1)}$,変形後の体積を$V_T^{(P)}$とし,繊維の体積をV_fとすると,$V_T^{(1)}=V_a^{(1)}+V_f$より$V_T^{(P)}=V_a^{(P)}+V_f=PV_a^{(1)}+V_f$である。この条件の下でJCAモデルに用いるパラメータ,すなわち多孔度ϕ,流れ抵抗σ,迷路度α_∞,粘性特性長Λ,および熱的特性長Λ'の変形によるそれぞれの値の予測式を以下に示す。なお,これらの導出に関する詳細は文献24)を参照されたい。またPを「変形率」と呼び,それぞれの記号の右肩の(P)はP倍に変形された体積の圧縮,膨張を表している。したがって,記号の右肩が(1)で表されているものは変形前のパラメータを表す。

多孔度

$$\phi^{(P)} = 1 - \frac{1-\phi^{(1)}}{P} \tag{31}$$

単位厚さ当たりの流れ抵抗

$$\sigma^{(P)} = \frac{\phi^{(1)}}{\phi^{(P)} P^{\frac{3}{2}}} \sigma^{(1)} \tag{32}$$

迷路度

$$\alpha_\infty^{(P)} = 1 - \frac{1-\alpha_\infty^{(1)}}{P} \tag{33}$$

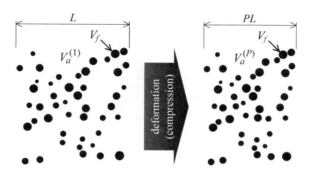

図12 繊維系多孔質材料の変形に関する概念図

粘性特性長

$$\Lambda^{(P)} = \left(1 - \frac{1-P}{\phi^{(1)}}\right)\Lambda^{(1)} \tag{34}$$

熱的特性長

$$\Lambda'^{(P)} = \left(1 - \frac{1-P}{\phi^{(1)}}\right)\Lambda'^{(1)} \tag{35}$$

図13に多孔度に対する(32)〜(35)式で予測した変形後のパラメータを示す。ここで示す多孔質材料の繊維径を2, 5, 10, 20 μmとし, 変形前の元となる多孔度を$\phi^{(1)} = 0.99$として$0.80 \leq \phi^{(P)} \leq 0.99$（変形率として$0.05 \leq P \leq 1.0$）の範囲について計算した[24]。これらの図から, ここで示した予測式(32)〜(35)式は多孔質材料の変形によるパラメータの値の変化をよく表現できているといえる。したがって, 繊維系多孔質材料においては変形前の各パラメータの値が分かっていれば, 変形後のパラメータの値を予測できる可能性がある。

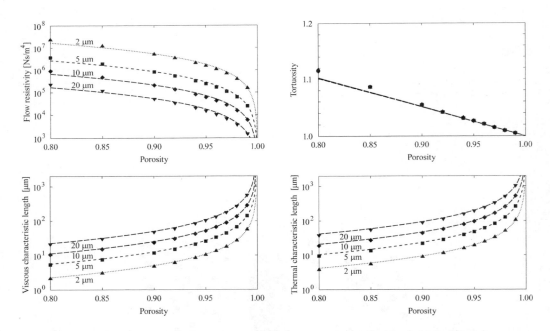

図13 変形後の多孔質材料の流れ抵抗, 迷路度, 粘性および熱的特性長の多孔度に対する値の変化
点線, 破線は予測式(32)〜(35)式によって得られたパラメータの値であり,
マーカー（▼, ◆, ■, ▲）で示された値は数値解析による計算値である。

第4章 遮音・吸音材料の評価と自動車への応用

5.6 おわりに

本節では，多孔質材料の音響特性を表す数理モデルと，それに用いられるパラメータの定義，測定方法およびその予測に関して概説した。多孔質材料はその構造の複雑さゆえ数理モデルも複雑になりがちであるが，適切なモデルを選択し適切なパラメータを入力することによってその材料の音響性能をよく表現することができる。今後，より多くの場面で本節において紹介した数理モデルが扱われると予想される。本節がそのような場面で少しでも役立つことを願っている。

文　　献

1) H. V. Helmholtz, "Verhandlungen der naturhistorisch-medizinischen vereins zu Heidelberg", Bd III, 16 (1863)

2) G. Kirchhoff, *Annalen der Physik und Chemie*, **134**, 177-193 (1868)

3) J. W. S. Rayleigh, "The Theory of Sound", Volume II, Dover (1945)

4) C. Zwikker and C. W. Kosten, "Sound Absorbing Materials", Elsevier (1949)

5) D. E. Weston, *Proceedings of the Physical Society of London*, **B.66**(8), 695-709 (1953)

6) H. Tijdeman, *Journal of Sound and Vibration*, **39**(1), 1-33 (1975)

7) M. R. Stinson, *The Journal of the Acoustical Society of America*, **89**(2), 550-558 (1991)

8) D. L. Johnson, J. Koplik, and R. Dashen, *Journal of Fluid Mechanics*, **176**, 379-402 (1987)

9) J. F. Allard and N. Atalla, "Propagation of Sound in Porous Media. Modelling Sound Absorbing Materials. 2nd edition", John Wiley & Sons, Ltd. (2009)

10) Y. Champoux and J-F. Allard, *Journal of Applied Physics*, **70**(4), 1975-1979 (1991)

11) S. R. Pride, F. D. Morgan, and A. F. Gangi, *Physical Review B*, **47**, 4964-4978 (1993)

12) D. Lafarge, P. Lemarinier, J. F. Allard, and V. Tarnow, *The Journal of the Acoustical Society of America*, **102**, 1995-2006 (1997)

13) M. A. Biot, *The Journal of the Acoustical Society of America*, **28**(2), 168-191 (1956)

14) ISO 9053 : 1991, "Acoustics - materials for acoustical applications - determination of airflow resistance."

15) L. L. Beranek, *The Journal of the Acoustical Society of America*, **13**(3), 248-260 (1942)

16) Y. Champoux, M. R. Stinson, and G. A. Daigle, *The Journal of the Acoustical Society of America*, **89**(2), 910-916 (1991)

17) N. Brown, M. Melon, V. Montembault, B. Castagnede, W. Lauriks, and P. Leclaire, *Comptes Rendus de l'Académie des Sciences - Series IIB - Mechanics*, **322**(2), 122-127 (1996)

18) Ph. Leclaire, L. Kelders, W. Lauriks, M. Melon, N. Brown, and B. Castagnède, *Journal of Applied Physics*, **80**(4), 2009-2012 (1996)

19) J. F. Allard, B. Castagnede, M. Henry, and W. Lauriks, *Review of Scientific Instruments*, **65**(3), 754-755 (1994)

20) P. Leclaire, L. Kelders, W. Lauriks, C. Glorieux, and J. Thoen, *The Journal of the*

Acoustical Society of America, **99**(4), 1944-1948（1996）

21) L. Jaouen, A. Renault, and M. Deverge, *Applied Acoustics*, **69**, 1129-1140（2008）

22) V. Tarnow, *The Journal of the Acoustical Society of America*, **100**(6), 3706-3713（1996）

23) C. Perrot, F. Chevillotte, and R. Panneton, *Journal of Applied Physics*, **103**(2), 024909（2008）

24) K. Hirosawa and H. Nakagawa, *The Journal of the Acoustical Society of America*, **141**(6), 4301-4313（2017）

25) O. Doutres, N. Atalla, and K. Dong, *Journal of Applied Physics*, **113**(5), 054901（2013）

26) B. Castagnède, A. Aknine, B. Brouard, and V. Tarnow, *Applied Acoustics*, **61**, 173-182（2000）

27) C. N. Wang, Y. M. Kuo, and S. K. Chen, *Applied Acoustics*, **69**, 31-39（2008）

28) N. Kino, T. Ueno, Y. Suzuki, and H. Makino, *Applied Acoustics*, **70**, 595-604（2009）

6 Biotモデルにおける非音響パラメータの同定法

木野直樹*

6.1 はじめに

多孔質吸音材料の垂直入射吸音率を計算する場合，The Biot-Johnson-Champoux-Allard (Biot-JCA) モデル[1]と The Johnson-Champoux-Allard (JCA) モデルが利用されている。Biot-JCA モデルの非音響パラメータは，JCA モデルの flow resistivity (f.r.)・porosity・tortuosity・viscous and thermal characteristic lengths (v.c.l. and t.c.l.) に加えて，弾性を表す shear moduli・Poisson's ratio が必要となる。筆者は，繊維材料やセルウィンドウに薄膜が無い軟質ポリウレタンフォーム (reticulated polyurethane foam) については，JCA モデルを適用できるが，セルウィンドウに細孔の開いた薄膜を有する軟質ポリウレタンフォーム (partially reticulated polyurethane foam) については，Biot-JCA モデルの検討が必要であると考える[2]。

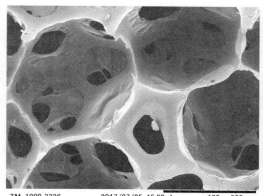
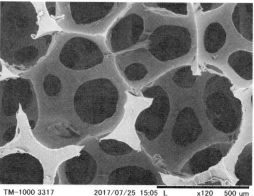

写真1 細孔の開いた薄膜が有る（左）並びに無い（右）のポリウレタンフォーム

しかし，セルウィンドウに細孔の開いた薄膜を有するポリウレタンフォームについても，JCA モデルを適用できると発表している海外研究者もいる[3]。そこで，本報では，ここに論点を置き，非音響パラメータの同定法を紹介する。本報が，セルウィンドウに細孔の開いた薄膜を有するポリウレタンフォームの吸音率と非音響パラメータ（弾性率と tortuosity）を議論していただく機会となれば幸いである。

6.2 セルウィンドウに細孔の開いた薄膜を有するポリウレタンフォームの垂直入射吸音率の測定

同定した非音響パラメータの有効性を確かめるために，垂直入射吸音率の測定値が必要となる。セルウィンドウに細孔の開いた薄膜を有するポリウレタンフォームの場合，材料の直径の僅

---

* Naoki Kino　静岡県工業技術研究所　電子科　上席研究員

かな違いによって吸音率に大きな差が生じるため注意が必要である。

　論文[2)]で採り上げたポリウレタンフォーム Samples 1, 2, 4 について，当時（7年前），様々な直径（38.0 mm，39.5 mm，40.0 mm）の材料を内径 40 mm の音響インピーダンス管で測定した結果を図1に示す。これらは，同一シートから様々な直径に加工した際，嵩密度がほぼ同等であることを確認して測定した結果である。

　図1に示す様に，材料の直径が管内径と等しい場合，共振の影響が大きく表れた。また，僅かに小さな直径でも空気漏えいの影響も大きかった。直径 39.5 mm と 40.0 mm の間に適した測定値があると考えられるが，その検討が困難なため直径 39.5 mm の吸音率を測定値とした。また，嵩密度 67 kgm^{-3} 厚さ 13 mm のポリエステル繊維不織布（Polyester fibre）と比較することで，セルウィンドウに細孔の開いた薄膜を有するポリウレタンフォームが音響管の拘束によって受ける影響の大きさが分かる。

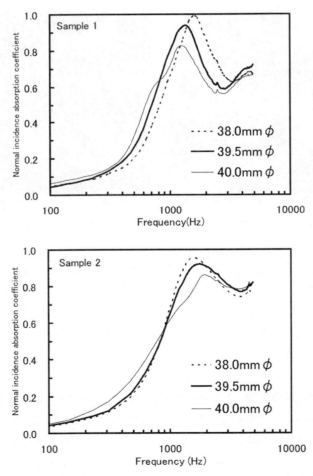

図1　セルウィンドウに細孔の開いた薄膜を有するポリウレタンフォームの垂直入射吸音率の測定

第4章　遮音・吸音材料の評価と自動車への応用

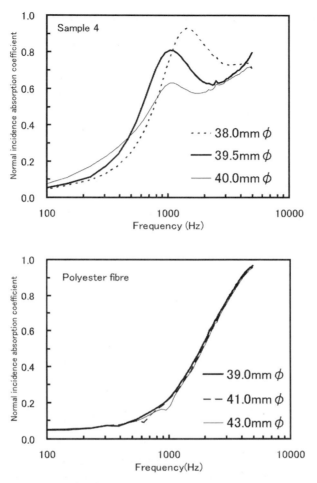

図1　セルウィンドウに細孔の開いた薄膜を有するポリウレタンフォームの垂直入射吸音率の測定（つづき）

6.3　筆者が行った測定に基づく非音響パラメータの同定法

この項からは，論文[2]で記述したセルウィンドウに細孔の開いた薄膜を有するポリウレタンフォーム Sample 1 を解析する。非音響パラメータの中で，f.r.・porosity・tortuosity・Young's moduli・loss factor は測定値から求めた（表1[2]）。

Tortuosity は，空気伝搬音が伝わる多孔質材料中の連続した空隙の屈折率を表す非音響パラメータで，細孔の幾何学的な形状のみに依存する少なくとも1以上の値であると定義されている[4]。そこで，セルウィンドウの薄膜の振動を抑制するために，恒温槽を使って周囲温度を−20℃に下げて弾性率を高くした状態で tortuosity の測定を行った。Tortuosity（空気中の音速を周波数無限大における材料中の音速で除した値の2乗）の値は，膜振動の影響が残ると考えるが，図2[2]に示す−20℃の恒温槽内に設置した装置における音速比の近似直線から1.1114と同

表1　ポリウレタンフォーム Sample 1 の非音響パラメータの測定値

Parameter	Measurements
f.r. (pa s m^{-2})	147806
porosity	0.978
tortuosity	1.1114
Young's moduli (Pa)	57214
loss factor	0.92

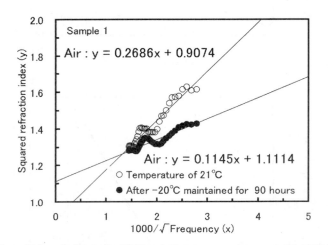

図2　温度21℃と-20℃の環境における Sample 1 の tortuosity の測定

表2　Sample 1 の Characteristic lengths の推論値

t.c.l. / v.c.l.	v.c.l. (μm)	t.c.l. (μm)
2	23.4	46.7
4	21.0	84.1
7	20.0	140.1

定した。

　筆者は，多孔質材料中を伝搬する超音波のSN比を改善するために，空気とアルゴンガスを使って多孔質材料中の音速を測定して，slope method によって characteristic lengths を導出する方法を発表している[5]。

　この方法で，グラスウール，様々な繊維径や断面形状の異なるポリエステル繊維材料，メラミンフォームや圧縮したメラミンフォームの characteristic lengths を測定してきた。

　しかし，恒温槽内に設置した装置において，ガス交換をして Characteristic lengths を測定することは困難だった。そこで，表2に示す様に，v.c.l. と t.c.l. の値は，-20℃の近似直線に，

第4章　遮音・吸音材料の評価と自動車への応用

表3　Sample 1 の shear moduli の推論値

Poisson's ratio	shear moduli（Pa）
0.1	26006
0.3	22006
0.4	20434

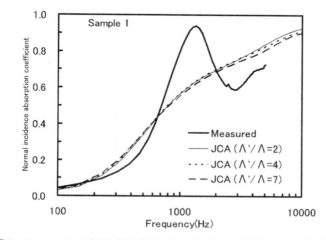

図3　Sample 1 の垂直入射吸音率：JCA モデルの計算値と測定値の比較

characteristic lengths の比（Λ'/Λ）を 2・4・7 と与えて同定した。表3に示す様に，shear moduli の値は，Young's moduli と loss factor の測定値を使って，Poisson's ratio の値を 0.1・0.3・0.4 と与えて求めた。

　表1と2の非音響パラメータと JCA モデルを使って垂直入射吸音率を計算した値と測定値の比較を図3に示す。Characteristic lengths の値を変化させても JCA モデルの吸音率の値は，変化することなく実測値と比べると大差がある。そこで，JCA モデルを適用できないと判断した。

　表1～3の非音響パラメータと Biot-JCA モデルを使って垂直入射吸音率を計算した値と測定値の比較を図4に示す。3つのグラフは，Poisson's ratio を 0.1・0.3・0.4 とした計算結果である。Characteristic lengths の値を変化させても Biot-JCA モデルの吸音率の値は，変わらない。Poisson's ratio が 0.1 と 0.3 の場合，周波数 1.3 kHz 付近の吸音率のピークを捉えている。Poisson's ratio が 0.4 であったとしても，図3と比較すると吸音率のピークを捉えている。そこで，Sample 1 の場合，Biot-JCA モデルの弾性率が吸音率を決定する主要因となっているのではないかと考えた。

自動車用制振・遮音・吸音材料の最新動向

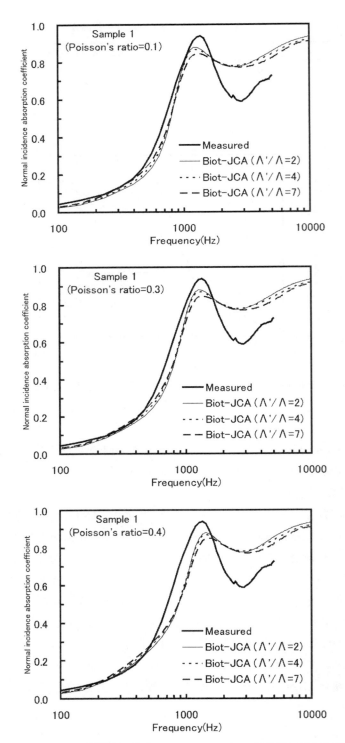

図4　Sample 1 の垂直入射吸音率：Biot-JCA モデルの計算値と測定値の比較

第4章　遮音・吸音材料の評価と自動車への応用

6.4　海外研究者による非音響パラメータの同定法

　カナダの Sherbrooke 大学からポリウレタンフォームの非音響パラメータの同定法に関する論文[3] が発表されている。その論文で，電子顕微鏡写真から得るセル構造の寸法と Reticulation rate（R_W）を使った，JCA モデルの非音響パラメータの計算式（Scaling law）が発表されている。Scaling law による tortuosity の計算値は，セルウィンドウに薄膜が無い場合，超音波の透過音波の測定値との比較と記されているが，セルウィンドウに薄膜が有る場合，斜入射の反射波の測定値から推論した値との比較と記されている。Scaling law による characteristic lengths の計算値は，Indirect method[6] の推論値と比較されている。その Indirect method による推論値と比較されているのは，Inverse method[7] による推論値である。Indirect method と Inverse method は，音響インピーダンス管の測定値からパラメータを推論する方法である。それらの比較によって，計算式（Scaling law）は，セルウィンドウの薄膜の有無に関わらずポリウレタンフォームの垂直入射吸音率の推定に有効であると書かれている。また，セルウィンドウに薄膜を有するポリウレタンフォームの垂直入射吸音率の測定値は，JCA モデルで表すことができて，吸音率が低周波数でピークを示すのは，v.c.l. の低い値と tortuosity の高い値が原因と論じている。

　Inverse method は，ソフトウェア Foam-X として商品化されている。表 4 に，Foam-X を使った Sample 1 の非音響パラメータの推論値を示す。Foam-X のオプションの Frame type を Rigid，Pore type を General として，5 つのパラメータを推論した結果である。この結果にも，v.c.l. の低い値（25.3 μm）と tortuosity の高い値（2.797）が示された。v.c.l. の値は，筆者が測定した表 2 に示す値と比較すると，ほぼ同等であるが，tortuosity は，筆者が測定した表 1 に示す値（1.1114）と比較すると，Foam-X による推論値は，はるかに高い。f.r. の値は，表 1 に示す筆者の測定値（147806）と比較すると，Foam-X による推論値（1000）は，はるかに低い。

　Sample 1 について，Foam-X の推論値を使った JCA モデルの計算値と測定値の比較を図 5 に示す。垂直入射吸音率の計算値と測定値が良く合う結果が導かれる。

　フランスの Paris-Est 大学は，three-dimensional periodic unit cell（3 D PUC）の有限要素法による JCA モデルの非音響パラメータの推論方法を提案している。これは，非音響パラメータ

表 4　Sample 1 の非音響パラメータの Foam-X による推論値

Parameter	Deductions（Foam-X）
f.r.（pa s m^{-2}）	1000
porosity	0.85
tortuosity	2.797
v.c.l.（μm）	25.3
t.c.l.（μm）	224

自動車用制振・遮音・吸音材料の最新動向

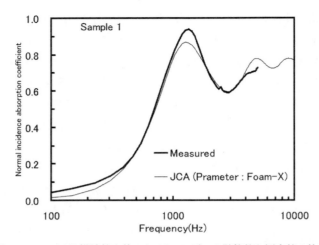

図5 Foam-X の推論値を使った JCA モデルの計算値と測定値の比較

表5 Sample 1 の非音響パラメータの3D PUC による推論値

Parameter	Deductions (3 D PUC)
tortuosity	2.856
v.c.l. (μm)	39
t.c.l. (μm)	156

(f.r. と porosity) と average ligaments length(L_m)というセルウィンドウの一辺の長さの測定値を与えることで，非音響パラメータ（tortuosity と characteristic lengths）を推論する方法である。筆者の論文[2]に掲載したSample 1 の電子顕微鏡写真と非音響パラメータ（f.r. と porosity）の測定値を使って，3D PUC で推論した非音響パラメータ（tortuosity と characteristic lengths）が彼らの論文[8]に掲載されている。その推論値を表5に示す。Foam-X と同様に，tortuosity の高い値（2.856）が特徴である。

表5の推論値（tortuosity と characteristic lengths）を表1と2の測定値の代わりに使って計算した JCA モデルの垂直入射吸音率と測定値の比較を図6に示す。表4と5に示した Foam-X と3D PUC の推論値（tortuosity と characteristic lengths）は，同等である。図5と6のJCAモデルの計算値が異なる理由は，非音響パラメータ（f.r.）に，147倍の差があるからである。

6.5 まとめ

図2に示す様に，tortuosity の計測について，検討の余地は大きいが，Sample 1 の tortuosity の測定値によって得られた近似式から計算すると，周波数 40 kHz における tortuosity の値ですら，約 1.7 である。周波数無限大における tortuosity の値が 2 以上という海外研究者の推論値は，とても高い値と考える。筆者のこれまでの経験では，セルウィンドウに細孔の開いた薄膜を

第4章　遮音・吸音材料の評価と自動車への応用

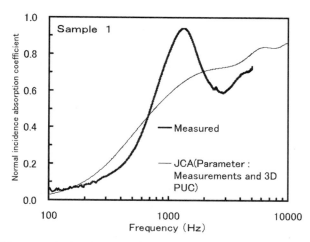

図6　非音響パラメータ（f.r. と porosity）の測定値と3D PUC の推論値（tortuosity と characteristic lengths）を使った JCA モデルの計算値と測定値の比較

有する軟質ポリウレタンフォームには，弾性パラメータと Biot-JCA モデルによって表現できる材料が存在するのではないかと考えるが，まだ課題があるのが現状である。

謝辞

The author thanks Professor Keith Attenborough for his constructive comments on this work.

文　　献

1) Allard J.F., Propagation of sound in porous media, Chapman and Hall (1993)
2) Kino N. et al., *Appl. Acoust.*, **73**, 95-108 (2012)
3) Doutres O. et al., *J. Appl. Phys.*, **110**, 064901 (2011)
4) Johnson D.L. et al., *Phys. Rev. Lett.*, **49**(25), 1840-1844 (1982)
5) Kino N., *Appl. Acoust.*, **68**, 1427-1438 (2007)
6) Doutres O. et al., *Appl. Acoust.*, **71**, 506-509 (2010)
7) Atalla Y. et al., *Canadian Acoust.*, **33**, 11-24 (2005)
8) Hoang M.T. et al., *J. Appl. Phys.*, **113**, 084905 (2013)

自動車用制振・遮音・吸音材料の最新動向《普及版》(B1443)

2018 年 1 月 31 日　初　版　第 1 刷発行
2024 年 10 月 10 日　普及版　第 1 刷発行

監　修　山本崇史　　　　　　　　　　　　　Printed in Japan
発行者　辻　賢司
発行所　株式会社シーエムシー出版
　　　　東京都千代田区神田錦町 1-17-1
　　　　電話 03（3293）2065
　　　　大阪市中央区内平野町 1-3-12
　　　　電話 06（4794）8234
　　　　https://www.cmcbooks.co.jp/

〔印刷　柴川美術印刷株式会社〕　　　　　　　　©T.YAMAMOTO,2024

落丁・乱丁本はお取替えいたします。

本書の内容の一部あるいは全部を無断で複写（コピー）することは，法律
で認められた場合を除き，著作者および出版社の権利の侵害になります。

ISBN978-4-7813-1779-3 C3043　¥3600E